제2판

원예식물영양학

박권우 · 김영식 공저

박권우
독일 뮌헨대 원예학과 농학박사
전 한국원예학회장, 한국양액재배연구회 회장
고려대학교 생명공학부 명예교수
현 국제원예연구원 이사장
저서: 양액재배, 수경재배이론과 실제, 원예번식학, 서양채소,
향신허브와 아로마테라피 외 다수

김영식
일본 동경대학 농학부 농학박사
전 한국원예학회 부회장, 토마토수출사업단 단장
현 상명대학교 식물식품공학과 교수
저서: 양액재배, 수경재배이론과 실제, 시설원예, 채소원예총론 등 다수

원예식물영양학
초판 1쇄 인쇄일 2016년 2월 1일
초판 3쇄 발행일 2020년 7월 5일
제2판 1쇄 발행일 2022년 6월 30일

저 자 | 박 권 우·김 영 식
편 집 자 | 주 성 필
발 행 자 | 주 희 완
발 행 처 | 아카데미서적

서울특별시 강남구 논현동 117-2
TEL 516-3131
Email aca97@hanmail.net
Academy Publishing Co. 2022, Printed in Korea.
정가 30,000원
ISBN 978-89-7616-000-3(13480)
파본은 교환해 드립니다.

표지 그림: 벨기에 Proefcentrum Hoogstraten 연구소
딸기 양액농도 비교 시험 광경

서 언

식물영양학은 다양한 학문과 밀접한 연관성을 갖고 있다는 특징에 의해 식물학, 농학, 원예학의 기초학문으로 20세기 들어와 자리매김하고 있다. 식물영양학은 일반 작물 및 원예작물의 다수확 및 기능성 증진을 하는데 기초 및 응용 학문으로서 매우 중요하다.

이러한 중요성 때문에 저자들은 학부 및 대학원에서 식물영양학을 가르치거나, 연구자들과 토의하는 경우가 있을 때마다 기존에 국내에서 출판된 식물영양학 책들이 내용은 방대한 반면 이해하기가 용이하지 않거나, 문자 중심의 기술로 그 표현이 풍부하지 못하여 학생들을 이해시키는데 어려움을 많이 겪어왔다. 또한, 주로 일반 식물이나 사료작물을 중심으로 기술하여 최근 인기 있는 원예나 특용 작물학을 전공으로 하는 경우 거리감을 느끼는 경우가 많았다.

따라서 이 책은 원예 및 특용작물에 중점을 두어 독자들의 지적수준과 적용분야의 다양함을 고려하여 본문은 가급적 쉽게 기술하였으며, 보다 깊이 있는 부분은 '부연설명'을 이용하도록 하였다. 이론 전개에 문제가 낮은 원예식물영양학의 역사와 기타 관련된 깊은 내용은 부록에 수록하였다. '백문이불여일견'이라는 가치관에 따라 공부하는데 이해를 돕기 위해 가능한 그림도 많이 첨가하려고 노력하였다..

이 책이 나오기까지 20년이라는 세월이 소요되었다. 1997년에 초교가 완성된 후 대학생 및 대학원생들은 대상으로 강의하면서 개선을 거듭하여 오늘에 이르렀다. 이 책에 수록된 모든 그림은 저자 및 상명대학교 대학원생인 김혜진, 남상민 등이 그린 것으로, 이해하기 쉽도록 집필하였다.

전공서적이라는 딱딱함에서 벗어나고자 몇 가지 기술 방법에 변화를 주었다. 영양소는 한글명 혹은 원소기호로 표기하여 가시적인 효과를 주도록 하였다. 특히 인의 경우 주로 P로 표기하였다. 주요 용어에는 영어를 병기하여 활용성을 높이도록 했다. 영어를 발음 그대로 한글로 기술하는 용어는 가급적 영어로 표기하였다. 예) 옥신 → auxin

이 분야를 공부하는 분들애개 유익한 책을 만들기 위해서 노력하였으나 저자들의 능력과 여러 가지 제약으로 인해 부족한 점이 많음을 부정할 수 없겠다. 따라서 이번에

부 록_195

원예식물영양학

syngenta
De Ruiter
Bolzano
Rebelski
syngenta
Wasino
tros cocktail pruim

제1장 식물영양학의 이해

1.1 원예식물 영양이란 무엇이며 왜 중요한가

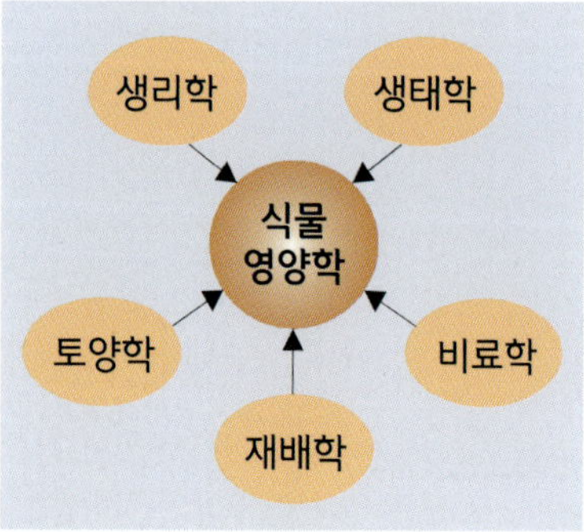

그림 1-1. 식물영양학과 타 학문의 관계

영양(nutrition)이란 생장과 대사에 필요한 물질(영양소)의 공급과 흡수를 말한다. 원예식물 영양학(horticultural plant nutrition)은 그 대상 작물인 원예식물의 영양에 관하여 연구하는 학문으로써 식물영양학에 기초를 두고 있다. 식물영양학은 식물의 수량과 품질을 향상시킬 목적으로 식물의 영양을 취급하는 학문이며, 원예식물 영양학은 특히 채소, 과수, 화훼 같은 원예식물의 영양에 대해 다루는 학문이라 정의할 수 있다.

식물영양학은 원예산물의 생산, 조직배양, 식물공학, 저장유통, 실내원예에 이르기까지 식물에 관한 거의 전 분야에 영향을 미치며, 영양에 대한 기본적인 이해가 없다면 생산성 증대를 거두기 어려워진다.

영양학은 원예식물의 생리적인 측면에서는 식물 영양 생리와 관련된 양분의 흡수, 역할, 생장에 필요한 요소 등에 대해 다루며, 생태적 측면에서는 식물이 자라나는 곳의 환경 즉, 재배장소의 환경과 식물과의 관계를 연구하고, 끝으로 원예학적 측면에서는 높은 수량과 고품질 생산이 중요하다고 본다.

원예식물 영양학은 이상의 영역에서 제기되는 각각의 목표를 달성하기 위해서 원예식물 생리학, 생태학, 토양학, 재배학 그리고 비료학 등에 대한 지식이 요구된다.

1.2 원예식물 영양학의 역사

원예학은 농학의 일 분파로써 그 역사가 농학보다 매우 짧다. 따라서 초기에는 일반 식물영양학과 원예식물 영양학은 구분이 없었으며 20세기에 들어서 원예학이 농학에서 분리되면서 원예식물 영양학의 역사가 시작되었다. 현재에도 원예학의 대상이 농학 또는 임학에서 다루는 식물과 같은 경우가 많은데 대체로 대상 작물이 집약적으로 재배되면 원예의 범주에 속하고 조방적으로 가꾸면 이는 농학의 범주에 속하게 된다고 할 수 있다. 이와 같은 견지에서 식물영양학의 역사를 살펴보면 원예식물 영양학 역사도 유추할 수 있으리라 사료된다.

우리나라에서는 토양 비료학의 형태로 식물영양학을 다루면서 발전되어 오다가 80년대 들어 식물영양학이 독자적으로 연구되어 많은 저서가 출간되기에 이르렀다. 그러나 연구의 역사가 짧은 원예식물 영양학은 대학이나 연구 기관에 따라 관심은 가졌으나 아직까지 체계적인 연구와 발전을 진행시키지는 못하고 있다.

식물영양학의 발전 과정은 부록에 상세히 기술하였다.

1.3 식물영양소의 정의

식물이 흡수하여 생장에 이용하는 물질을 식물영양소(plant nutrients)라고 한다. 영양소는 식물에 필요한 정도에 따라 필수원소(essential element)와 유용원소(useful element)로 나뉜다.

쉬운설명

1-1. 퇴비가 영양소가 아닌 이유

식물에 황산암모늄 같은 화학비료를 공급하든 퇴비 같은 유기물을 주든 이들은 토양에서 분해된 후 식물에 흡수된다. 즉, 식물이 흡수하는 것은 이들의 구성성분인 질소나 황과 같은 무기물이므로 질소나 황은 영양소이지만 비료 그 자체인 황산암모늄과 퇴비는 영양소가 아니다. 즉, 무기원소 만이 영양소가 될 수 있다.

유기물을 토양에 공급하는 것이 좋다고 하는 것은 유기물의 간접적 효과 때문이다. 토양의 물리 환경을 좋게 한다든지, 토양생물을 번성하게 하여 물질의 분해를 돕는 역할 때문이다.

1) 필수원소

필수원소는 다음의 세 가지 조건을 모두 충족하는 것을 말한다. 첫째, 식물의 일생이 끝날 때까지 지속적으로 필요한 원소이며, 둘째, 식물체 내에서 특수한 작용을 가져서 부족할 때 제공하면 상태가 개선되어야 하며, 셋째, 식물생육에 직접적이고 분명한 역할을 해야한다(특이적이라 다른 원소로 대체되지 못할 것)(Arnon, 1950).

지금까지 필수원소는 수경재배를 통해 밝혀졌는데 유기물의 주성분인 C, H, O 이외에 13가지 영양소가 밝혀졌다. 따라서 C, H, O를 포함시킨다면 16가지 원소가 식물의 생육에 반드시 필요한 셈이다. 일반적으로 영양소라 하는 것은 이들 필수원소를 가리킨다. 표 1-1에는 13종의 필수원소를 6대 다량원소와 7대 미량원소로 분류하고 흡수형태, 식물체내 함량, 엽중 한계농도를 제시하였으니 참고하기 바란다

2) 유용원소

유용원소는 몇 가지 특수한 식물에서 필요로 하는 원소로, 이들 또한 정상적인 생장 조건에서는 필요하지 않은 원소이다. 예를 들어서, Na가 K의 작용을 대체하는 경우가 있다. 근채류인 beet의 경우 K^+가 부족하게 되면 Na^+로 대체되어 유용하게 쓰일 수 있으나 정상적인 조건에서는 필수원소처럼 역할을 하지는 못한다. 이렇게 특수한 식물에서만 쓰이는 원소를 유용원소라 한다.

표 1-1. 필수원소의 특성 및 식물체 내의 함량

원소	원자량	흡수형태	건토 내의 함량	식물체내의 함량	엽중 한계함량
			%	%Z)	%Z)
N	14.0	NO_3^-, NH_4^+	0.03~0.3	0.5~5	3
P	31.0	$H_2PO_4^-$, HPO_4^{2-}	0.01~0.1	0.1~0.5	0.3
S	32.1	SO_4^{2-}	0.01~0.1	0.05~0.5	0.2
K	39.1	K^+	0.2~3	0.5 ~5	2.5
Ca	40.1	Ca^{2+}	0.2~1.5	0.05~5	1
Mg	24.3	Mg^{2+}	0.1~1	0.1 ~1	0.2
			ppm	ppm	ppm
Fe	55.9	Fe^{3+}, Fe^{2+}	5000~40000	50~1000	50
Mn	54.9	Mn^{2+}	200~4000	20~200	40
Zn	65.4	Zn^{2+}	10~300	10~100	30
Cu	63.5	Cu^{2+}	5~100	2~20	7
Cl	35.5	Cl^-	50~1000	200~10000	100
B	10.8	$H_2BO_3^{2-}$	5~100	2~100	30
Mo	95.9	MoO_4^{2-}	0.5~5	0.2~10	0.3

Z)건물중에 대한 함량 (Finck, 1976)

1.4 식물영양소의 분류

식물영양소는 여러 가지 방법으로 분류할 수 있다.

1.4.1 식물이 흡수하는 정도에 따른 분류

식물이 흡수하는 정도에 따라 다량원소(macronutrient)와 미량원소(micronutrient)로 나뉜다. 다량원소는 식물이 자라는데 양이 많이 필요한 것이며, 미량원소는 식물의 흡수량이 적은 원소를 뜻한다.

1.4.2 전기적 특성에 따른 분류

우리가 재배하는 고등식물에 필요한 영양소는 원소가 띠는 전기적 특성에 따라 비전하 분자(예 : CO_2, O_2, H_2O)와 전하물질 (예 : K^+, NO_3^-)로 나눌 수 있다. 또한, 전하물질은 음이온과 양이온으로 나눌 수 있다.

표 1-2. 전기적 특성 및 흡수량에 따른 필수영양원소의 구분

식물의 필요에 따른 구분	식물이 흡수하는 형태	
	음이온	양이온
다량원소	N, P, S	K, Ca, Mg,
미량원소	Cl, B, Mo	Fe, Mn, Zn, Cu

1.4.3 금속성 여부에 따른 분류

또 다른 분류방식은 영양원소가 금속인가, 비금속인가에 따라 분류하기도 하는데 비금속 영양원소에는 N, P, S, Cl, B가 있고 금속 영양원소에는 K, Ca, Mg, Fe, Mn, Zn, Cu, Mo 등이 있다.

이와 같이 경우에 따라 영양원소를 부르는 방법에 차이가 있으므로 각각의 뜻에 맞는 어휘를 사용하는 것이 식물영양학에서는 중요하다.

1.5 영양소와 영양원소의 차이

영양소(nutrient)와 영양원소(nutrient element)를 일반적으로 혼용하여 사용하는 경향이 있는데 K^+는 영양원소로는 K로 표시한다. NH_4^+나 NO_3^-는 영양소이나 영양원소로는 모두 N으로 표시하며, 영양소인 CO_2는 영양원소로는 C와 O로 표시해야 한다.

대체로 우리가 영양소라고 하는 표현은 정상적인 조건에서 식물의 영양을 위해 필수적인 물질로 식물이 흡수해서 이용하는 전기적 성격을 띤 영양분이며, 영양원소는 이들을 구성하는 기본물질이다. 현실적으로는 영양원소와 영양소를 혼용하는 경향이 일반적이므로 양자간의 차이를 안다면 문제가 되지 않는 범위 내에서 혼용해도 무관하다고 할 수 있다. 따라서, 필수영양원소(essential element)를 필수영양소(essential nutrient)라고도 한다.

1.6 식물생육과 생장요인

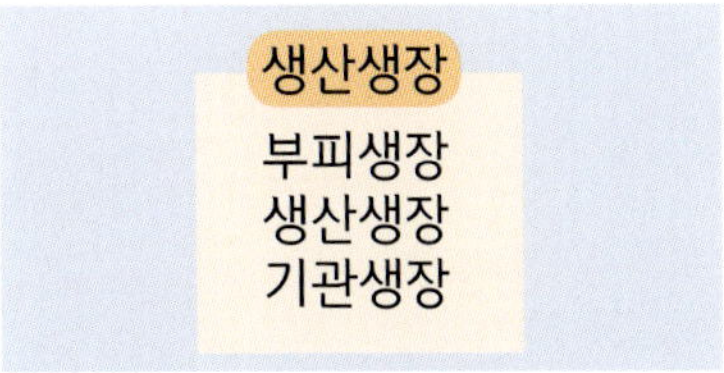

식물의 생장은 크게 세 가지로 나눌 수 있는데, 부피생장, 생산생장, 그리고 기관생장이다. 부피생장은 세포 내로 물이 흡수되어 세포가 비대되면서 생체 무게가 증가하는 것이다. 생산생장은 건물중의 증가를 뜻하는데, 이는 물질의 저장에 의해 이루어진다. 끝으로 기관생장은 살아있는 기관의 증식으로, 사실상 진정한 생장이라고 할 수 있다. 이 생장은 주로 세포분열에 의해 줄기나 뿌리 등의 생장점에서 이루어진다.

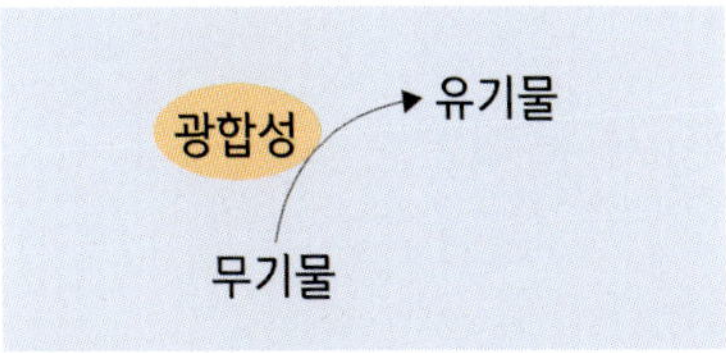

그림 1-2. 광합성을 통한 유기물 생성과 식물 생장

고등식물의 생장은 자연 속에 들어있는 각종 무기물을 광합성 작용을 통하여 유기물로 만드는 과정에 의해 가능하게 된다. 즉, 공기 중의 탄산가스와 토양 속의 물을 흡수하여 태양광을 이용한 광합성으로

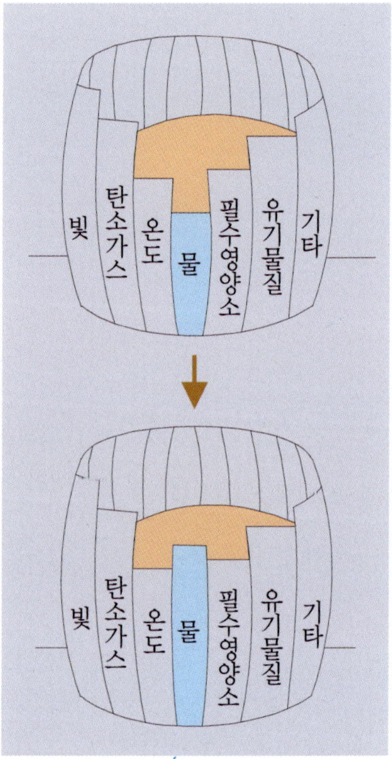

그림 1-3. 식물의 생장요인과 수량 및 품질 관계(최소율의 법칙)

탄수화물을 만들고 이것이 다시 여러 과정을 거쳐 식물에 필요한 물질로 변환되게 된다. 그 결과, 단백질, 지방, 비타민 등이 합성되며 이것을 지구상의 동물과 인간이 섭취하게 되는 것이다.

식물이 발아해서부터 죽을 때까지 생장하는데는 많은 요인이 작용하게 되는 데 이것을 생장요인이라고 한다. 이 생장요인은 수량에 큰 영향을 미치게 되는데, 이들 요인을 조화롭게 잘 제어함으로써 수량과 품질의 극대화를 기할 수 있는 것이다(그림 1-3).

식물의 생장요인은 물리적, 화학적, 그리고 생물적인 요인으로 나눌 수 있으며, 또한 이들 식물 생장요인은 변화의 유무에 따라 두 가지로 나눌 수 있다.

불변 생장요인(constant growth factor): 우주의 어떤 혹성의 조건이나, 지구의 일정지역에서 1년을 통해 지속적으로 나타나는 생장요인으로 특정지역의 일사량, 중력, 자장계 등을 들 수 있다. 이와 같은 개념은 앞으로 우주농업이 이루어질 경우 새로운 학설로써 변화되어야 하리라 본다. 왜냐하면 수많은 혹성에서나 우주공간에서의 광, 자장 및 중력의 방향은 변화가 불가피하기 때문이다.

가변적인 생장요인(variable growth factor): 기후요인과 토양요인으로 분리할 수 있다. 이들 각각 요인을 쉽게 표시해보면 다음 그림 1-4와 같은데, 이들 구성요인을 개선하는 것이 생장을 증진시키는 길이다.

- 불변적 생장요인 : 중력, 자장
- 가변적 생장요인
  - 기후요인
    - 에너지적 요인 : 광, 온도, 유해광, 운동에너지
    - 물질적 요인 : 탄산가스, 산소, 유독가스
  - 토양요인
    - 수분
    - 무기염류
      - 필수원소
      - 유용원소
      - 유해원소
    - 유기물질
      - 영양소
      - 생장조절물질 (유용 또는 유해성분)

그림 1-4. 식물의 생장요인

제2장 토양과 영양소

2.1 영양배지로서의 토양

원예식물은 모암(母岩)의 풍화작용에 의해 형성된 토양에 뿌리를 내리고 여기로부터 그들이 필요로 하는 영양분을 흡수한다. 그러나 최근 수경재배의 눈부신 발달에 따라 토양이 아닌 배양액이나 특수한 배지로부터도 양분을 흡수한다. 원예식물이나 일반 재배작물에 공급되는 영양분은 크게 고형배지와 비고형배지(유동적인 배지)로부터 흡수된다.

2.1.1 고형배지와 비고형배지

고형배지는 자연적인 고형배지(예, 토양)와 인공적인 고형배지(예, 피트모스, 암면, perlite, 그 외 원예용 인조상토)로 분리하여 생각할 수 있다. 유동적인 비고형배지는 자연적인 비고형배지(예, 빗물 같은 자연수와 염수)와 인공적인 비고형배지(예, 수경재배용 배양액)로 나눌 수 있다. 이들 각각의 배지는 식물생육에 크게 영향을 미치기 때문에 실제 재배에 앞서 이들 각 배지의 특성을 잘 이해해야 합리적인 영양관리가 가능하고 고품질 원예식물을 생산할 수 있다.

- 고형배지
  - 자연적 고형배지
  - 인공적인 고형배지
- 비고형배지
  - 자연적 비고형배지
  - 인공적 비고형배지

비고형배지(예, 배양액)의 장점은 영양소가 수용성 상태로 존재하며, 간단하고 쉽게 최적 혼합이 가능하고, 정확한 양분의 혼용과 제어가 가능해서, 유독물이 전혀 없게 조절할 수 있다는 점이다. 반면에 인간이 비료형태로 제공하지 않으면 자연적으로 부족량이 공급되지 않고, 다량공급에 따른 완충작용이 없으며, 배지 내 공기의 함량이 낮고, 뿌리를 지지하지 못하는 결점이 있다. 고형배지는 영양소가 느슨한 결합상태를 유지하고, 부족량은 자연상태에서 공급되며, 양분공급이 과잉상태가 될 때 완충작용이 있으며, 통기성과 뿌리의 지지가 가능한 장점이 있다. 고형배지의 단점은 때때로 이용할 양분이 부족하고, 영양소가 고정되어 불용화가 될 수 있으며, 뿌리가 적극적으로 필요한 양분을 찾아야 한다는 점이다.

2.1.4 크기에 따른 토양입자의 분류

토양을 구성하는 고상 중 무기물은 입자크기에 따라 분류하는데, 국제 토양학회법에 의하면 자갈(gravel, 입경크기: 〉2.00mm), 굵은 모래(조사, coarse sand: 2.00~0.20mm), 가는 모래(세사, fine sand: 0.20~0.02mm), 가루모래(미사, silt: 0.02~0.002), 점토(clay: 〈0.002mm)로 나눈다. 이와 같은 입자크기에 따른 토양분류는 국가에 따라 다소 차이가 있다. 우리나라에서 사용하는 미국 농무성법은 자갈과 점토 사이를 보다 세분화하고 있다(그림 2-4).

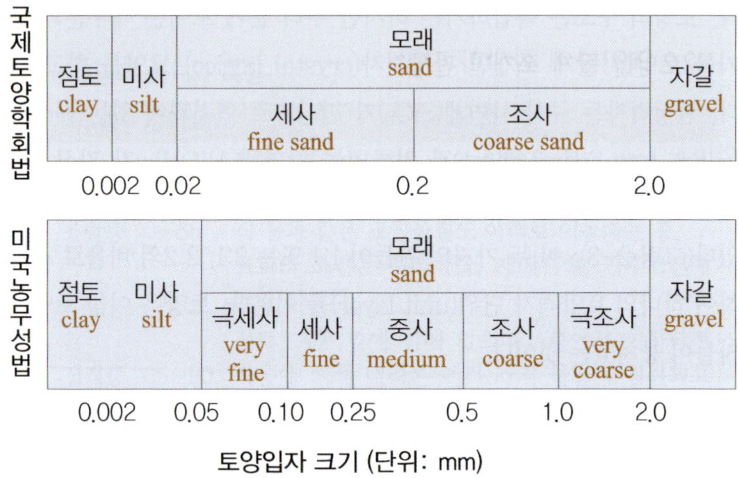

그림 2-4. 입자크기에 따른 토양분류

2.1.5 토성(soil texture)

토양을 구성하는 토양입자의 점유율에 따라서 토양을 분류한 것을 토성(土性)이라 한다(표 2-2). 토성은 점토, 미사, 모래의 함량 차이에 따라 삼각도표법에 의거하여 분류한다. 국제 토양학회법이나 미국 농무부법 공히 토성을 12가지로 분류하는데, 두 방법간에 약간의 차이가 존재한다. 그러나 원예식물의 영양생리적 측면에서 토양의 세분화는 큰 의미가 없으며, 실용적인 견지에서 사질토, 양토, 식양토, 식토 등으로 크게 분류하고 각 토성별 원예식물의 시비 및 관리요령이 제시되고 있다. 토성에 따라 대체로 각각의 토양특성은 다르게 되며 토양양분의 함량 또는 토양 생산성도 차이가 난다. 일반적으로 양토에서 생산량이 가장 높다.

표 2-2. 토성 구분

토양입자 (입경: mm)	토성구분			
	사토	양토	미사질토	점토
모래 (0.05~2)	80~100%	10~50%	0~40%	0~60%
미사질 (0.002~0.05)	0~20%	20~60%	60~100%	
점토질 (〈0.002)		20~40%	0~20%	40~100%
토양손질에 따른 분류	가벼운 토양	중간 토양		무거운 토양
토양 입자 굵기				
토양 공극 크기				

2.2 영양분의 확산과 결합

2.2.1 확산(diffusion)

확산이란 농도가 높은 곳에서 농도가 낮은 곳으로 물질이 이동해 가는 현상을 말한다. 토양에 비료를 공급하면 물에 녹아서 다른 곳으로 비료의 영양분이 이동해 가는 것도 확산의 한 현상이다.

확산속도는 Fick의 법칙에 의하면, 두 지점의 농도차에 비례하고 거리에 반비례하는데 이외에도 확산계수가 관여한다. 확산계수에 관여하는 인자는 토양수분 등이 있으며, 토양수분이 많거나 이온치환능력이 작을수록 확산속도는 빨라진다.

$$J = D\frac{DC}{Dx}$$

(J:확산속도, dC:농도차, dx:두지점사이의 거리, D:확산계수)

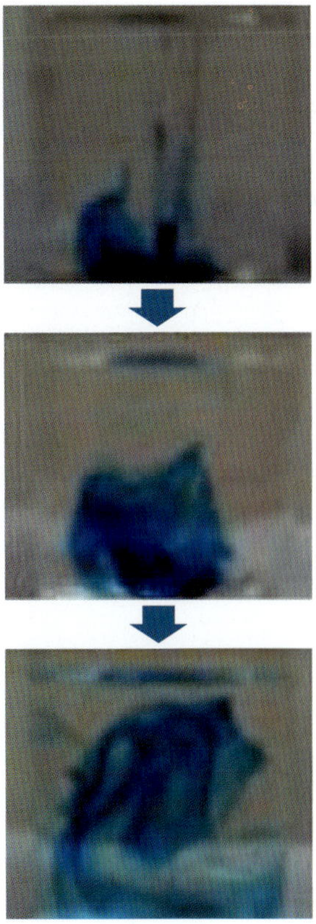

확산현상

2.2.2 흡착(adsorption)

흡착이란 어떤 물질이 다른 물질에 달라붙어 있는 것을 말하며, 이 때 각자가 갖고 있는 고유의 성질은 변하지 않는다. 흡착된 물질은 물질간의 결합보다는 약한 힘으로 붙어있어 용이하게 분리된다. 토양에 물을 공급하면 토양표면에 물이 흡착되게 된다.

2.2.3 치환(substitution, exchange)과 치환용량

치환이란 서로 자리바꿈을 의미하는 말로 여러 방면에 사용되는데, 양분의 치환이란 토양입자 표면에 흡착되어 있는 치환성 이온과 토양용액에 녹아있는 수용성 이온간의 자리바꿈을 의미한다. 토양입자 표면에 칼륨이 결합되어 있고, 토양용액에 칼슘이 녹아있다고 할 때, 칼륨과 칼슘이 서로 자리바꿈을 하면 치환됐다고 한다(그림 2-5).

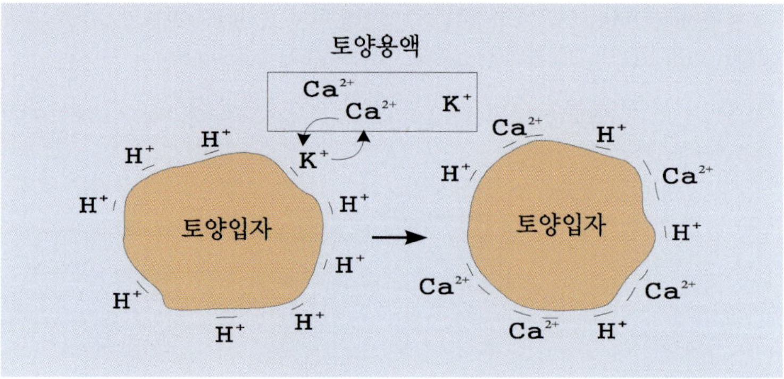

그림 2-5. 이온의 치환

치환하려고 하는 힘은 양분의 종류, 농도 등에 따라 다른데, 일반적으로 이온의 세기가 강할수록(2가 이온이 1가 이온보다 강하다), 농도가 높을수록 토양입자에 흡착하려는 힘이 강하다.

토양의 종류에 따라 영양분을 흡착하여 저장하는 능력은 차이가 있다. 이들의 정도를 양이온 치환용량(CEC, cation exchange capacity) 혹은 음이온 치환용량(AEC, anion exchange capacity)이라고 하며 단위는 me/100g으로 표시한다.

토양이 음전하를 띠기 때문에 양이온에 비해 음이온의 흡착은 적으며, 음이온의 흡착에는 전기적으로 양전기를 띠는 산화물, 부식 물질 그리고 일부 점토광물이 큰 역할을 한다. 흡착은 음전하의 강한 정도에 따라 결정되는데, 즉 PO_4^{3-}(강함), SO_4^{2-}(중간), NO_3^-와 Cl^-(아

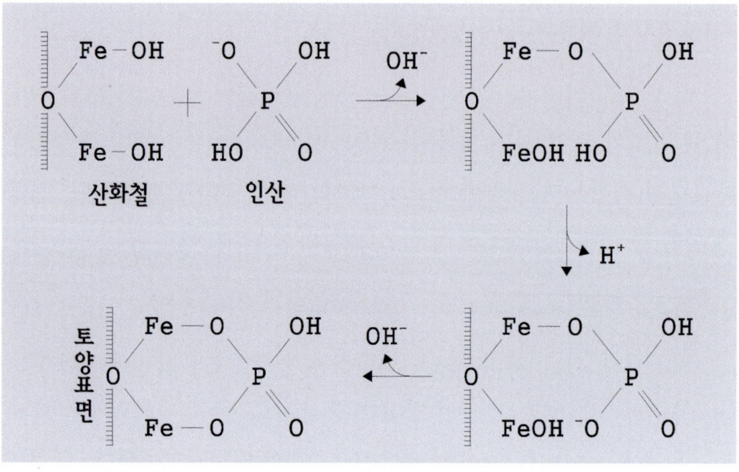

그림 2-6. 토양표면의 철산화물에 의한 인산흡착 개념도.

부연설명

2-2. 토양종류에 따른 치환용량

치환용량은 토양종류에 따라 차이가 나는데, 우리나라 대부분의 점토광물 중의 하나인 kaolinite(알루미늄판과 규산판이 1:1로 이루어진 1:1격자형 광물, 고령토라고 부름)는 5~15me/100g, 운모형태의 점토광물인 illite(규산판: 알루미늄 판이 2:1로 된 비팽창형 2:1 격자형 광물)는 20~50me/100g, 산성백토라고 불리는 montmorillonite(팽창형 2:1 격자형, smectite라고도 함)는 80~120me 그리고 유기물은 150~300me 이다. 이들은 pH 값이 높아지면 그만큼 증가한다.

주 약함)의 순서이다. 실질적으로 1가 음이온인 NO_3^-와 Cl^-의 흡착은 없다고 해도 과언이 아니다. 따라서, NO_3^-의 공급원은 토양용액 중에 용해되어 있는 것과 NH_4^+의 질산화 작용에 의해 생성되는 것에 국한된다. 음이온 중에서 인산은 특히 치환되어 있는 정도가 큰 데, 이는 구조의 특수성 때문이다(그림 2-6). SO_4^{2-}의 흡착력은 토양 pH에 따라 다른데, pH가 6.0 이상일 경우에는 토양과의 결합력이 약하다. 산성에서는 Fe과 Al의 산화물이 많기 때문에 결합력이 강해진다.

2.2.4 결합 (combination)

결합이란 둘 이상의 물질이 합쳐서 하나로 되는 것을 말한다. 결합 정도에 따라 여러 종류로 나뉜다. 수소와 산소가 결합하면 물이 되며(공유결합), 나트륨이온과 염소이온이 결합하면 소금이 된다(이온결합). 흡착도 약한 분자성 결합의 일종이다.

토양의 경우 음전하를 띠는 토양입자에 양이온이 결합하여 토양이 보비력을 갖게 되는 것이다.

2.2.5 수분포텐셜 (water potential)

수분포텐셜은 토양이나 식물체내에서 물이나 영양소가 이동하는 원리를 이해하는데 있어 중요한 개념이다. 수분포텐셜에는 삼투포텐셜, 팽압, 매트릭포텐셜 등이 관여한다.

1) **화학포텐셜** (chemical potential) : 물질 1 몰이 갖는 자유에너지의 양

2) **삼투포텐셜** (osmotic potential, Ψ_s)

(1) 농도에 따른 용액의 분류

① **등장액**: 염농도가 세포와 같은 용액이다. 등장액에 세포를 넣으면 아무 변화도 일어나지 않는다. 세포의 농도는 일반적으로 0.2-0.8 M이다.

② **저장액**: 염농도가 세포보다 낮은 용액(묽은 용액)이다. 저장액에 세포를 넣으면 세포 안으로 물이 들어가 세포가 터지게 된다.

③ **고장액**: 염농도가 세포보다 높은 용액(진한 용액)이다. 고장액에 세포를 넣으면 세포 안으로부터 밖으로 물이 나와

쉬운설명

2-1. 포텐셜 (potential)

코끼리와 개미가 벽돌 앞에 있을 때, 비록 아직 벽돌을 들지는 않았으나 우리는 코끼리가 벽돌을 들 수 있을 것이라고 생각한다. 이는 코끼리의 잠재능력을 보고 판단한 것이다. 코끼리와 개미처럼 모든 물질들은 잠재적인 에너지를 가지고 있는데, 이를 포텐셜이라 한다.

그 물질이 가지고 있는 에너지 중에서 일을 할 수 있는 에너지는 자유에너지라고 한다. 이 에너지는 운동에너지, 빛에너지, 화학적인 에너지, 전기적인 에너지 등 여러 형태의 에너지로 존재할 수 있지만 생물체에서는 주로 전기적인 에너지와 화학적인 에너지 형태가 중요하다.

예를 들어, 어떤 물질이 화학포텐셜을 100만큼 갖고 있다면 화학적으로 100만큼의 일을 할 수 있는 잠재능력이 있는 것이다.

서 원형질분리가 일어나게 된다.

(2) **생체막의 성질**: 선택적 투과성이기 때문에 물을 자유로이 통하나 용질을 쉽게 통과하지 못한다.

(3) **삼투압** : 반투막을 사이에 두고 순수한 물과 용액이 있을 경우, 순수한 물로부터 용액으로 물이 확산되어 가려고 하는데, 이 때 확산되는 것을 막기 위해 용액 쪽에 가해주는 압력이다(그림 2-7). 용액의 농도가 높을수록 삼투압이 커진다. 삼투압은 항상 양의 값을 가진다.

(4) **삼투포텐셜(Ψ_S)** : 용매에 용질이 들어옴으로써 용매-용질간 상호작용으로 인하여 감소한 물의 에너지. 따라서 Ψ_S는 용질이 증가할수록 감소한다(더 큰 음의 값). 삼투포텐셜은 삼투압과 절대값은 같고 부호는 반대이다. 그 이유는 다음과 같다.

① 순수한 물이라면 용질에 의해 감소한 에너지가 없으므로, $\Psi_S = 0$.

② 용매(물)에 용질이 들어와서 물의 자유에너지가 감소하면 삼투포텐셜이 낮아진다(더 큰 음의 값). 예를 들면 $\Psi_S = -10$.

③ 삼투포텐셜이 낮아졌기 때문에 반투막의 반대쪽에서 물이 들어오려고 하는데, 이 힘의 크기는 당연히 삼투포텐셜의 값과 같아야 할 것이다.

④ 들어오려고 하는 힘에 대항해서 못 들어오게 하는 힘이 삼투압이므로 삼투압 = 10. 즉, 절대값은 같고, 부호는 반대

쉬운설명

2-2. 삼투포텐셜

물분자만 100개가 들어있는 용기가 있다고 하자. 여기에 설탕 10개를 넣으면 설탕과 물분자간에 약한 결합이 생긴다(설탕이 물에 녹는다는 의미). 따라서, 물분자만 있을 때보다는 물분자의 자유에너지가 감소하게 된다. 이와 같은 이유로 물보다는 용액의 삼투포텐셜이 낮게 되는 것이다(큰 음의 값).

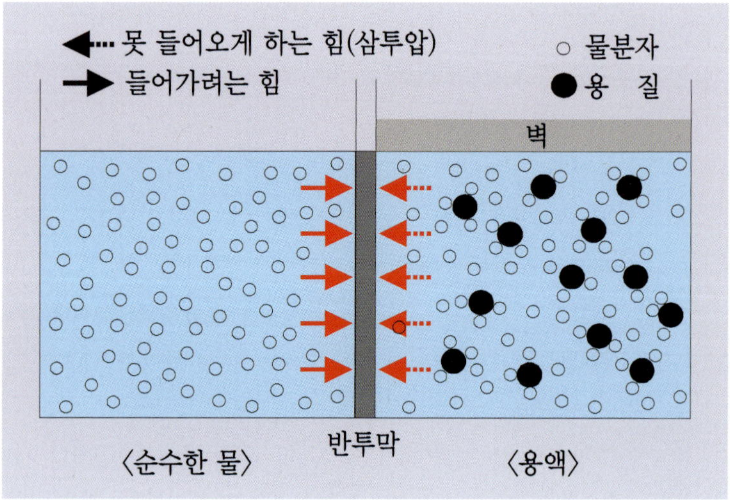

그림 2-7. 삼투압

이다. 즉, 삼투포텐셜은 삼투압의 원인을 제공하므로 그 크기는 같아야 한다.

3) 팽압 (turgor pressure, Ψ_p)

(1) 생체막은 반투과성이고 탄력적인 반면, 세포벽은 전투과성이며 견고하다(약간은 탄력성을 가지지만 생체막 보다는 훨씬 탄력성이 작다).

(2) 세포내의 Ψ_s는 바깥의 Ψ_s보다 작아서(더 큰 음의 값) 물이 세포 안으로 들어온다. 어느 정도 들어온 후에는 세포벽 때문에 물이 더 이상 들어올 수 없게 된다. 그러면 안에서 밖으로 압력을 나타내게 된다. 이 압력을 팽압이라 한다. 팽압은 항상 양의 값을 가진다(그림 2-8).

쉬운설명

2-3. 팽압

풍선에 물을 넣으면 팽팽해진다. 팽팽한 이유는 물이 풍선의 벽을 향하여 압력을 가하고 있기 때문이다. 세포 안에서도 물이 세포막을 밖으로 밀고 있는데, 이 압력을 팽압이라 한다.

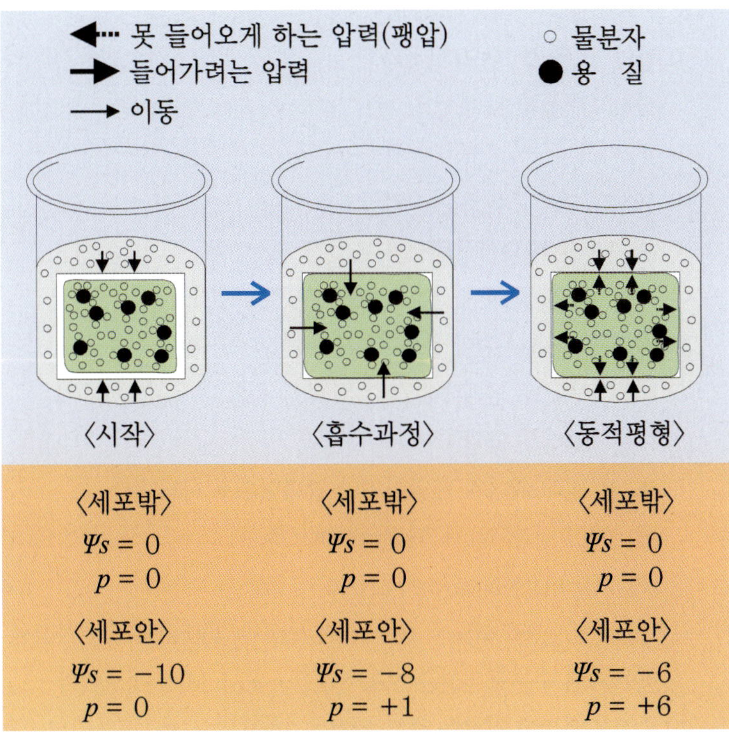

〈세포밖〉	〈세포밖〉	〈세포밖〉
$\Psi s = 0$	$\Psi s = 0$	$\Psi s = 0$
$p = 0$	$p = 0$	$p = 0$
〈세포안〉	〈세포안〉	〈세포안〉
$\Psi s = -10$	$\Psi s = -8$	$\Psi s = -6$
$p = 0$	$p = +1$	$p = +6$

그림 2-8. 팽압이 생기는 원리

4) 매트릭포텐셜 (matric potential, Ψ_m)

① 용질보다 큰 콜로이드 모양의 물질과 물이 상호 작용함으로써 물이 잃어버리는 에너지를 말한다. 토양의 점토입자 혹은 세포내의 소기관 등이 콜로이드에 속한다(그림 2-9).

쉬운설명

2-4. 매트릭포텐셜

개미들만 사는 마을에 갑자기 큰 빵이 떨어지면, 많은 개미들이 빵으로 달려들 것이다. 그러면, 개미들이 자유롭게 움직일 수 있는 에너지가 줄어든다. 그러나 유리알이 떨어졌다면 자유에너지에는 변화가 없을 것이다. 이처럼 용질보다 큰 콜로이드 입자도 물과 친화력(서로 간의 관심)만 있으면 물과 결합하기 때문에 물이 잃어버리는 자유에너지를 매트릭포텐셜이라 한다.

② Ψ_m과 Ψ_s는 비슷한 개념이며 모두 음의 값이다.

③ 식물체내에서는 Ψ_m이 너무 작아서 보통 무시된다. 그러나, 토양에서는 그 값이 크다.

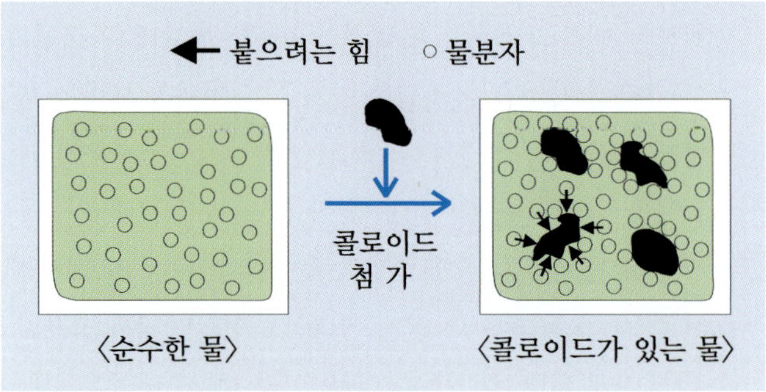

그림 2-9. 매트릭포텐셜이 생기는 원리

5) 수분포텐셜 (water potential, Ψ_w)

(1) **정의** : 주어진 온도에서 단위 부피의 용액과 순수한 물 사이의 화학포텐셜의 차이

$\Psi_w = (\mu_w - \mu_w^0)/v_w = R\ T\ \ln(e/e^0)$

용액의 화학포텐셜과 증기압 : μ_w, e

순수한 물의 화학포텐셜과 증기압 : μ_w^0, e^0

V_w : 물의 몰 부피, R : 기체상수, T : 절대온도

(2) 정의에 의해 순수한 물의 수분포텐셜은 '0' 이다.

$e < e^0$ 이므로 생체내의 Ψ_w 은 항상 음의 값을 갖는다.

(3) 수분포텐셜의 단위

Ψ_w은 원래 에너지 개념이지만 압력단위로 나타낸다.

에너지(J) = 힘(N) × 거리(m) 이므로,

$\Psi_w = J/m^3 = N.m/m^3 = N/m^2 = Pa$

1 bar = 0.987 atm = 10^6 dynes/cm^2 = 100 kPa = 0.1 MPa

식물체내 수분포텐셜은 보통 −0.1 ~ −1.5 MPa 정도이다.

(4) 수분포텐셜에 영향을 주는 인자

① 용액에 콜로이드도 없고 외부압력도 없을 때, $\Psi_w = \Psi_s$

② 압력 혹은 팽압은 Ψ_w을 증가시킨다. $\Psi_w = \Psi_s + \Psi_p$

③ Ψ_s, Ψ_p, Ψ_m이 모두 영향을 미칠 때, 삼투포텐셜, 매트릭포텐셜, 팽압의 합이다. $\Psi_w = \Psi_s + \Psi_p + \Psi_m$

④ 토양에서의 수분포텐셜은 $\Psi_w = \Psi_s + \Psi_m$

토양에서의 Ψ_w은 −10 ~ −100KPa (pF : 2~3) 정도이다.

(5) 세포내의 Ψ_w의 변화

① 세포벽이 탄력성이 없다고 가정했을 경우의 Ψ_w의 변화

물이 들어올 수 없으므로 Ψ_s는 변함이 없다.

② 실제 세포내의 Ψ_w의 변화

물이 어느 정도 들어올 수 있으므로 Ψ_s는 약간 변한다.

(6) 수분포텐셜과 영양소의 흡수

물의 이동은 수분포텐셜이 높은 쪽에서 낮은 쪽으로 일어난다. 수분포텐셜은 토양이 높고 대기가 낮아 토양용액 〉 뿌리 〉 목부 〉 잎 〉 대기 순서이기 때문에 물이 쉽게 식물에 흡수되고, 또 대기 중으로 방출된다(그림 2-10). 따라서, 토양용액 내에 존재하는 영양소는 용액의 수분포텐셜을 낮추기 때문에 농도가 너무 높으면 식물뿌리가 물을 흡수하는 것을 방해한다.

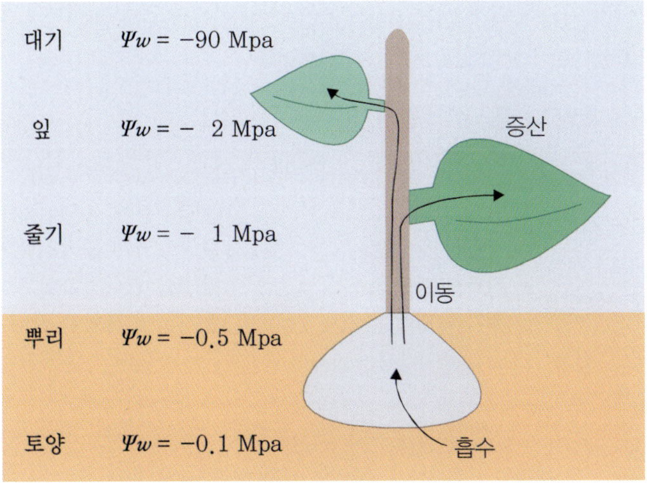

그림 2-10. 수분포텐셜 차이에 의한 물의 이동

2.3 토양 내 영양분의 형태 및 상호관계

토양 내에 있는 영양분은 물리화학적으로 다양하게 토양입자와 결합되어 있다. 일부분은 토양용액에 녹아 이동이 용이하고, 다른 것들은 토양과 느슨하게 흡착되어 치환이 가능하며, 나머지는 토양을 이루는 격자(Si와 Al결합, 2.1.3. 참고) 사이에 일라이트처럼 K+가 층간에 결합되어 있다(그림 2-11). 이들 영양분의 토양 내 결합형태는 표 2-3과 같이 이동성에 따라 분류해서 특성을 이해할 수 있다.

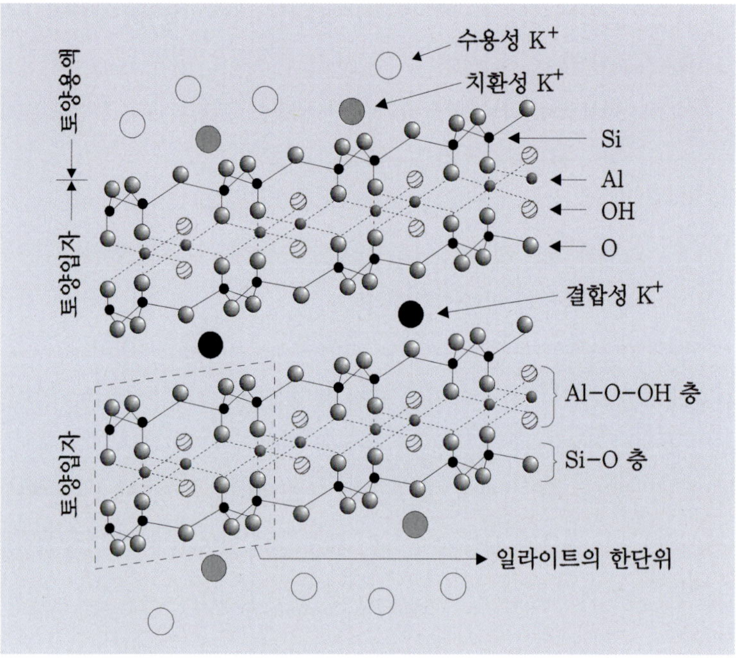

그림 2-11. 일라이트 영양소 결합형태(K^+ 격자사이 결합)

표 2-3. 토양 내 영양분의 형태 및 특성

결합형태별 분류	세부 분류	비율	특성
이동성 영양분	수용성 영양분 치환성 영양분	〈2%	토양수분에 용해된 상태 토양표면에 흡착된 상태
저장성 영양분	무기적 결합 유기적 결합	〉98%	토양입자에 결합된 상태 유기물에 결합된 상태

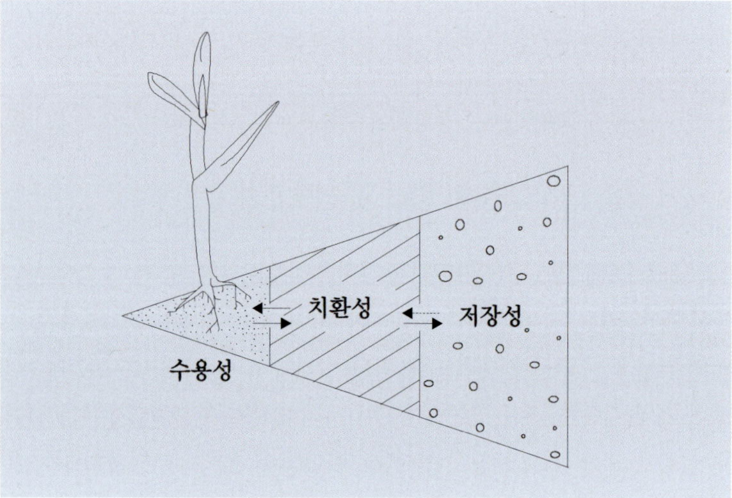

그림 2-12. 양분의 결합형태별 상호관계

양분의 결합형태별 상호관계를 나타내면 그림 2-12과 같으며, 식물 뿌리가 토양입자로부터 영양소를 치환과 확산을 통해 흡수하는 동적 상황의 모식도는 그림 2-13과 같다.

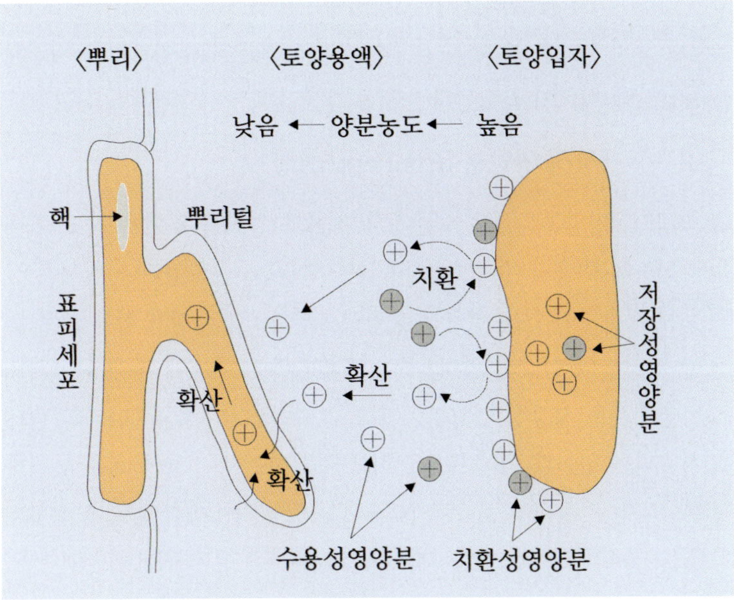

그림 2-13. 토양 내 영양분의 동적 상호관계

2.3.1 이동성 영양분 (mobile nutrient)

토양내의 이동성 영양분은 2% 미만이고 저장성 영양분은 98% 이상이다(표 2-3). 이동성 영양분은 고정된 것이 아니라 운동성이 매우 강한 특성을 가졌다. 수용성 영양분은 토양수 속에 녹아있는데 대부분 이온형태이다. 이들 양분은 토양 내 수분함량에 따라 농도가 변하며, 계속적으로 다른 이온과 치환이 이루어진다. 치환에 의해 토양으로부터 잘 떨어지는 이온은 식물이 잘 흡수할 수 있는 장점이 있으나 토양으로부터 용탈도 쉽게 이루어져 영양분의 손실이 큰 단점도 있다.

치환성 영양분은 전기적으로 토양입자의 표면에 치환되어 흡착되어 있으며 결합상태는 느슨한 편이다. 이들 대부분은 양이온인데, 이는 토양입자가 항상 음전하를 띠기 때문이다. 치환성 이온(exchangeable ion)은 토양수내의 이온의 종류, 농도, pH 등에 의해 끊임없이 수용성 이온과 평형상태를 유지한다. 즉, 식물이 쉽게 이용할 수 있는 불안정한 상태(labile state)로 존재한다. 치환성 영양분의 결합은 아주 느슨하므로 식물들이 이용하기에 용이한 형태로 존재하

부연설명

2-3. 이동성 영양분의 토양 내 농도 및 수분함량에 따른 변화

토양수 내의 N, S, Ca 그리고 Mg 등의 농도는 10~200ppm 이며 K는 5~50ppm, 그리고 P는 1ppm 미만이다. 그리고 대부분 미량원소는 0.1ppm 이하이다.

이들 양분은 토양 내 수분함량에 따라 변하게 된다. 즉, 같은 양의 영양소가 있더라도 토양수가 많으면 희석이 되고, 반대로 토양수의 양이 적으면 농도가 짙어지게 된다. 포화상태의 토양에서 염의 농도는 대체로 0.02~0.1%이며 삼투압은 0.1~0.5 atm이다. 만약 토양이 계속적으로 건조된다면 토양수내 양분의 농도는 급상승할 것이며, 그 정도가 심하면 독성을 나타내기까지 한다.

지만, 용탈에 대해 어느 정도의 보호를 제공하고 손실에 대한 한가지 대책도 될 수 있다.

토양입자가 치환하여 흡착할 수 있는 부분은 대부분 Ca^{2+}, Mg^{2+}, K^{+} 이온 등으로 완전포화 되는데, 이때 비율은 75 : 15 : 3~5가 된다. 실제로 토양 내 염기포화의 정도와 염기상호간의 조성차이는 영양분의 공급량에 의하여 결정된다.

2.3.2 저장성 영양분 (fixed nutrient)

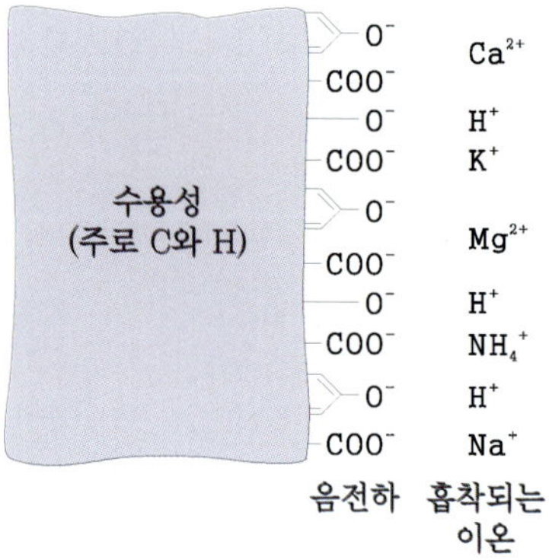

그림 2-14. 휴머스 콜로이드에 의한 양이온 흡착

저장성 영양분은 1차 또는 2차 광물과 견고한 결합을 하고 있어 즉시 식물이 이용할 수 없는 영양분을 일컫는다. 토양이나 원예용 상토 등에 저장되어 있는 영양분 함량은 대체로 그 배지가 함유할 수 있는 총 영양소의 함량과 같다. 즉, 토양과 같은 배지에 존재하는 거의 모든 영양분은 저장성 영양분이라고 할 수 있다. 이들은 다양한 형태로 저장되어 있는데 각종 토양입자를 구성하는 무기물에 혹은 유기물에 결합되어 저장되어 있다(그림 2-14). 영양분의 종류에 따라 결합되어 있는 물질에 차이가 있는데, 질소와 유황은 유기물과 결합되어 있고, 인산은 절반 정도만 유기물과 결합되어 있으며, Ca, Mg, K 그리고 미량원소들은 무기물(토양입자)과 결합되어 있다. 이와 같은 결합은 토양이나 배지의 구성, 토양입자나 배지의 종류에 따라 다르다.

저장 영양분은 아주 작은 부분이 용해되거나, 무기염류의 풍화 등에 의한 형태의 변화, 그리고 부식의 분해 등에 의해 이동성을 갖는다. 이동율은 온대지역에서는 저장양분의 0.1%, 그리고 열대지방에서는 0.4% 정도이다.

부연설명

2-4. 양분의 이동성에 관여하는 요인들

인산은 fluoroapatite에서보다 hydroxyapatite에서 이동성이 용이하며, 미세한 입자가 큰 것보다 이동성이 좋고, 결정체의 크기에서는 작은 결정체가 이동성이 크다.
이와 같이 다양한 요인 때문에 영양소의 이용성은 물리, 화학적인 자료로부터 계산할 수 있는 것이 아니라 경험적인 것에 의존할 수도 있다. 대체로 토양내 이용가능 양분이 적으면 식물체에 양분결핍을 초래한다.

2.3.3 영양소의 이용성 (availability)

이용가능 영양소(available nutrient)라 함은 식물이 토양이나 배지로부터 흡수하여 이용할 수 있는 양분을 뜻한다. 토양에 존재하는 양분의 이동성(mobility)을 보면 수용성 양분은 완전 이동성이며, 치환성 양분은 부분적으로 이동성이다. 대체로 저장양분은 엄격하게 구분하기는 어렵지만 아주 일부만 쉽게 이용할 수 있으며, 대부분은 이동화가 아주 어렵다. 따라서 이들의 이용성을 본다면, 수용성 양분은 이용이 아주 용이하고 치환성 양분은 다소 용이하며, 고정된 것은 일부만을 이용할 수 있는데, 이들 모두를 이용이 가능한 양분(가급태)이라고 할 수 있으며, 완전히 고정화된 것은 이용이 불가능한 양분(불가급태)이라고 표현한다.

우리가 토양 속에 있는 영양소를 용이하게 분류한다는 것은 어렵다. 이는 양분의 이동성이 토양과 기후에 관련된 매우 다양한 요인에 의해 영향을 받기 때문이다.

2.3.4 영양소의 결합형태간의 상호관계

토양 내 영양소의 결합성이나 이용성의 정도는 고정되어 있는 것이 아니고, 항상 다양하게 변화한다(그림 2-15). 토양용액의 수용성 영양소는 식물에 의해 흡수되거나 일부는 토양입자에 흡착된다. 수용성 영양소는 빠르게 흡수되기 때문에 뿌리근처에는 항상 양분이 결핍되어 있으며 이 영역을 결핍영역(depletion zone)이라 한다. 뿌리로부터 토양입자 표면으로 갈수록 수용성 영양소의 농도가 높아지며, 따라서 미세한 모세관 내에서도 농도의 기울기가 존재하기 때문에 수용성 이온이 확산에 의해 뿌리 쪽으로 이동해 가면서 흡수가 계속되는 것이다.

토양표면에 흡착되어 있는 치환성 영양소는 토양용액 내 양분농도 변화, 토양산도 변화 등에 따라 수용성으로 되며, 용해속도는 뿌리의 흡수속도보다 느리나 전체적인 양이 많으므로 토양용액의 농도를 일정하게 유지할 수 있다. 치환성 영양소는 토양입자에 강하게 결합되기도 하는데, 특히 시비를 할 경우 많은 양이 치환성 혹은 저장성으로 토양입자와 결합한다.

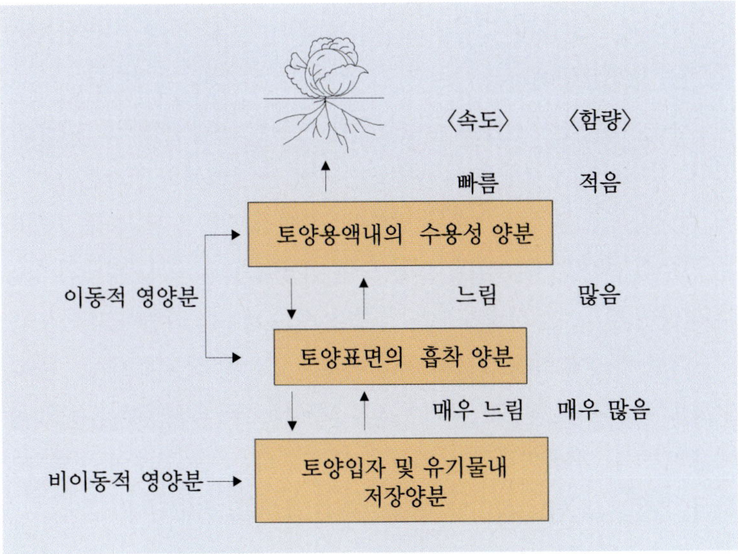

그림 2-15. 토양내 양분의 결합형태와 상호관계

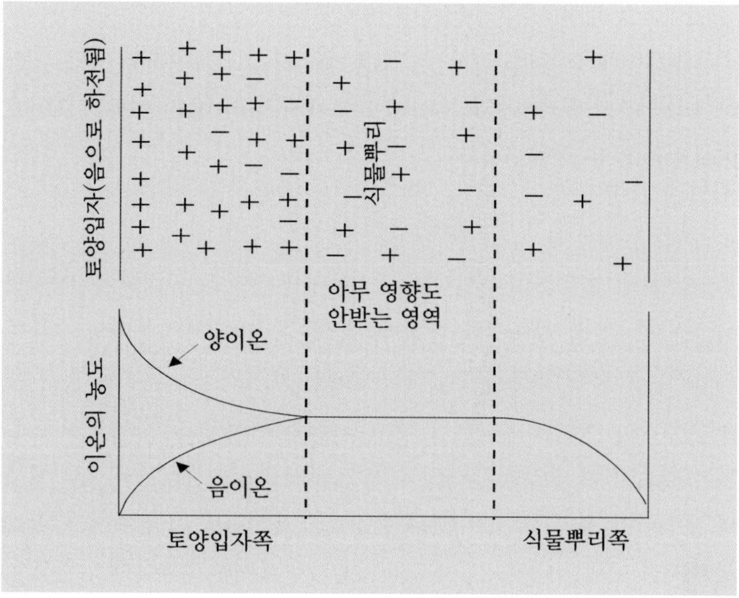

그림 2-16. 토양내 수용성 이온의 분포

저장성 영양소는 풍화작용 등에 의해 토양입자와 서서히 결합 정도가 약해져서 치환성으로 되는데, 그 속도는 매우 느리나 토양 내에 존재하는 영양분이 대부분 저장성인 관계로 물이 강하게 흡수하면 부족해진 치환성 영양분을 공급할 수 있다(그림 2-16).

토양내에서는 이동성 영양분의 일부가 토양입자에 고정화되어 난용성 상태로 저장이 되기도 하며, 반대로 토양입자로부터 저장성 영양분이 수용성으로 되어 양분의 보급이 이루어지기도 한다. 이러한 현상은 정상적인 토양에서는 어느 정도 평형(동적평형)을 유지한다.

양분의 결핍은 절대적 양분결핍과 상대적 양분결핍으로 나눌 수 있다. 절대적 양분결핍은 이동성 또는 비이동성 형태의 영양분이 배지에 절대적으로 부족한 경우를 말한다. 상대적 결핍은 배지 내 존재하는 양분의 총량은 충분하나, 이동 또는 이동화 될 수 있는 형태의 영양분의 양이 뿌리로부터 흡수되는 양보다 적은 경우를 말한다.

식물 뿌리에 의해 식물체 내에 흡수된 양분은 식물체 내에 머물다 고사하면 다시 토양으로 무기성분은 되돌아오며 유기성분은 공기 중에 휘발하게 되어 일종의 순환을 거치게 된다. 이를 양분의 순환이라 하며, 특히 질소의 순환이나 황의 순환은 많이 알려져 있다.

영양소의 이용성에 영향을 미치는 각종 요인과 이에 따른 영양소들의 이동성이나 고정화의 정도를 간단하게 표시해보면 표 2-4와 같다. 여기서 나타난 여러 토양요인을 통해 영양소의 이용성을 극대화시키지 않은 상태에서 시비가 이루어지면 시비의 효과가 크게 나타나지 않는다.

표 2-4. 토양 내의 영양소의 이용성에 미치는 변화요인

변화	이용성(가급태) 영양소		비이용성(불가급태) 영양소
	수용성 영양소	치환성 영양소	난용성 저장
토양수분 증대	저농도화, 상대적 1가 양이온 증가	상대적 2가 양이온 흡착이 강력	대부분 후속적으로 증가되는 공급
건조상태 증대	고농도화, 상대적 2가 양이온 증가	상대적 2가 양이온 흡착이 약해짐	고정화 증대
산성화	증가 이온: Fe, Mn 감소 이온: Ca, Mg, P, Mo		이동성 증가(Fe, Mn) 고정화 증가(P, Mo)
알칼리화	증가 이온: Ca, Mg, P, Mo 감소 이온: Fe, Mn, Zn, B, Cu		이동성 증가(P, Mo) 고정화 증가(Fe, Mn, Zn, B, Cu)
유리, 용탈로 인한 손실	강하게 결핍	결핍	자주 공급 증대
비료 등에 의한 보급	강하게 증가	증가	일부 고정 증대

(Finck, 1969 변형함)

이용성의 변화에는 무기성분의 반응(토양의 풍화 및 토양 생성작용)과 생물적인 영향이 크게 작용한다. 토양의 풍화 및 토양생성작용에 의한 영향은 오랜 기간에 걸쳐 서서히 나타나는 반면, 생물에 의한 영향은 비교적 빠르게 나타난다. 토양의 근권에서는 식물 뿌리, 미생물, 그리고 토양물질에 의해 영양소 이용이 경쟁적으로 이루어진다고 볼 수 있다. 토양은 식물에게 양분을 공급해줄 뿐만 아니라 경쟁관계에 있는데, 비옥한 토양은 양분의 결합형태간의 전환능력과 저장능력이 크다. 이상적인 이용성을 가진 토양은 많은 영양소를 느슨하게 저장할 뿐 아니라, 용탈에서 보호하고, 식물이 이용하기 좋은 상태로 존재하며, 비이동화가 되는 과정을 완충작용으로 억제시키며, 유리되거나 손실되는 양분을 신속하게 재공급 시켜주는 능력을 가져야 한다. 따라서 원예작물을 재배하는 토양이나 배지는 이와 같은 특성을 갖도록 잘 관리해야 하며 그럴 때 고품질 원예작물 생산이 가능하다.

부연설명

2-5. 식물 뿌리와 미생물의 양분 경쟁

토양이나 공급된 유기물이 C/N 율이 높을 때에는 질소가 미생물에 의해 고정되어 일시적으로 질소부족이 나타나는데, 이 현상은 식물 뿌리와 미생물의 경쟁관계 때문이다.

2.3.5 토성과 비옥도

토양 비옥도와 토양 구성성분과의 관계를 표 2-5에 표시하였는데, 대체로 점토의 함량이 많을수록 영양소의 함량이나 저장력이 증가

된다. 단, 영양소의 함량이 많다 하더라도 이용성이 높은 것은 아니다. 가장 생산량이 많은 토양구조는 모래, 미사, 점토가 알맞게 혼합되어 있으며, 토양입자가 지나치게 크지도 않고 너무 미세하지도 않으며 점토분이 적당한 비율로 어느 정도 유기물이 섞여있는 양토이다.

표 2-5. 토성과 비옥도의 관계

토양입자 (입경: mm)	토성구분			
	사토	양토	미사질토	점토
모래 (0.05~2)	80~100%	10~50%	0~40%	0~60%
미사질 (0.002~0.05)	0~20%	20~60%	60~100%	
점토질 (<0.002)		20~40%	0~20%	40~100%
토양손질에 따른 분류	가벼운 토양	중간 토양		무거운 토양
토양 입자 굵기				
토양 공극 크기				
가용수분 보유력				
영양소 함량과 보유력				
토양비옥도(생산력)				

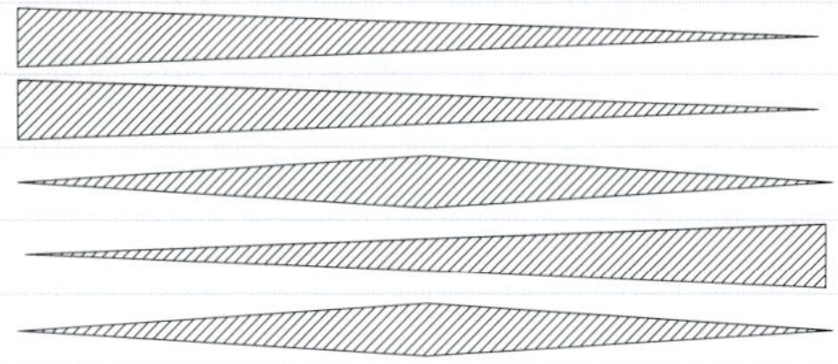

토양은 풍화작용과 자연 생태계의 변화에 따라 토성과, 함유하는 무기염류 또는 유기질의 함량이 달라 토양 비옥도에서 차이가 나고 따라서 재배되는 산물의 생산력에 차이가 있게 된다(표 2-6). 일정한 기후조건에서 단위면적당 수량을 토양 생산력으로 표시할 수 있는데, 토양의 생산력과 토성과의 관계를 보면 작물의 종류에 따라 다르나 일반적으로 일정지역 내에서 동일 기후조건 하에서는 양토에서 수량이 높게 나타난다.

표 2-6. 토양의 특성과 토양 비옥도

토양특성	비옥한 토양의 특징
1. 토심	토심이 깊고 근권이 넓어서 뿌리 뻗기에 좋고 많은 양분을 포함하고 있어야 함
2. 토양입자크기, 토양구조	토양입자는 중간 크기로써, 좋은 구조를 가지고, 뿌리가 잘 뻗을 수 있고, 배수성, 보수성, 통기성이 좋아야 함
3. 토양반응	알맞은 pH 값을 가져야 함
4. 영양분 함량	양분함량이 높아야 하며 특히 이용성 양분이 많아야 함
5. Humus 함량과 역할	영양가가 높고, 흡착이 잘 되는 휴머스가 많으면 토양구조, 양분흡수능, 영양분, 토양생물에 좋은 영향을 줌
6. 흡착특성	흡착능력이 높아야 양분의 저장능이 높다. 과잉공급이나 용탈에 대해 완충작용을 함.
7. 독성물질의 영향	유, 무기 독성물질이 없어야 함

토양의 생산력에 가장 크게 영향을 주는 요인은 기후나 생물적 조건이 동일하다면 토양의 비옥도이다. 토양의 비옥도는 표 2-6에서와 같이 많은 요인에 의해 영향을 받는다. 그 가운데 토양입자와 토양구조 그리고 pH가 영양소의 보유 또는 이용화(활성화)와 관계가 크므로 비옥도에 중요한 역할을 한다.

2.4 원예작물 재배토양의 주요 특성

우리나라에서 원예작물을 재배하는 주요 토양은 논, 밭, 고정식 시설원예 토양으로 나눌 수 있다.

2.4.1 논 토양의 특성

논 토양의 원예적 이용형태는 겨울철에는 플라스틱 온실을 만들어 작물을 재배하며, 여름에는 벼를 재배하는 년 2작의 형태를 주로 유지한다. 우리나라는 논 토양의 유형을 크게 6개로 나누는데, 이 가운데 전체 논 토양의 32.6%에 해당하는 보통 논에서 채소 등 원예작물의 재배가 가능하다(표 2-7).

표 2-7. 논 토양의 6가지 유형

유 형	전체논중 차지하는 비율	토 성
보통답	32.60%	식질형埴質型 혹은 식양질형埴壤質型
미숙답	23.40%	식질형, 식양질형, 역질형礫質型
사질답	32.40%	사양질형砂壤質型, 사질형, 사력질형砂礫質型
습 답	9.00%	식질 및 식양질형, 사양질형, 사질형 등
염해답	2.50%	식양질형, 사양질형, 사질형 등
특이산성답	0.20%	식양질형

보통 논은 유기물 함량이 다른 논 토양보다 높지만 원예작물 재배를 위해서는 적당한 유기물을 시비해야 한다. 보통 논 가운데 여름철 침수의 위험이 없는 물빠짐이 좋은 논에서는 화훼류 묘목재배가 가능하며, 이와 같은 형태는 남부지방에서 많이 볼 수 있다. 보통 논 토양이라 하더라도 농수로 부근이나 강언저리 등에서 봄 일찍 수위가 높아짐에 따라 지하수위가 높아지는 지역에서는 과습에 따른 뿌리 피해에 의하여 과채류 등의 재배가 어렵다. 특히 계단식 보통 논에서 시설재배를 할 경우에 윗 논에서 벼육묘를 위한 모판을 만들면 아래 논으로

부연설명

2-6. 토양과 토양내 비료성분의 함량

식물의 영양이나 비료의 공급을 고려할 때 식물이 자라고 있는 토양의 무게 혹은 그 안에 존재하는 양분의 양에 대하여 알고 있는 것이 필요하다. 토양의 무게를 알아보면 보통 토양은 표토로부터 깊이 20㎝까지는 1ha가 약 300만㎏이며, 30㎝까지는 450만㎏ 이다. 뿌리가 토양 내에서 얻는 양분을 계산한다면 다음과 같이 할 수 있다. 토양 중에 어떤 성분이 0.1%가 함유되어 있다면, 이 성분은 깊이 20㎝까지의 총함량이 3,000㎏/ha라고할 수있다(3,000,000㎏×0.001). 만일 1ppm의 양이 함유되어 있다면 3㎏/ha(3,000,000㎏×1/10^6)의 원소가 토양 내에 함유되어 있는 셈이다. 각 토양의 토성과 토양내 비료성분의 함량을 이해한다면 합리적 시비를 통한 수량증대가 가능하다.

토양수의 이동이 심하게 이루어져 봄철 시설 내의 과채류에서 과습에 따른 피해가 많으므로 봄철에 재배할 식물을 고려해서 계단식 논 이용을 결정해야 한다. 근교원예의 발달로 도시부근의 논에서 채소를 많이 재배하는데, 공장의 폐수 등으로 인해 중금속에 오염된 땅에서 작물재배를 할 경우 많은 피해를 입는다.

사질답은 물빠짐이 좋아서 뿌리 발달이 좋지만 유기물 함량이 적기 때문에 박과 채소를 재배할 때는 충분한 유기물을 공급하고 관비농법을 이용하면 높은 수량을 올릴 수 있다. 반면에 점질토인 논에 채소를 가꾸려면 모래를 이용한 객토를 하여 물빠짐을 좋게 할 필요가 있다(표 2-8).

표 2-8. 논의 유형별 화학성분의 함량

구분	pH	유기물 (%)	유효 P_2O_5 (ppm)	유효 SiO_2 (ppm)	치환성 양이온(me/100g)		
					K^+	Ca^{++}	Mg^{++}
보통답	5.5	2.5	70	75	0.23	4.8	1.5
미숙답	5.2	1.5	32	90	0.28	3	1.2
사질답	5.7	1.8	110	37	0.15	2.2	1
습 답	6	2	120	55	0.12	2.5	1.5
염해답	8.2	0.4	17.4	200~300	0.9	1.3	2.9

2.4.2 밭 토양의 특성

우리나라에서는 역사적으로 수리(水利)가 가능한 곳은 모두 논으로 개발하고 수리가 불안정한 곳은 밭으로 사용하였는데, 관리적인 면에서 밭작물 재배의 어려움이 있을 정도의 경사지 등에서는 과수원이나 초지를 만들어 이용하여 왔다. 또한 산간지대나 경사가 급한 개간지 등에서 비닐 멀칭을 통한 고추재배 또는 고랭지 채소재배 등이 이루어지고 있다.

우리나라 밭 토양의 특징을 살펴보면,

첫째, 경사지나 산록지 같은 곳의 경사지 분포가 많고,
둘째, 토성은 주로 세립질과 자갈이 많으며,
셋째, 낮은 생산성 토양이 많은 점이다.
넷째, 논 토양에 비하여 화학성이 불량한 특징이 있다.

즉, 양분의 천연 공급량이 적고, 산화 상태이기 때문에 유기물의 분해가 논에서 보다 커져서 부식함량이 2.0%정도로 비옥도가 낮다.

또한 토양의 모재가 화강암이나 화강편마암과 같은 산성암에서 유래되어 여름철 강우로 인한 염기의 용탈이 많아 산성토양이 많이 분포되어 있다(표 2-9). 그 결과 시비 의존도가 높다.

2-9. 우리나라 밭토양의 주요 화학적 성질

pH	유기물 (%)	유효인산 (ppm)	치환성 양이온(me/100g)			양이온 치환용량 (me/100g)
			K^{+}	Ca^{++}	Mg^{++}	
5.7	2	114	0.32	4.2	1.2	10.3

대체로 모든 작물은 pH 5.5~7.0에서 잘 자라지만 이동성을 고려한 측면에서 6.0~7.0이 무난하다. 우리나라 밭 토양은 유기물, K 등이 부족하므로 원예작물 재배를 위해서는 충분한 퇴비와 무기염류 공급이 요구된다.

이상의 논과 밭 토양의 특징을 비교해보면 표 2-10과 같다.

표 2-10. 논토양과 비교한 밭토양의 특징

구분	논토양	밭토양
ㅇ재배조건	담수상태	건조상태
ㅇ토양반응	pH상승(염기공급, 환원)	산성화(염기용탈)
ㅇ산화환원	환원상태	산화상태
ㅇ토양수분	많음	강수에 의존
ㅇ토양산도	알칼리성	산성
ㅇ토양양분		
유기물	분해느림	분해 빠름
지력질소	공급이 큼 (건토효과)	적음
P	환원으로 유효화가 큼	고정화로 유효도 감소
K, Ca, Mg	관개수 공급이 큼	용탈 감소
S	관개수 공급이 큼	충분
	공급 큼(유기물, 관개수)	
미량원소	유화수소, 유기산	공급적음
ㅇ유해물질	2가철(Fe^{++})	알루미늄
ㅇ작물생산	지력 의존이 큼	비료 의존 큼

2.4.3 시설재배 토양의 특성

우리나라 시설재배는 대부분이 플라스틱 온실이다. 앞으로 유리온실 면적이 확대되리라 예상되나, 유리온실이 전체 시설원예 면적의 5%(약 3,000ha)를 상회하는데는 상당한 시간이 필요하리라 본다. 시설재배 토양은 연중 작물을 재배하기 때문에 일반 토양과 전혀 다른 성질을 갖게된다. 이들 토양은 연중 한가지 또는, 여러 작물을 계획적으로 계속 생산하게 되므로 인산, 칼리 및 염류의 집적이 많아지는 특성이 있다. 아래 표 2-11에서는 이와 같은 현상이 뚜렷이 나타나는 것을 볼 수 있다.

표 2-11. 시설원예 토양의 화학성

구분	pH	유기물 (%)	유효 P_2O_5 (ppm)	치환성 양이온 (me/100g)			
				Ca^{++}	Mg^{++}	K^+	Na^+
시설원예지	6.4	2.5	1,032	10	2	0.97	0.69
채소재배지	6	2.1	305	4.8	2.5	0.63	-

즉, 유효인산의 함량은 1,000ppm 이상으로 일반 밭 토양의 3배에 가깝고 그외 Ca, Mg, K도 거의 배에 가깝다. 따라서 관수를 많이 하여 염류를 용탈시키는 것이 요구된다. 대체로 방법은 1m^2 당 200~400ℓ의 물을 관수하여 제염을 하거나, 땅을 0.5~1m 깊이로 갈아엎는다. 염류집적이 높은 토양에 30㎝이상 흙을 복토하는 것도 한가지 대책이다.

우리나라 시설원예지의 토양내 유기물 함량은 2.5%에 불과하므로 충분한 유기물의 시용이 염류집적의 완충작용을 기할 수 있고, 토성을 개량할 수 있어서 좋다고 본다.

2.5 원예용 배지의 조건

원예작물의 육묘나 재배를 위해서는 다양한 배지를 사용하게 된다. 특히 근래에 와서 시설재배 면적이 전 세계적으로 증가함에 따라 다양한 원예용 배지가 생산되고 있다. 이들을 사용목적에 따라 크게 나누어 본다면 증식용, 일반재배용, 시설재배용, 분재배용, 수경재배용 그리고 토양개선제로서 사용되는 경우 등을 들 수 있다. 원예용 배지는 이와 같이 다양하게 사용되므로 반드시 일정한 품질과 규격을 유지해야만 한다.

배지를 선택할 경우에는 크게 구입의 용이성, 재배 이용에 편리성, 사용후 처리 등의 측면을 고려해야 한다.

2.5.1 배지의 구입 측면에서의 조건

구입이 용이해야 한다. 아무리 좋은 배지라 하더라도 원하는 시기에 원하는 양을 원활히 구입할 수 없으면 곤란하다.

배지에 관한 정보를 얻을 수 있어야 한다. 배지마다 식물재배 특성이 다른데 이에 대한 정보와 기술적 지도를 받을 수 있을 뿐만 아니라 개선된 정보가 지속적으로 제공 되여야 한다.

구입 가격이 품질에 대비하여 저렴해야 한다.

배지의 운반과 취급이 용이해야 한다. 구입가격이 저렴하다고 하더라도 구입 후 포장에 넣을 때 작업환경이 나쁘거나 인력이 많이 소요된다면 결코 저렴하다고 할 수 없다.

2.5.2 사용 측면에서의 조건

육묘 및 재배에 배지를 이용하기 위해서는 다음과 같은 조건이 갖추어져야 한다.

1) 물리적 성질

(1) 안정성과 관수고정성(관수한 다음에 일정한 모양을 유지하는 성질)이 있어야 한다.

(2) 배지의 구성은 균일해야 한다. 이는 계속적으로 동일한 베지로 재배할 경우에도 항상 배지의 구성성분이 일정해야 관리를 동일하게 할 수 있기 때문이다.

(3) 공기유동이 원활한 통기성(aeration)이 있어야 한다.

(4) 물을 간직하는 보수성(water retention)이 있어야 한다.

(5) 식물을 잘 지탱할 수 있어야 한다.

2) 화학적 성질

(1) 작물에 알맞은 pH요구를 충족시킬 수 있어야 한다.

(2) 작물에 알맞은 양분을 공급할 수 있는 보비성(fertility)이 있어야 한다.

작물의 양분 요구도에 따라 배지에 일정한 양분 함유척도의 구분이 있어야 한다. 원예식물은 양분 요구도에 따라서 세 그룹으로 나눌 수 있는데, 양분공급에 민감하게 반응하는 작물, 적당한 중간 수준의 양분 공급에도 잘 견디는 작물, 또한 높은 양분을 요구하는 작물 등이 있다(표 2-12). 따라서 이들의 요구도에 따라 상토는 거기에 상응하는 양분을 보유해야한다.

또한, 식물은 광조건이나 계절에 따라 양분의 요구도가 다르다. 예를 들어 성장한 작물이나 광이 풍부한 시기에는 양분 요구도가 높아

거기에 알맞은 배지를 만들어야 한다.

이상의 배지의 조건을 갖추어야 좋은 배지로써 알맞은 영양관리를 하여 식물의 생육과 수량을 증진시킬 수 있다.

표 2-12. 배지의 선택을 위한 작물별 최적 영양분 함량

식물 요구도	작물	mg/ℓ 배지				수용성염 g/ℓ	수용성 비료함량 (%)
		N	P_2O_5	K_2O	Mg		
낮음	철쭉, 난류	70~140	50~100	100~200	30~60	0.5~1.0	0.05~0.2
중간	포인세티아, 구근류	140~280	100~200	200~400	60~120	1.0~2.0	0.1~0.4
높음	카네이션, 국화, 오이, 토마토	280~400	200~300	400~600	120~200	2.0~3.0	0.2~0.6

2.5.3 사용후 처리 측면에서의 조건

사용 후에 환경친화적으로 처리할 수 있어야 한다.

처리비용이 저렴해야 하며 처리 작업이 용이해야 한다.

2.6 원예용 배지의 종류

배지는 크게 천연무기배지, 천연유기배지, 인공무기배지, 인공유기배지 등으로 나눌 수 있다.

지금까지 사용되고 있는 배지는 앞서 언급한 토양 이외에 토양의 성질을 가진 배지(피트, 원예용 상토, 수피, 퇴비)와 화학공업적 배지(폴리우레탄, 스티로폼, 암면, 화산재, 질석 등) 등이 있는데 이들 각각의 특징에 대해 알아보기로 한다.

2.6.1 천연무기배지

(1) 모래 (sand)

직경이 2mm 이하인 입자로 원예용 모래는 0.05~0.5mm가 좋다. 대체로 1ℓ의 무게는 1.6kg이 된다. 우리나라에서는 강모래와 바다모래가 주로 사용되는데, 원예용은 반드시 깨끗한 강모래를 이용해야 한다. 순수한 모래는 삽목과 사경재배(砂耕栽培)시 베드와 트렌치 재배에 사용이 가능하다. 그러나 가는 모래의 함량이 너무 많으면 물 빠짐이 나쁘므로 주의해야 한다. 유럽에서는 어떤 경우라도 석회석이 함유된 모래를 사용해서는 안 된다. 만일 석회암질의 모래를 사용할 경우에는 특별한 배양액을 만들어 사용하고 몇몇 특정한 작물만 가능하다. 중동이나 미국 등 사막에서는 온실내부에 폴리에틸렌 필름을 깔고

거기에 구멍이 뚫린 배액관을 깐 후 최소한 30~35cm 깊이로 모래를 덮어서 작물을 재배하기도 한다. 모래를 삽목 또는 사경용 상토로 계속 쓸 때는 매년 소독을 철저히 해야한다.

(2) 자갈 (gravel)

화강암질 자갈은 아주 좋은 배지로 특히 역경재배(礫耕栽培)에서 많이 사용한다. 최근에 우리나라에서 다공질 화산석으로 만든 자갈(제주도에서 송이라고 함)을 이용하는 경우가 많은데 이는 일반 자갈에서는 없는 보수력이 높은 특징이 있어 삽목 또는 수경재배용 배지로 좋다. 역경재배시 배지용으로는 직경 7.5mm 자갈이 좋고, 파종 등 육묘용으로 사용할 때에는 5mm 자갈이 알맞다. 자갈의 종류에 따라 응회암의 경우는 10~12.5mm 정도 큰 것을 사용한다. 우리나라 농가에서는 20mm 정도의 큰 자갈도 사용한다. 역경재배용 배지로 사용할 때 너무 온도가 올라가서 유식물의 뿌리에 피해를 주기도 하는데, 식물이 자라면 별 문제가 없다.

2.6.2 천연유기배지

(1) 피트 (peat)

피트는 물에 포화된 산소가 없는 상태에서 축적된 여러 가지 식물(이끼,갈대, 사초속 식물 등)의 분해물(humus)로, 그 구조는 약간 분해된 것에서부터 작고 부정형인 교질(colloid)에 이르기까지 다양하다. 피트가 많이 생산되는 곳(peatlands)은 온도가 식물생육에 적당할 정도로 따뜻하되 식물을 완전히 분해하는 미생물의 활동이 아주 낮은 늪지대(wetland)이다. 실제로 피트의 90% 이상은 북반구의 온대지방과 한대지방에서 생산되며, 열대와 아열대 지방의 삼림에서 나머지가 생산된다.

그림 2-17. 스패그넘 피트 모스

피트는 크게 sphagnum moss peat, hypnum moss peat, reed-sedge peat, peat humus 등으로 나뉜다(표 2-13).

상업적으로는 분해정도에 따라 백색피트(light peat), 흑갈색피트(black peat) 등으로 나뉜다. 백색 피트는 주로 물이끼가 쌓여서 된 것으로 표면에서 채취되며, 피트 모스(sphagnum peat 혹은 peat moss)가 여기에 속한다(표 2-13). 생성 년대가 3000년 정도로 짧아 부분적으로 분해가 진행되어 조직이 거칠고, 대체로 수분 40~50%, 회분 1~2% 그리고 유기 물질은 40~50%이다. 그리고 흑갈색 피트는 6000

부연설명

2-7. 피트의 품질

1. 묻인 식물의 종류
2. 식물의 분해 정도
3. 그 지역의 기후
4. 채취방법
5. 채취시의 수분상태

표 2-13. 여러 가지 피트의 분류 (숫자는 중량비임)

종 류	특 성
Sphagnum moss peat	여러 가지 Sphagnum 식물로 구성되며, Sphagnum moss 섬유를 75% 이상, 유기물을 90% 이상 함유한다. pH는 3-4
Hypnum moss peat	여러 가지 Hypnum 식물의 잎과 줄기로부터 구성되며, 섬유가 50% 이상, 유기물을 90% 이상 함유한다. pH는 5.2-5.5
Reed-sedge peat	갈대, 사초속 식물, 풀 등의 늪지식물에서 유래한 섬유를 33% 이상 함유한 것. 붉은 갈색을 띠며, 피트모스보다 분해가 빠르고 좀 더 미세하며 수분 보유력이 낮음. pH 4.0-4.5
Peat humus	섬유함량이 33% 미만인 것. 암갈색-흑색, 피트중에서 가장 분해가 진전된 것임. pH는 5.0-7.5. 질소함량이 높음. 암모늄태 질소가 용출됨.
기타	위의 기준에 적합하지 않은 것

(The American Society for Testing & Materials의 기준)

년 정도의 오랜 기간에 걸쳐 거의 완전히 부식된 피트로 백색피트 아래층에서 채취한다. 통기성은 낮으나 보수력과 양분보유력이 크다.

피트는 원예용 상토 가운데 국내에서는 육묘용으로 가장 많이 사용되며, 독일 등과 같이 자국 내에서 생산이 많은 나라에서는 과채류용 수경재배를 위한 자루재배의 배지로써 많이 이용된다(표 2-14).

표 2-14. 상업적으로 분류한 피트의 특성

특 성	백색피트 (새로운 고습지 피트)	흑갈색피트 (오래된 고습지 피트)
건조시 색깔	밝은 갈색~황금빛 황색	흑갈색~흑색
식물적 화합물	아주 균일함	균일함
무기염류 함량	균일함	낮음
공극량	높다	중간 또는 다양함
용수량	높다	높다
유기물 함량	아주 높다	높다
용토 적응성	아주 좋다	중간

(Puustjärvi, 1977)

피트는 자기 부피의 10~15 배정도 물을 흡수할 수 있다. 대체로 피트는 pH가 3~4정도이므로 사용 전에 산도 조정이 필요하다. 보통 산도를 1 올리려면 1000ℓ의 피트(건물 100g/ℓ)에 $CaCO_3$ 3kg을 넣고 잘 섞은 후 물을 충분히 뿌려주면 된다. 따라서 pH를 2 만큼 올리려면 6kg, 3을 올리려면 9kg이 필요하다. 피트는 물리성이 좋고 양분흡수와 양분 전달자로서 역할을 잘 하며 수분보유력과 통기성이 좋고 병균이 전혀 없는 특징이 있다. 단, 피트는 고가이므로 자원이 부족한 나라에서는 피트에 여러 다른 물질을 혼합하여 상업적 용토로 사용하는 경우가 많다.

(2) 수피(bark)

나무껍질을 수피 혹은 바크라하는데, 분쇄한 것을 우드칩(wood chip)이라 하며 배지, 지피용으로 많이 사용한다. 특히 자연보호 차원에서 피트의 채취가 선진국 등에서 금지된다면 피트 대용으로 수피의 중요성은 더 커지리라 본다(그림 2-18). 활용의 용이성에 따라 적용 수피의 종류가 결정되며, 삼나무, 전나무, 소나무, 활엽수 칩 등이 이용된다.

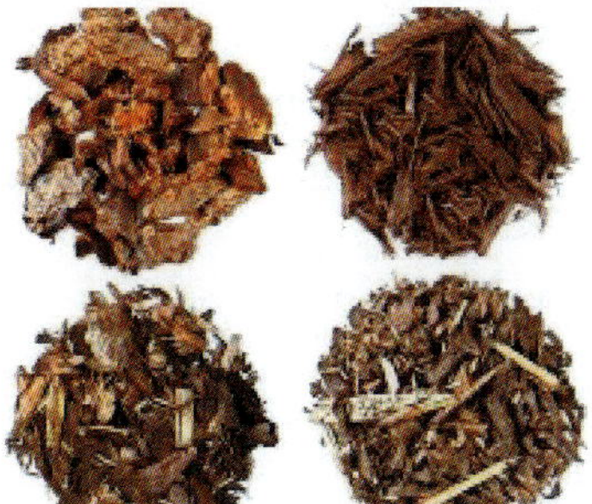

그림 2-18. 수피 칩(출처: Röber & Shaller, 1985)

표 2-15. 몇가지 독일 수피의 특징(건물중에 대한 %)

특징 \ 수피종류	Orgahum	Forestina	Hornoflor
용적중 g/ℓ	230	290	660
유기물 %	75	95	70
pH	6.0~6.5	4.8	5.8
염함량 (g · KCl/ℓ)	0.7	0.24	극미량
총 질소 %	1.5	0.48	1.02
총 인산 %	0.109	0.052	0.25
총 칼리 %	0.125	0.174	0.66
Ca %	1.7	1.04	5.1
Mg %	0.15	0.12	극미량
Fe %	0.24	극미량	극미량
Zn ppm	245	195	175
Mn ppm	극미량	1,490	2,805
Cu ppm	45	7	29

(Röber & Shaller, 1985)

원예적인 측면에서는 조경과 과수에서 토양개선제로 주로 쓰이며, 육묘장과 온실 배지재료로도 많이 사용된다. 거친 전나무 껍질은 난 재배에 알맞다. 이들을 사용하려면 나무껍질을 퇴비화하기 위한 가공처리를 해야하는데 식물에 유해한 성분인 송진, 테르펜(terpene), 탄닌(tannin) 등이 분해되든지 분리시키기 위해서 약 2~3달간 퇴비화가 필요하며, 특히 침엽수일수록 더 필요하다. 수피는 C/N율(620:1)이 크게 차이가 나므로 퇴비화 시키기 위해서는 수피에 많은 양의 질소를 첨가해야 한다. 퇴비화를 위한 방법을 보면 질소 8kg을 1m^{3}의 수피에 혼합시켜 노지에 퇴적한다. 또는 질산 암모늄을 5.3kg/m^3의 비율로 뿌려주고 4~6주를 기다린다. 질소를 공급해 주지 않을 경우에는 3개월~1년간 쌓아둔다.

수피를 배지로 사용할 때 질소부족과 함께 Fe, Mn 등의 부족이 나타날 수 있는 점에 유의해야 한다(표 2-15). 수피는 발효시키면 각종 병균이나 벌레가 죽는데 1~2주에 한 번씩 골고루 뒤집어 준다. 미국에서는 3mm 이하는 골프장용, 10~19mm는 화훼 부숙배지용으로 사용하며 더 큰 입자는 정원의 멀칭용으로 사용한다. 수피는 크기별, 종류별로 나누어 일정한 함량과 규격을 유지시켜서 판매한다.

(3) 톱밥 (sawdust)

톱밥도 수피와 같은 유기물 배지로, 갓 생산된 톱밥은 분해율과 질소 고정율이 과다하기 때문에 부숙시킨다. 송진, 탄닌산 또는 테르펜 등과 같은 유독 물질이 있으므로 반드시 퇴비화시켜서 사용한다. 높은 C/N율 때문에 질소비료를 혼합해서 퇴비화 하는데 이 경우에 산성화가 되므로 중화시키기 위해서는 석회를 첨가한다. 특히 침엽수인 소나무에서 생긴 톱밥에는 시간이 흐를수록 석회시용을 한다. 톱밥은 가능하면 한 계절동안 공기 중에 노출시키고 비에 씻겨주면 개선이 되므로 완전히 부숙시킨 후 배지로 사용한다. 참고로 톱밥, 수피 그리고 피트의 무기염류 성분을 비교해 보면 표 2-16과 같다.

표 2-16. 톱밥, 수피, 피트의 무기염류 성분의 분석표 (% 건물중)

배지종류	N	P	K	Ca	Mg
더글러스 소나무 톱밥	0.04	0.006	0.09	0.12	0.01
더글러스 수피	0.12	0.011	0.11	0.52	0.01
단단한 수피 혼합물	0.6	0.025	0.22	0.41	0.05
피트모스	2.5	0.03	0.04	0.2	0.15

(4) 훈탄

훈탄은 왕겨를 약 300℃정도에서 불완전 연소시킨 것으로 국내에서는 이 자원이 풍부하기 때문에 원예용 배지로 이용되고 있다. 물리적 특성을 보면 가비중이 0.15전후로 용적중이 작고, 공극율이 80%전후(최대용수량은 80%)로 보수성 및 통기성이 좋은 편이다. 그러나, 모세관수의 상승이 높지 않으므로 사용초기에는 습기를 충분히 보존 유지할 수 있도록 하여야 한다. 그리고 토양재배시 훈탄으로 육묘한 것을 정식하게 되면 모관수를 흙에 빼앗겨 건조하기 쉬우므로 관수에 유의해야 하며 비료양분의 축적에 의해 식물체의 번무를 초래할 경우도 있다. 훈탄은 검은 색이기 때문에 태양열의 흡수가 좋아 배지온도 상승효과가 높고, 작물의 뿌리털 발생이 많으며, 활성탄이므로 유해물질의 흡착력이 뛰어나며, 또한 공생미생물의 활동이 활발하게 되어 병의 발생을 경감시킬 수 있는 등의 장점도 가지고 있다. 훈탄은 탄화시키는 방법에 따라 성질이 변하며, 시간이 지나면 부스러져 물리성이 변하는 것이 단점이다.

화학적 특성을 보면 규산함량이 약 50% 이상, 가용성 인산이 0.78%, 칼륨이 0.8% 이상 함유되어 있다. 제조 후에는 충분히 씻어내서 염의 피해를 없애야 한다. pH가 7.8–10으로 상당히 높기 때문에 물에 잘 씻어 pH를 안정시킨 후 이용해야 한다. 훈탄 제조 과정에 목초액을 추출한 경우는 pH가 낮아지므로 측정한 후 곧 바로 사용할 수 있다.

(5) 야자섬유(coir fiber)

야자섬유는 야자열매의 중과피를 구성하고 있는 섬유질이다. 산업용 코이어의 제조 과정에서 나오는 가루는 폐기물로 취급되어 왔었으나, 최근 육묘나 양액재배용 배지로서 사용되기 시작했다. 외관상 피트와 유사하고 옅은 갈색을 띠고 있으며 길이 0.2–2.0mm의 리그닌과 셀룰로오스 입자들로 구성되어 있다(그림 2–19). 국내에서는 보통 코코피트라고 부른다. 보수력은 건물기준으로 중량의 6~9배이며, 공극량은 96%, 유효수분 함량은 25~28% 이다.

피트는 채취에 따른 환경파괴가 발생해서 이용에 문제가 있으나, 야자섬유는 지속적인 생산이 가능하고 피트모스와 매우 유사한 이화학적 특성을 가지며, 피트보다 공급가격이 저렴한 장점이 있다. 이는 야자섬유의 주산지가 스리랑카 등의 열대지역이어서 북미나 유럽이 주산지인 피트에 비해 해상 수송비가 상당히 적게 들기 때문이다. 피트와 비교해 다음과 같은 특성을 가진다.

나뭇가지, 잡초 및 병원균 등의 이물질 오염이 적다.
피트와는 달리 친수성이므로 수분을 쉽게 흡수한다.
피트와 비슷하거나 그 이상으로 보수력과 통기성이 있다.
피트보다 물리적 탄력성이 높고 분해속도가 더디다.

그림 2–19. 야자섬유(출처: Farmer Harry)

부연설명

2–8. 야자섬유의 호칭

야자섬유는 코코피트, 코이어, 코이어섬유, 코코파이버, 코이어피트 등으로도 불린다. 피트와 외관이 비슷하여 코이어피트라고 칭하나 피트와 혼동될 염려가 있으며, 피트 관련 회사들도 이의를 제기하므로 코이어피트라고는 칭하지 않는 것이 바람직하다. 코이어는 분해의 정도에 따라 칩과 분말 등이 보급된다(그림 2–19). 코코파이버는 제품명이므로 일반 명으로 사용하는 것은 지양하는 것이 좋다.

pH, CEC 및 EC가 원예식물 재배에 적정한 범위 내에 있다.

자원이 고갈되어 가는 피트와는 달리 지속생산이 가능하다.

(6) 기타 천연유기배지

기타 천연배지에는 각종 원예용 상토, 그리고 유기성 폐기물 상토가 있다. 원예용 상토는 제조회사에 따라 차이가 있으므로 알맞은 것을 골라서 사용해야 한다. 유기성 폐기물은 국내의 경우에 최근 생산량이 많은데 채소나 과수용에는 중금속 등의 오염이 전혀 없는 것을 사용해야 한다. 잔디나 수목류는 다소 함유되어도 실제 재배에는 문제가 없다. 다만 다량 사용할 때 지하수의 오염이 예견되므로 주의해야 한다. 왕겨와 팽연왕겨는 육묘나 수경배지로 이용할 수 있다.

2.6.3 인공무기배지

(1) 질석 (vermiculite)

그림 2-20. 질석(Curious Plant)

질석은 알루미늄 실리케이트(aluminum silicate) 원석을 1,000℃ 고열로 처리하여 용적을 10~15배 증가시킨 원예용 인조 상토이다(그림 2-20). 세계적으로 거래되는 것은 미국산과 아프리카 산이 있다. 미국산은 약알칼리성이나 아프리카산은 pH가 9에 가까운 알칼리성이다. 질석 1ℓ의 무게는 80~130g 정도로 가벼워 주로 분화류의 배지로 좋다. 표면의 수많은 음전하로 인해서 CEC(양이온 치환 용량)는 100~150me/100cc이다. 함유된 비료성분은 칼륨, 마그네슘, 칼슘 등이나, 작물생육에 충분치 않아 공급을 해야한다. 음이온 중에 인산은 비교적 많은 양(75%)이 고정되고 더불어 상당히 많은 양의 NH_4-N도 고정이 된다.

질석은 양분과 수분 저장능력이 크고 가스 교환능력이 좋으며 용적밀도가 낮기 때문에 무토양 배지의 원료로써 좋다. 다만 한 번 이용하면 조직이 부스러져서 재사용이 어려운 것이 단점이다. 그래서 구조 손실을 막기 위해 perlite나 피트를 섞어 쓰는 것이 좋다. 또한 $MgCO_3$를 함유하고 있는 질석은 피트와 혼용을 하는 것이 좋다. 왜냐하면 CO_3^{2-}가 많아질수록 배지의 pH가 올라가기 때문이다.

$$MgCO_3 + H_2O \rightarrow Mg^{2+} + HCO_3^- + OH^- \rightarrow Mg^{2+} + CO_2 + 2OH^- \text{ (pH 상승)}$$

(2) **펄라이트** (perlite)

화산의 용암지대에서 캐낸 회백색의 광물을 1,200℃에서 1분간 고열처리하여 원광석을 10배 이상 팽창시켜 만든 백색의 가벼운 입자이다. 1ℓ의 무게는 40~120g. 용적의 3~4배 물을 흡수하고 pH는 6~8이다. 완충작용, 양이온 치환능력(1.5-3.5 meq/100g), 무기염류 함량 등은 없다. 보수력이 없고 좋은 배수효과 때문에 카네이션, 국화 등의 삽목 증식 상토로 많이 쓰인다. 우리나라나와 이스라엘에서는 수경재배용으로도 사용한다(그림 2-12). 질석보다 부서지지 않아 재사용이 가능하다. pH가 낮으면 알루미늄이 용해되어 식물에 해가 될 수 있으므로 perlite의 양을 많이 쓸 때는 pH 값이 5.0 이상이어야 한다.

그림 2-21. 펄라이트(출처: indiaMART)

(3) **암면** (rockwool)

암면은 코크스, 현무암, 석회암 그리고 철제련시 나오는 광재를 혼합하여 1,500℃에서 섬유화 시켜 식물이 자라기에 알맞은 크기로 성형을 시켜서 만든 것이다. 무게는 천연토양의 1/10로 매우 가벼워 취급이 용이하다. 덴마크의 Grodan이 1966년에서 처음 개발하여 수경재배에 많이 쓰인다(그림 2-22). 암면은 대체로 3%의 고체와 97%의 공극을 지닌다. 그리고 전혀 양분을 함유하지 않고 있다. 암면의 pH는 7.0에서 8.5 사이이며 완충능력이 없다. 보수성이 우수한데, 자기무게의 8-10배의 수분을 보유할 수 있다. 독특한 색깔 때문에 수분이 젖어 있는지의 여부를 확인하기가 어렵지만 암면이 갖고 있는 보수량의 90%까지는 식물이 아무 저항을 받지 않고 흡수할 수 있는 장점이 있다. 소독하여 쓸 경우에 재사용이 가능하다. 입상암면은 암면이 성형화 되지 않고 입상으로 된 것으로, 수분을 많이 함유하고 있으며 공기 공급이 잘된다. 입상암면은 피트모스를 1:1로 혼합하면 우수한 배지가 된다. 또한 배수력이 좋은 점도 있다. 양호한 관리를 위해서는 암면의 액상:기상을 65:30~50:45 범위로 유지하도록 한다.

그림 2-22. 암면 큐브

(4) **팽창점토**(expanded clay)

최근 외국의 경우에 자연 훼손이라는 측면에서 피트, 모래, 자갈 등의 자연채취가 금지되는 경우가 많아서 앞으로 점토를 구워서 만든 인조자갈인 팽창점토의 이용이 증대되리라 추측된다. 한국에서는 하이드로볼이라는 이름으로 알려져 있는 팽창점토는 점토를 약 1,200℃에서 구워서 만든 것이다. 제조 시 여러 가지 크기와 모양의 하이드로

볼을 만든다. 대체로 국제적으로 통용되는 크기는 직경이 0~2, 2~4, 4~8 및 8~16mm 등 4가지가 주로 공급된다. 팽창점토의 구성성분은 대체로 70% SiO_2, 1% CaO, 2% MgO, 8% Fe_2O_3, 3% K_2O, 1% Mn_3O_4, 및 1% P_2O_5로 구성되어 있다. pH는 재료에 따라 차이가 있으나 약 7.0 내외이다. 대체로 수용성 염의 함량은 1,200~1,600ppm 이다. 따라서 수경재배 등에 사용하려면 물로 깨끗이 씻어야 하는데 200ℓ 팽창점토를 1000ℓ의 물에 씻어준다. 팽창점토는 수경재배 등의 배지로 많이 사용되는데 재사용 시는 소독을 해야한다.

(5) 경석(pumice) 및 송이(scoria)

그림 2-23. 송이(South Point)

현무암, 안산암과 같은 광물이 화산의 분출과 함께 나온 다공성 유리질의 화산분출물(쇄설물) 중에서, 엷은 색의 쇄설물을 경석, 짙은 색의 것을 스코리아(화산암재)라 한다. 제주도의 돌은 대부분이 쇄설물이다(그림 2-23).

경석은 가벼운 돌이라는 뜻으로, 경량이고 다공질인 것이 특색이며, K, Na, Mg, Ca 등과 소량의 Fe를 함유한다.

스코리아는 송이 혹은 화산암재라고도 하며, 경석과 마찬가지로 다공실이나 구멍이 크고 치밀하며 짙은 색을 띤다. 송이는 철분을 다량 함유하고 있어 회색에서 검은 색을 띤다. 때로는 표면에 푸른 무지개 빛깔을 띠기도 하며, 산화되면 진한 적갈색으로 된다.

(6) 기타 인공무기배지

기타 무기성 배지에는 기와 조각 등이 있다. 기와 조각은 유럽에서는 수경재배용 배지로 쓰이나 염농도에 유의해야 한다.

2.6.4 인공유기배지

(1) 폴리우레탄 (polyurethane)

국내에서는 주로 스펀지라고 부르는데, 근래 유럽에서는 수경용 육묘 배지 또는 재배용 배지로 상당한 면적에서 이용되고 있다. 대체로 밀도가 낮은 것이 작물재배에 알맞은데 밀도는 50~100g/ℓ, 그리고 수분 보수성은 최대 전체 용적의 70%정도면 좋다. 이 물질은 화학적으로 중성이고 양분흡착과 용탈이 아주 쉽다. 이것은 잘게 부셔서 토양 통기성 증진이나 번식용으로도 쓰일 수 있다. 폴리우레탄 매트는 증기소독을 할 경우에 8~10년까지 재사용이 가능하다. 앞으로 새로운 수경재배 배지로 이용될 수 있다고 본다.

(2) 폴리페놀수지(polyphenol resin)

폴리페놀수지는 오아시스(oasis)로 국내에 알려져 있는 것으로, 독특한 구조와 수분 보유력 때문에 주로 꽃꽂이 재료로 쓰이나 유럽에서는 오이 자루재배, 안스리움 재배용 배지 또는 육묘용 배지로 사용된다.

(3) 입제 스티로폼

입제 스티로폼은 발포 폴리스티렌(polystyrene foam)으로 다양한 크기가 공급되는데 극히 가볍고 통기성이 좋으며 물을 흡수하지 않고 CEC는 0 이다(그림 2-22). 주로 난재배용 토양에 섞어서 사용하는데 일반 토양에 혼합하면 바람에 날리게 되므로 사용할 때 유의해야 한다.

그림 2-22. 입제 스티로품(google)

제3장 식물의 양분 흡수

3.1 양분 흡수기관

식물의 양분 흡수기관은 크게 잎과 뿌리로 나눌 수 있다. 잎은 CO_2와 O_2를 흡수하고, 뿌리는 산소, 물, 무기염류 또는 물에 녹은 유기물을 흡수한다.

3.1.1 잎의 흡수

잎은 불투명하고 왁스질을 함유한 큐티쿨층(cuticular layer)에 의해 대기와 차단되어 있으나 숨구멍(기공)과 작은 미세공을 통해 CO_2, O_2, 양분의 흡수가 가능해진다(그림 3-1). 잎의 뒷면에 주로 분포하는 숨구멍(1mm^{2}에 수백 개가 존재, 길이는 약 20μ)으로 흡수된 CO_2는 세포 간극을 통해 엽록체에 도달하여 동화작용에 사용된다. 미세공은 잎의 앞면과 뒷면에 고루 존재하는데, 큐티쿨층에 있는 미세공을 통해 물 또는 물에 녹은 물질이 통과되어 세포벽을 지나 세포에 도달하게 된다. 엽면살포는 잎에 존재하는 미세공을 통해 영양분을 흡수하도록 하는 방법인데, 적정 농도를 뿌리지 않고 높은 농도를 뿌리면 약해를 받을 수 있다.

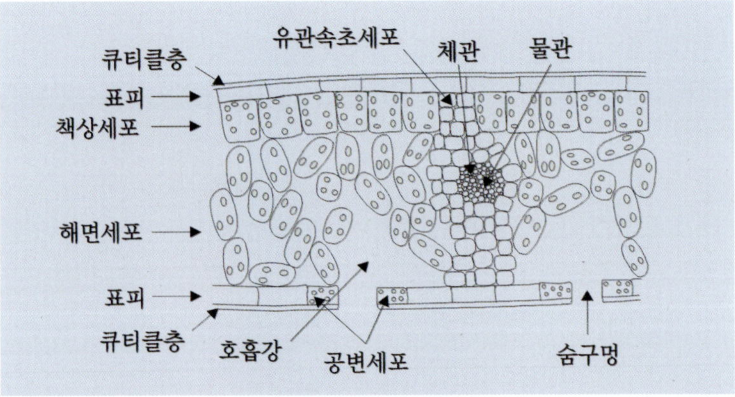

그림 3-1. 잎의 구조

3.1.2 뿌리의 흡수

뿌리는 식물을 지지할 뿐 아니라 물과 양분을 흡수하는데, 이와 같은 작용에 가장 중요한 역할을 하는 것은 뿌리털이다(그림 3-2). 식물에는 수만 개의 뿌리털이 있는데 길이는 1mm 이하로 극히 짧은 것에서부터 수 mm가 되는 것까지 다양하며, 굵기는 0.02mm 이하이다. 뿌리털의 전체 길이는 10-50km나 되어 뿌리의 표면적을 크게 넓히는 역할을 한다. 뿌리털의 생명은 2-3일이며 계속해서 새로 형성된다. 토양에 있는 수용성 이온은 삼투압이나 모세관 현상에 의해 수동적으로 뿌리털로 흡수된 다음, 물관부를 통해 식물의 각 조직으로 이동한다. 흡수 및 이동에 관한 자세한 사항은 뒤에 기술하기로 한다.

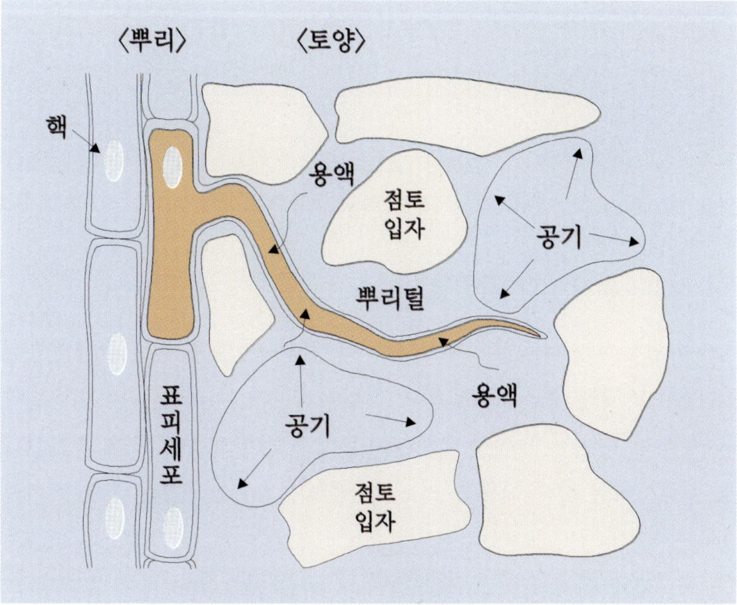

그림 3-2. 뿌리털의 영양분 및 공기의 흡수

3.2 양수분 흡수의 기작

식물체 내로의 양분 흡수는 물, 유기물, 그리고 이온 등에 따라 각각 다른 기작에 의해 이루어진다.

3.2.1 물의 흡수

식물체 내로의 물의 흡수는 세포막을 통해 일어나는 수동적인 삼투현상에 의해 이루어진다(그림 3-3). 이 현상은 생체막이 용매인 물분자는 통과시키지만 용질(분자 또는 이온)은 통과시키지 않는 선택적

투과성 막으로 되어 있기 때문이다. 즉, 식물의 세포액 속에 있는 용질은 농도가 높은 세포 속으로부터 농도가 낮은 세포 밖으로 확산되지 못하기 때문에, 세포 내외간의 농도 균형을 이루려고 물이 확산됨으로써 물의 흡수가 이루어진다. 이와 같은 수동적인 물의 흡수에 에너지를 필요로 하는 능동적 흡수는 큰 의미가 없다.

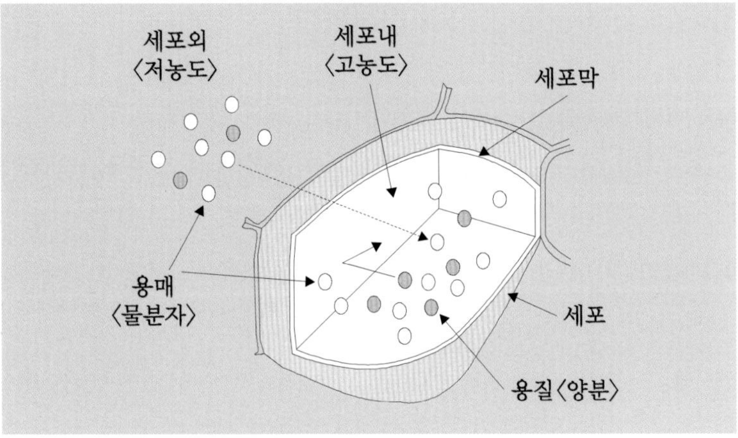

그림 3-3. 삼투현상에 의한 물의 흡수

3.2.2 유기질 분자의 흡수

비전해질인 유기질 분자의 막 투과를 통한 흡수는 원형질막에 있는 아주 미세한 여과구조를 통해 이루어지는데, 이들 물질이 원형질막을 통과할 때에는 투과물질의 분자용적과 막투과성이 함께 작용한다고 보며, 이와 같은 이론을 리포이드필터설(lipoid-filter theory)이라 한다.

이 설에 의하면 아주 작은 분자는 여과 공을 통해서만 흡수될 수 있다. 분자량 500까지의 중간 크기의 분자는 각각의 큰 공극을 통해 흡수된다. 그리고 아주 거대한 분자는 원칙적으로 흡수가 이루어지지 않는다. 다만 소수성인 거대분자는 세포막의 지방에 결합했다가 흡수된다.

3.2.3 이온의 흡수

이온의 흡수는 크게 수동흡수와 능동흡수로 나눈다. 이온을 흡수하는데 식물의 에너지가 필요 없으면 수동흡수라 하고, 필요하면 능동흡수라 한다. 식물세포 안에 있는 이온은 농도와 종류가 세포 밖과 차이가 있는데 이 때문에 세포막을 사이에 두고 전위차(전기화학적 기울기)가 존재한다. 세포밖에 있는 이온은 막간 전위차에 따라 수동적으로 흡수되기도 하고, 반대로 전위차에 역행하여 흡수되기도 한다. 대략적인 개념도는 그림 3-4와 같으며, 단순확산과 능동확산의 차이점은 확산을 도와주는 특수한 단백질의 유무에 있다.

수동흡수에는 확산설, 집단류설, 이온접촉치환흡수설, 자유공간설, 도난설 등이 있으며, 능동흡수에는 운반체설, 이온펌프설 등이 있다.

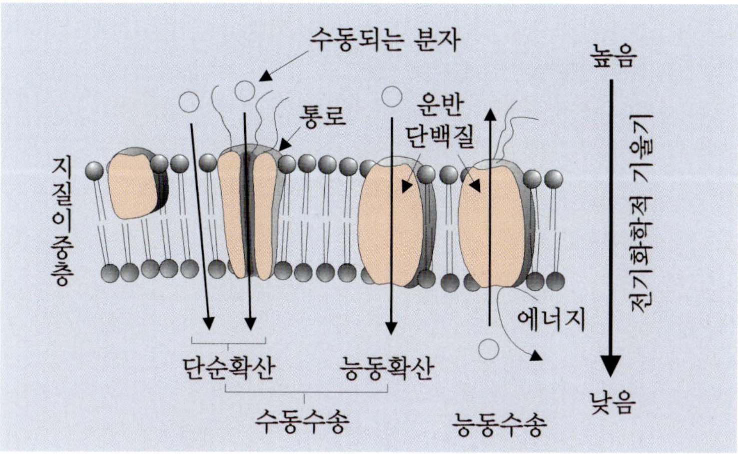

그림 3-4. 여러 가지 이온흡수 종류의 개념도

(1) 수동흡수(passive absorption)

① 확산설(diffusion theory)은 이온이 확산현상에 의하여 흡수된다는 설이다. 그러나, 이 학설에 의하면 세포내의 농도보다 세포 밖의 농도가 높아야 하는데, 실제로는 정반대로 식물체내의 이온농도가 바깥보다 높고, 이온의 이동이 매우 늦기 때문에 이 가설은 다소 문제가 있다. 단지 식물의 선택적 흡수에 대한 설명으로 일부 적용될 수는 있다. 왜냐하면, 확산속도는 이온의 크기에 달려있기 때문이다. 예컨대 K^+는 Na^+보다 반 정도의 크기로, 수용액에서는 K^+가 2배 빨리 확산되지만 세포 내에서는 7배나 빨리 확산된다.

② 집단류설(mass flow theory)은 잎에서 수분증발에 따라 발생하는 증산류가 연쇄적인 반응에 의해 뿌리에 까지 영향을 주어 용질을 포함하고 있는 토양 수분을 흡수한다는 설이다(그림 3-5).

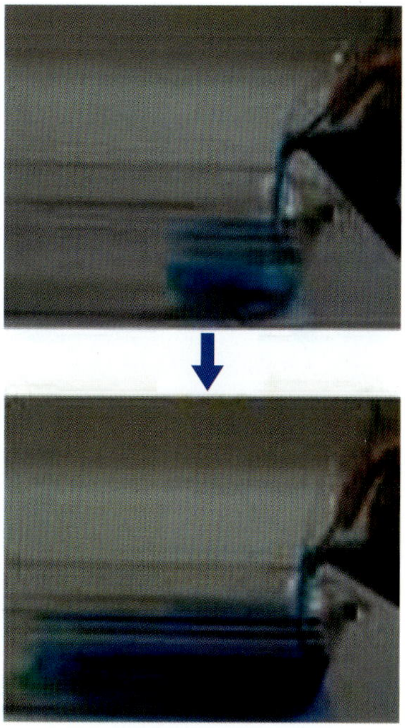
그림 3-5. 집단류설

③ 이온접촉치환흡수설(contact exchange theory)은 몇 가지 영양소가 토양이나 무기 콜로이드 입자와 그에 접촉되어 있는 뿌리 사이에서 직접 치환이 이루어져 양분이 흡수된다는 설이다(그림 3-6). 이 경우 토양 용액에 녹지 않은 고상 상태에서 직접 흡수한다.

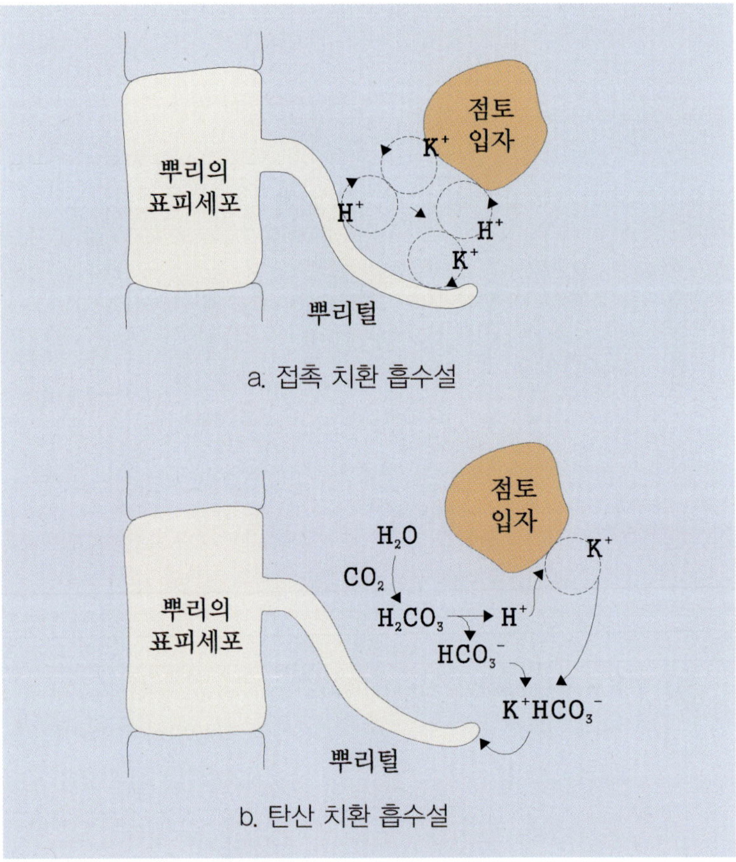

그림 3-6. 이온 접촉 치환 흡수설

④ 자유공간설(free space theory)은 식물의 뿌리 구조에서 세포의 밖에 자유로운 공간이 있는데, 처음에는 양분이 대사작용과 관계없는 자유공간으로 확산되며, 다음에 계속해서 세포내로 능동적인 흡수가 이어질 것이라는 학설이다.

자유공간은 수분자유공간(water free space)과 도난 자유공간(Donnan free space)으로 구분된다. 증류수에 뿌리조직을 넣었을 경우 조직으로부터 양분이 어느 정도 빠져나오는데 이러한 조건에서 빠져 나오는 양분이 존재하는

쉬운설명

3-1. 도난설과 남녀

가정: 사방이 투명한 유리로 된 방이 있다. 방 안에는 남자와 여자가 비슷한 숫자로 존재하지만, 벽에는 남자들이 착 달라붙어 있고, 여자들은 안에서 자유롭게 지내고 있다.
결과: 방의 밖을 지나고 있던 여자들 눈에는 남자들만 보이므로 안으로 들어간다. 그러나, 안에는 이미 많은 수의 여자가... 후회해도 때는 늦으리...

곳을 수분자유공간이라 한다. 수분자유공간에서 양분이 빠져 나온 후에, 계속하여 배양액(양분을 넣은 물)에 뿌리 조직을 넣으면 조직으로부터 배양액으로 양분이 더 빠져 나오는데 이러한 조건에서 빠져 나오는 양분이 존재하는 곳을 도난 자유공간이라 한다.

⑤ 생체 막은 전하를 띠는 기능기(특히 카복실기)들을 많이 갖고 있다. 이들은 세포 내에서 이동할 수 없는 비확산성 음전하(fixed anion)인데, 이들에 의해 세포 밖으로부터 확산성 양이온(diffusing cation)이 들어온다는 것이 도난설(Donnan theory)이다(그림 3-7). 음이온의 흡수에도 같은 원리가 적용된다. 비확산성 이온에 의해 흡수가 끝나서 세포내외간에 도난평형(Donnan equilibrium)이 되었을 때에는 다음과 같은 식이 성립한다.

$$[Ci+] \times [Ai-] = [Co+] \times [Ao-]$$

C:양이온, A:음이온, i:세포 내, o:세포 밖

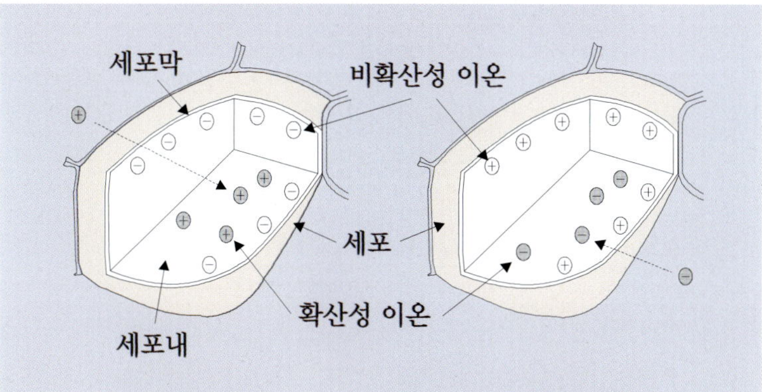

그림 3-7. 도난설의 개념도

(2) 능동흡수(active absorption)

식물은 주로 영양분을 능동적으로 흡수한다. 즉, 토양 안에 존재하는 영양분을 수동적으로 흡수하기보다는 원하는 것을 선택적으로 흡수하려는 경향이 크다. 따라서 식물에 따라 영양소별로 흡수속도가 다르게 나타난다. 전하의 종류에 따라 흡수의 종류에 차이가 있는데

부연설명

3-1. 도난설의 문제점

야자섬유는 코어, 코어섬유, 코코파이버, 코어피트 등으로도 불린다. 피트와 외관이 비슷하여 코어피트라고 칭하나 피트와 혼동될 염려가 있으며, 피트 관련 회사들도 이의를 제기하므로 코어피트라고는 칭하지 않는 것이 바람직하다. 코코파이버는 제품명이므로 일반 명으로 사용하는 것은 지양하는 것이 좋다.

쉬운설명

3-2. 능동흡수와 식사

사람 중에 입만 벌리고 종류에 관계없이 음식이 저절로 들어오기를 바라는 사람은 없을 것이다. 보통 식탁 위에서도 먹고싶은 것을 골라서 먹는데, 이럴 경우 선택하는데 머리도 써야하고 손동작도 필요하다(호흡에 의하여 생긴 에너지). 식물도 토양 안에 존재하는 영양분을 수동적으로 흡수하기보다는 원하는 것을 선택적으로 흡수하려는 경향이 크다.

쉬운설명

3-3. 운반체설과 뱃사공

운반체설은 마치 강을 건너기 위해서 배가 왕복하는 것과 유사하다. 서쪽강변(세포밖)의 사람(이온)이 동쪽강변(세포내)으로 가기 위해서는 배(운반체)를 타야 하는데 뱃삯(ATP)을 받고 배가 목적지까지 태워다주면 다시 서쪽강변으로 손님을 태우기 위해서 되돌아간다. 이때 육지와 강의 성질이 서로 크게 다르듯이 세포막과 세포내외는 서로 성질이 크게 다르다. 즉, 세포막은 소수성이며, 세포의 안팎은 친수성이다. 배가 강을 건널 수 있는 것은 서로가 친화력이 크기 때문이듯이(부력이 큼), 운반체는 세포막과 친화력이 크다. 반면에 건너가야 하는 이온은 친수성이기 때문에 운반체를 이용해야만 강을 건널 수 있다.

세포막이 음전하를 띠고 있기 때문에 기본적으로 음이온은 능동적으로 흡수된다. 양이온은 수동흡수와 능동흡수가 모두 가능하나, 종류에 따라 차이가 있다.

① 운반체설(carrier theory)은 생체막 내에 어떤 분자(운반체, 담체)가 있어 이것이 외부의 이온과 독특한 결합 자리를 이용해 결합한 다음 세포질이 있는 내부로 이동하여 이온을 분리시킴으로써 흡수가 이루어진다는 설이다(그림 3-8). 이 운반체를 다시 재생하려면 ATP가 필요한데, 이는 뿌리의 호흡작용이나 광인산화 반응에 의하여 생성되므로 에너지를 필요로 하는 흡수작용이다.

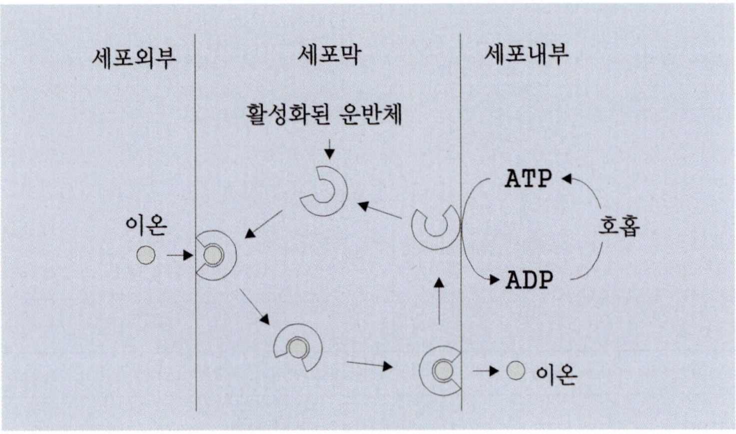

그림 3-8. 운반체설의 개략도

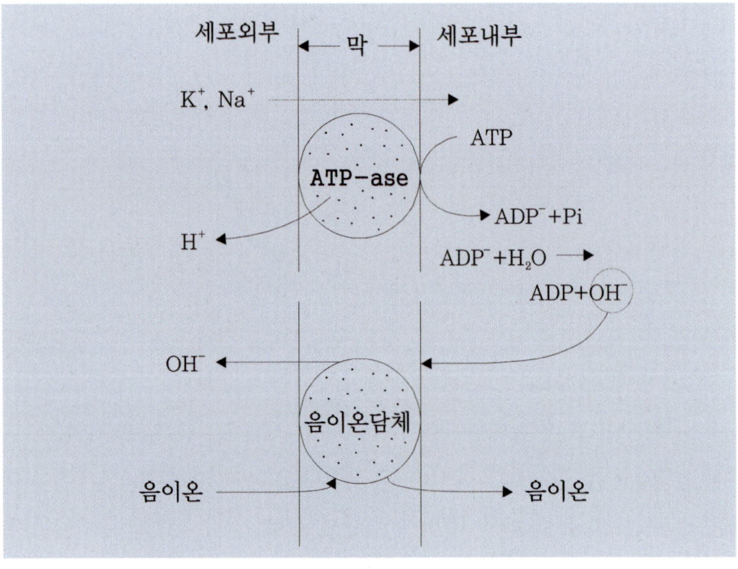

그림 3-9. ATPase에 의한 양이온 펌프의 모식도

② 이온펌프설(ion pump theory)은 생체 막에 있는 ATP 분해효소(ATPase)에서 나온 H^+가 생체 막 밖으로 나감으로써 거기에 상응하는 양이온을 막을 통해 흡수한다는 설이다. H^+이 나가기 때문에 H^+펌프 혹은 proton pump라고도 한다. 그림 3-9는 뿌리가 양이온을 흡수하는 현상을 가상적으로 표현한 것이다. 여기서 이온펌프 기구는 기본적으로 확산 삼투적인 ATP 합성의 역과정이다. ATP 분해효소는 ATP^{4-}를 ADP^{3-}와 HPO_4^{2-}, H^+로 분해시키는데, 이 H^+이 외부로 나가게 되면 결과적으로 막 사이에 pH 기울기가 발생한다. 즉, 음이온에 해당되는 이온만이 세포질에 남게 되므로 세포는 결국 음전하를 띄게 되고, 평형을 이루기 위해서 양이온을 끌어들인다. 한편, ADP는 세포질에서 수분과 결합하여 OH^- 농도를 증가시키게 되고, 이때 OH^-는 음이온 운반체로 하여금 OH^-와 치환할 수 있는 음이온을 선택적으로 흡수하게 된다. 이렇게 해서 양이온과 음이온을 흡수하는 것이 이온펌프설이다.

3.3 영양소의 체내이동

3.3.1 물관부로의 이동

토양에 있는 수용성 이온은 삼투압이나 모세관 현상에 의해 수동적으로 뿌리털로 흡수된 다음, 외표피와 피층을 거쳐서 내피에 도달한

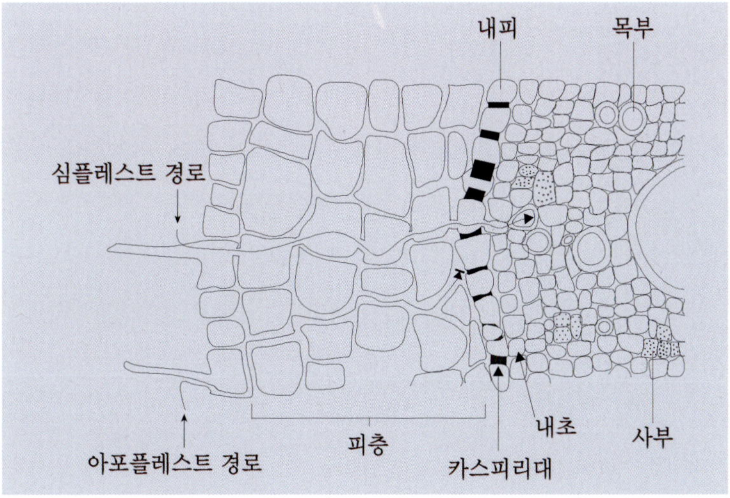

그림 3-10. 이온의 뿌리내 흡수경로 (심플레스트 및 아포플레스트 경로)

다. 이 과정에서 이온이 물관부(목부)로 이동할 수 있는 방법은 피층과 표피의 세포 사이인 자유공간을 통해 이동(appoplastic pathway)하거나, 세포 안을 원형질연락사를 통하여 이동하기도 한다(symplastic pathway). 내피세포에는 카스파리대(Casparian strip)라고 하는, 세포벽과 세포벽 사이가 목질화된 띠가 있는데, 이것 때문에 내피를 통과할 때에는 자유공간으로 이동하지 못하고 원형질 안으로 들어간 다음에 원형질 연락사를 통해서 이동하여 물관부로 들어온다(그림 3-10).

3.3.2 물관부 이동(xylem transport)

뿌리의 물관부로 들어온 양분과 물은 물관부를 통해 식물의 각 조직으로 이동한다. 물관부를 통하여 이동할 때의 속도는 주로 증산속도에 달려 있는데 보통 하루에 0.5–1m 이동한다. 이 흐름은 집단류로 죽은 물관세포를 따라 이동하는데, 운반 도중에 NO_3^-, $H_2PO_4^-$, K^+ 등은 주변의 세포에서 흡수되어 이용되기도 한다. NO_3^-는 야간에는 이동이 느리며 생육이 왕성한 제2엽으로 가고, NH_4^+는 주야간 이동하는데 새잎으로 주로 간다

물관부를 통한 이동을 장거리 수송이라고도 하며, 응집력설과 근

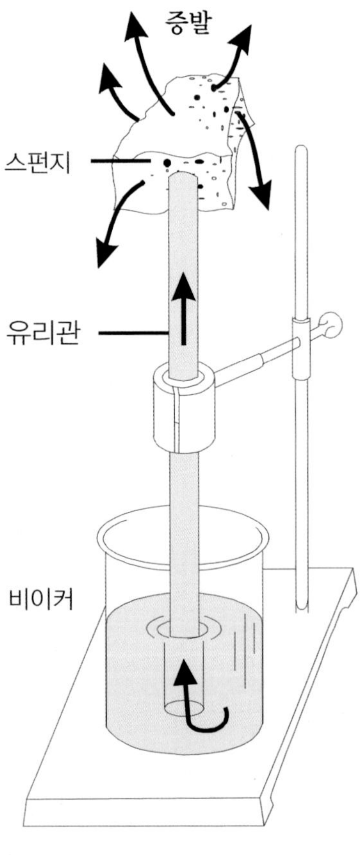

그림 3-12. 증산류 원리

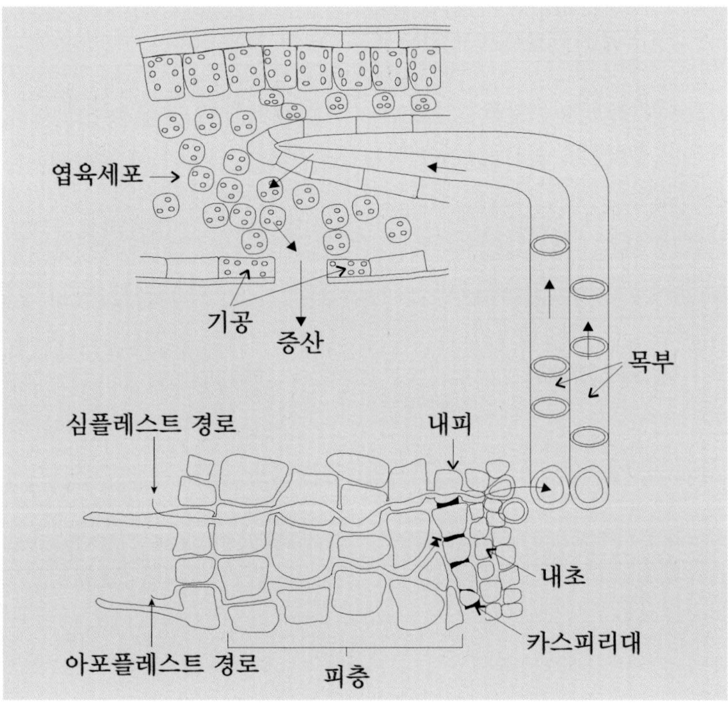

그림 3-11. 응집력설의 원리

압설로 수송의 원리를 설명한다.

① 응집력설(cohesion-tension theory)

잎에서의 증산작용에 의하여 엽육세포의 수분이 없어지면 엽육세포와 뿌리 사이에 압력차가 생긴다. 이 압력차(장력, tension)는 마치 물대롱으로 음료수를 빨아 당길 때와 같은 원리로, 잎에서 뿌리까지 연결되어 있는 물기둥을 끌어올리기에 충분하므로 뿌리의 물이 올라오게 된다. 기다란 물기둥이 중간에서 끊어짐 없이 상승할 수 있는 것은 물의 응집력(cohesion)이 크기 때문이므로 이러한 학설을 응집력설이라 한다(그림 3-11). 이처럼 증산작용에 의해 상승하는 수분을 증산류라고 하며(그림 3-12), 낮 동안에 일어나는 수분이동은 응집력설과 집단류로 설명되어진다.

② 근압설(root pressure theory)

증산작용이 약하거나 전혀 이루어지지 않을 때에도 수분은 지상부로 이동한다. 이는 줄기를 절단하였을 때 물관부액이 계속하여 나오는 것으로도 증명할 수 있다. 이러한 현상은 뿌리에서 에너지를 사용하여 지상부로 물을 올려주기 때문이라고 하는 것이 근압설이다(그림 3-13). 이 수분량은 증산작용에 의하여 상승하는 수분량보다 적으나, 증산이 적은 야간이나 흐린 날 등에는 역할이 크다. 수세미 줄기의 절단 시 잘 나타난다.

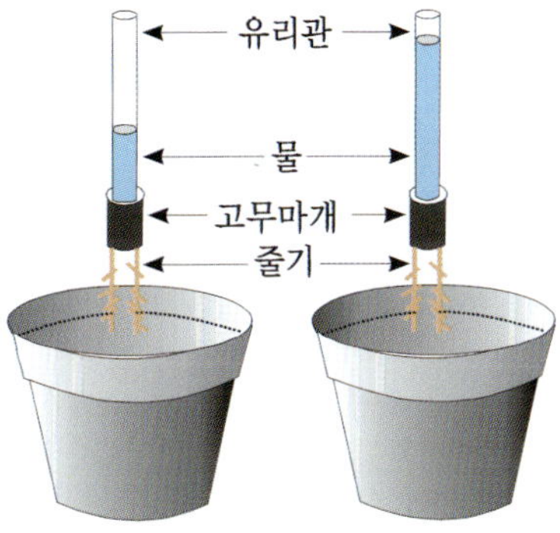

그림 3-13. 근압설

3.3.3 체관부 이동(phloem transport)

엽면살포를 하면 물관을 통해서 이동하지 않고 체관(사관)을 통해서 필요한 부분으로 이동한다. 또한, 낙엽이 되기 전에는 잎에서 줄기로, 영양분이 부족할 때에는 늙은 잎에서 어린잎으로 영양분이 이동하는데, 이러한 이동을 재이동이라 하며, 이러한 경우에도 체관을 통하여 이동한다. 체관부를 통한 이동은 목부이동과는 달리, 양방향으로 양분을 수송한다(bidirectional transport). 이동하는 양분은 N, K, P, S, Cl, Mg, Na 등이며 이중 N과 S는 유기물 형태(주로 아미노산이나 아미드)로 이동한다. Ca와 B는 이동하지 않는다.

부연설명

3-2. 뿌리의 표면적

활동적인 뿌리의 표면적은 토양의 표면적에 비해 아주 작은 수치를 나타낸다. 대체로 100m^{2}의 토양 표면적은 300,000,000m^2 인데 반하여, 콩과식물 같이 뿌리 표면적이 작은 식물의 뿌리 표면적은 약 5,000m^{2}이고, 수염뿌리를 갖는 화본과식물은 표면적이 많은 식물에 속하지만 약 10,000m^{2}에 불과해 토양 표면적에 비하면 작은 양이다. 따라서 뿌리 표면적이 많아지도록 해야한다.

3.4 배지로부터의 양분 흡수

영양소의 흡수는 토양으로부터의 공급(흡수 가능한 영양소의 양, O_2공급, 온도 등)과 식물의 흡수능력에 달려있다.

3.4.1 식물의 영양소 흡수능력

무기염류에 대한 식물의 흡수능력은 다음 몇 가지 원인에 의해 영향을 받는다.

첫째, 양분 흡수를 위해서는 활동적인 뿌리의 표면적이 많아야 한다. 즉, 양분이 뿌리에 접촉되어야 흡수되며, 특히 양분의 흡수는 새 뿌리에서 잘 이루어지므로 식물체는 작은 뿌리(〈 직경 0.5mm)가 많아야 한다.

둘째, 뿌리의 치환능력이 커야 많은 흡수가 이루어진다. 특히 2가 이온의 흡수는 치환능력이 커야한다.

셋째, H^+와 HCO_3^- 또는 에너지 생성이 커야한다. 식물의 에너지 생산능력은 5–30Ke(킬로당량, Kiloequivalent)/ha로 식물이 필요로 하는 양 보다 높다. 따라서 일반적으로는 제한요인이 되지 않는다.

넷째, 배지내 영양소를 용해시키기 위한 뿌리의 산분비가 활발해야 한다. 식물의 뿌리는 토양 내에 자유롭게 존재하는 영양소를 흡수할 뿐만 아니라 여러 가지 물질(root exudates)을 분비하여 토양입자에 저장된 양분을 용해 흡수할 수 있다.

부연설명

3-3. 뿌리의 치환능력

콩과식물은 치환능력이 뿌리 100g에 대해 40–60me로서 Ca의 흡수능력이 강하다. 반면에 볏과식물 은 20–40me로서 K 흡수가 강한 반면 Ca 흡수능력은 낮다.

3.4.2 다양한 결합형태로부터의 양분 흡수

영양소는 토양입자, 토양용액, 치환성 영양소, 배양액 등 다양한 형태로 존재한다. 이들 각각의 형태에 대한 영양소의 결합상태는 차이가 난다. 따라서 이들로부터 영양소의 흡수를 촉진시키기 위해서는 형태별로 양분흡수 원리를 알아야 한다.

먼저 배양액에서는 배양액 내의 이온과 치환이라는 간단한 과정을 통해 흡수된다. 용액(배양액)에서 뿌리로의 영양소 이동은 확산과 집단류의 구배원리가 적용된다. 단, pH 3 이하의 극 산성에서는 H^+ 이온의 농도가 높아서 세포가 장애를 받아 양이온의 흡수가 저해된다.

토양용액으로부터의 흡수양상은 배양액에서와 비슷하다. 뿌리 부근의 영양소는 주로 확산에 의해 뿌리로 흡수된다. 단, 배양액에서와는 달리 토양용액 내의 영양소는 식물에게 불규칙적으로 공급되는데, 왜냐하면 뿌리가 영양소를 흡수함에 따라 토양용액 내 영양소가 빠르게 감소되기 때문이다. 이에 따라 뿌리 근처는 대체로 영양소 결핍영역이 존재하며 거리가 멀어질수록 영양소의 농도가 높아진다. 뿌리에 의해 토양용액 내 영양소가 감소하게 되면 평형을 유지하기 위해서 토

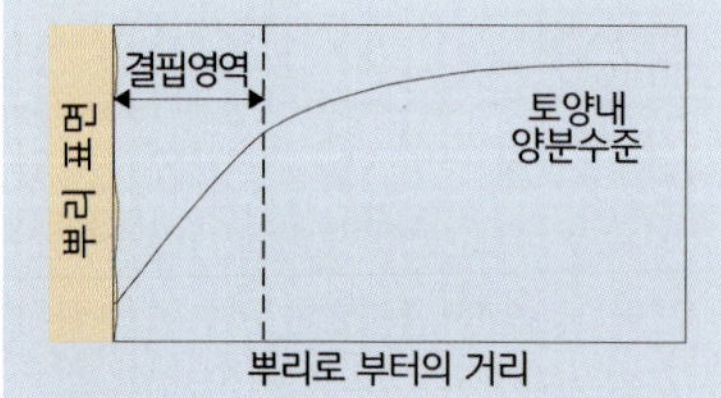

그림 3–14. 뿌리로부터 거리에 따른 양분 수준

양표면에 있는 치환성 영양소가 치환에 의해 계속적으로 토양용액으로 용해되어 어느 한도까지는 보충된다(그림 3-14).

토양으로부터의 흡수는 비교적 복잡한 관계이다. 왜냐하면, 토양과 식물은 영양소를 두고 상호경쟁 관계이기 때문이다. 따라서, 뿌리는 토양 내에 있는 영양소를 찾아서 뻗어나가며, 뿌리로부터 산을 배출하여 토양입자 내의 영양소를 녹여내거나 토양 유기물은 미생물의 도움을 받아 분해시켜서 확산이나 집단류에 의해 영양소가 뿌리에 닿게 유도 한다.

이상에서 살펴보았듯이 영양소는 어떤 경우에도 뿌리가 뻗어있는 토양 공간으로부터 흡수된다. 따라서 뿌리가 잘 뻗을 수 있는 토양환경을 조성하는 것이 필요하며, 양분을 뿌리로 이동시켜주는 수분의 역할이 중요하고, 아울러 영양소를 뿌리로 공급하는 비료의 시비도 큰 의미를 갖는다.

부연설명

3-4. 뿌리로부터의 물질 분비

뿌리로부터 물질을 분비하는 방법에는 크게 산배출법, 복합체 결합법, 환원법, 그리고 유기물로부터의 분리법 등이 있다. 산배출법은 뿌리에서 산을 배출해 뿌리에 인접해 있는 석회석으로부터 Ca^{2+}를 용해하여 흡수하는 것이 한가지 예이다 (예. $CaCO_3 + 2H^+ \rightarrow Ca^{2+} + H_2O + CO_2$). 복합체 결합법은 고정된 결합을 복합체를 이용하여 파괴시켜서 난용성 양이온을 용해시켜 흡수하는 방법이다. 이와 같은 방법에는 토양입자에 강하게 결합되어 있는 철과 인산에 뿌리로부터 분비된 킬레이트를 결합시켜 킬레이트 철과 인산으로 나누어 양쪽 다 이동성으로 만들어 흡수하는 것이 있다. 환원법은 식물의 물질대사로부터 생성되는 유기 환원물질로부터 유리된 것이 자체 산화되면서 저장성 영양소를 환원시켜 이동화 시키는 것이다. 예컨대 MnO_2 (불용) + Hydrochinon → Mn^{2+} (이동성)+ chinon 으로 되는 것을 말한다. 끝으로 유기물로부터의 분리방법은 근권내의 미생물의 자극을 유도시켜 유기물과 결합된 것을 용해하거나, 유기물의 분해를 통해 영양소를 유리시킨 후 흡수하는 방법이다.

3.5 식물체의 영양소

토양에서 흡수한 영양분은 통도조직을 통해 물과 함께 지상부로 전류된다. 뿌리와 잎을 통해서 흡수된 영양분은 식물의 생화학적 반응을 통해 식물체의 구성성분이 되며, 생장하는 과정에서 많은 변화 과정을 수반하게 된다. 흡수된 대부분의 영양분은 다른 물질과 반응하여 새로운 물질로 전환되며 일부분만 흡수된 상태로 남아있게 된다.

여기서는 이들 물질이 여러 가지 반응을 통해 식물체내의 어느 곳에 어느 정도 분포되어 있는가를 알아보기로 한다.

3.5.1 영양소의 함량과 분포

식물체 속에 함유된 영양소를 표현할 때는 일반적으로 건물중에 대한 백분율(%)로 나타낸다. 예를 들어 20g의 건물중에 0.4g의 K가 들었다면 2% K로 표시할 수 있다. 이것은 100g의 식물체 건물에는 98g의 다른 구성성분과 2g의 K가 들어있다는 것을 뜻한다. 식물의 건물 구성성분은 탄소(C) 44-49%, 산소(O) 42-46%, 수소(H) 5-7%, 무기염류 5-10%이다. 채소류의 무기염류 중에 K의 함량이 3-5% 수준으로 가장 높다(표 3-1).

표 3-1. 무기염류의 함량(%, 건물중)

식물	K	Na	Ca	Mg	P	S
비트	3.11	0.5	0.14	0.12	0.29	0.12
순무	2.15	0.16	0.44	0.13	0.45	0.16
당근	3.38	1.15	0.49	0.24	0.47	0.16
감자	2.16	0.11	0.06	0.13	0.22	0.1

부연설명

3-5. 건물중은 어떻게 조사하는가?

일반적으로 잎이 작거나 엷으면 80℃에서 24시간 건조시킨 다음에 측정한다. 그러나 수분이 많은 무, 당근, 감, 사과 같은 것들은 1㎤ 이하로 작게 자른 후에, 비이커에 10-100g 정도 채우고 80℃에서 2-3일 건조한 후, 측정하기 전에 103-105℃에서 24시간 다시 말린 후 건물중의 변화가 없다고 인정되면 식혀서 측정한다. 이때 건조기에 넣기 전의 무게에서 최종 무게를 빼주면 이것이 조사하고자하는 식물의 수분함량(%)이다. 반대로, 건조하기전의 무게에서 수분함량을 제한 나머지는 건물이라 하고, 건물의 무게를 건물중이라 한다.

식물의 건물을 500℃에서 태우면 남는 것이 회분인데, 타는 과정에서 C, O, H, N과 일부 휘발성 원소는 날아가고 무기염류만 주로 남게 된다. 건물중에 대한 회분의 함량은 식물이나 식물의 조직에 따라 다르다(표 3-2). 대체로 바다조류가 가장 회분함량이 높고 척박한 땅에서 자라는 식물의 회분함량도 높다. 식물의 조직에서는 잎이 건물의 10-20%로 가장 높고, 뿌리(3-6%), 열매(2-4%), 그리고 목질부(0.2-0.4%) 순서이다.

식물체내에 들어있는 각 영양원소의 함량도 식물의 종류에 따라 차이가 난다(표 3-2).

표 3-2. 회분함량(건물에 대한 백분율, %)

식 물		식 물 조 직	
재배식물	5-10	잎	10-20
척박지 생육식물	1-2	뿌리, 괴근	3-6
염식물	10-25	과일, 종자	2-4
바다조류	50%미만	목질부	0.2-0.4

또한 같은 식물이라도 조직에 따라 다르게 된다. 정식 후 75일째 되는 오이의 줄기, 잎, 과일, 뿌리 등에 분포되어 있는 K, Ca, Mg, P

표 3-3. 정식 75일 후의 오이 기관별 영양소 분포

조직	건물중 (g)	건물율 (%)	건물내 회분율 (%)	원소별 함량(%, 건물중)			
				K	Ca	Mg	P
잎	206.4	10.1	32.2	5.43	7.49	1.35	0.4
줄기	95.9	7	19.5	8.21	1.22	0.37	0.7
어린과일	11.8	3.7	18.7	6.35	1.15	0.45	0.69
중간과일	41.5	3.7	15.9	6.2	0.82	0.42	0.67
숙성과일	306	3.4	18.7	7.52	1.07	0.48	0.9
뿌리	15	16.3	16.8	3.77	1.01	0.41	0.66
전체식물	694	4.9	-	6.85	2.81	0.7	0.73

를 보면 K는 줄기에서 가장 많고, Ca와 Mg는 잎에 많으며, P은 수확기 과실에 많다(표 3-3). 오이에서와 같이 많은 식물에서도 무기염류의 분포가 다르다. 일반적으로 잎에는 K, Ca, Mg, S, 그리고 N, P가 많으며, 대부분 젊은 잎에는 영양소가 많다. 늙은 잎에는 이동성이 낮은 원소가 많은데 주로 Ca, Cu, B가 많다. 종자에는 N, P, Mg가 많고, 뿌리는 모든 양분이 적다.

일반적으로 잎에서는 다량원소가 높은 농도로 발견되고, 미량원소는 낮은 농도가 나타난다. 식물 잎에 있는 각 원소의 함량을 표시하면 표 3-4와 같다. 어떤 성분이 표에서 제시한 농도보다 낮으면 영양결핍이 나타나게 된다. 따라서 식물재배에 있어서는 한가지 원소라도 결핍되지 않도록 잘 관리해야 한다.

표 3-4. 재배식물의 잎에 나타난 영양소의 건물내 농도 범위

영양소	건물내 농도
총 영양소	5-10 %
N, K	1-5 %
Ca, Mg. P, S, Cl	0.1-2 %
Fe, Mn, Zn, Cu, B	5-200 ppm
Mo	0.2-5 ppm

우리가 가꾸는 식물들은 진화되는 동안에 원산지의 토양조건과 식물이 자란 기후환경 등에 적응을 하면서 선호하는 영양소가 다르게 되었다. 그래서 식물의 종류에 따른 무기영양소의 차이가 발견되는데, 식물별로 특징 있게 높은 농도가 나타나는 것을 보면 다음과 같다(표 3-5). 볏과 식물은 규산(Si)함량, 콩과 식물은 Ca, Mg, B함량, 내산성 식물은 Fe, Mn. Al, 바갓가에 자라는 염생 식물은 Na, Mg, Cl, S 함량이 높다. 따라서 재배시에 높은 함량의 영양소는 공급에 신경을 써야한다.

표 3-5, 식물의 종류에 따른 영양소 분포 차이

식물의 종류	영양소의 분포
볏과 식물	상대적으로 낮은 Ca, Mg, B 그리고 높은 Si
콩과 식물	상대적으로 높은 Ca, Mg, B 그리고 낮은 Si
내산성 식물	상대적으로 높은 Fe, Mn, Al
염생 식물	상대적으로 높은 Na, Mg, Cl, S

3.5.2 식물체내 영양소의 함량변화

토양에 양분이 충분하다 하더라도 식물의 영양소 흡수가 항상 일정하지는 않다. 일년생 식물은 생장기간동안 계속적으로 양분을 흡수해서 뚜렷한 정점을 보이는 반면, 다년생 식물은 겨울철 같은 휴면기간 동안에 흡수를 중단하게 된다.

일년생 식물의 일생은 발아기, 유묘기, 주생장기 그리고 생장말기 등으로 나누어 생각할 수 있다. 발아기에는 물만 충분히 흡수한다. 왜냐하면 씨앗과 괴근 등에 충분한 양분이 저장되어 있어 무기염류가 필요 없기 때문이다. 유묘기에는 무기염류의 흡수가 강력하게 이루어져, 영양소의 양과 농도도 상승한다. 주생장기는 양분 요구의 정점으로, 이 시기에 대부분의 N, P, K 같은 3요소를 포함한 무기원소가 강하게 흡수된다. 많은 생장이 이루어지는데 원소 흡수량은 생장기의 단계나 이용부위에 따라 다소 차이가 있다. 질소는 영양생장기에 주로 흡수가 되고, 인은 생식생장기에 흡수가 많이 이루어지며 칼리는 잎생장기와 저장양분 축적기에 흡수가 많이 이루어진다(표 3-6). 생장말기에는 영양소 흡수는 적어지고 다시 식물 조직이 낙엽으로써 토양으로 되돌아가는데, 낙엽이 되기 전에 많은 영양소가 저장기관으로 전이된다.

표 3-6. 원소별 양분 흡수 특성

원소	양분흡수특성
N	세포단백질이 형성될 때 우선적으로 흡수(영양생장기).
P	생장초기 뿌리형성이 시작되는 때에 약간 흡수되고, 생식생장이 시작될 때 많이 흡수된다.
K	영양생장 기간에 잎 생산을 위해 많은 탄수화물이 합성되는 시기, 그리고 저장양분을 축적하는 시기에 우선적으로 많은 흡수가 이루어진다.
Mn	최고의 광합성 효과를 나타낼 때 최고로 요구됨.

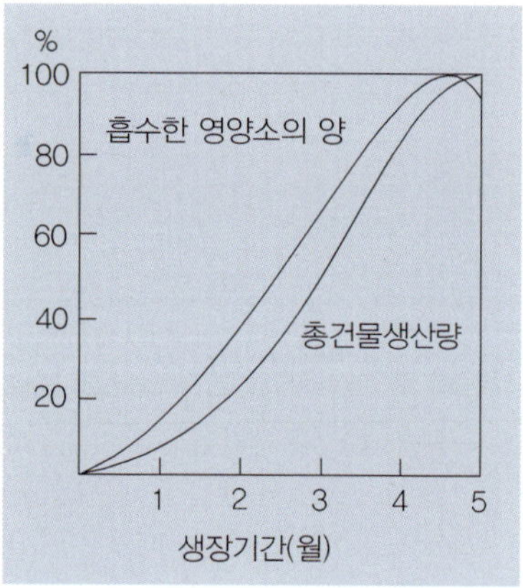

그림 3-15. 영양소 흡수와 물질생산

3.5.3 양분흡수와 물질생산

식물은 흡수된 양분을 이용해 식물을 구성하는 건물 같은 물질을 합성하게 된다(그림 3-15). 영양소의 흡수량은 식물이 자라는 기간 동안 계속해서 증가하며, 다만 수확기에 이르는 생장기의 후반에는 늙은 잎의 낙엽이나 흡수력의 저하 등에 의해 다소 하강하는 경우가 있다.

생장기간 동안의 무기영양소의 흡수는 유기물질 생성을 촉진시킨다. 일반적으로 체내 무기영양분의 총량은 식물체가 생장함에 따라 증가하는데 영양조건이 아주 좋은 데도 불구하고 단위 건물중에 대한 무기영양분 농도는 저하하며, 이러한 현상을 희석효과(dilution effects)라 한다(그림 3-16). 이는 무기영양소의 흡수속도보다 유기물질의 합성속도가 빠르기 때문에, 건물에 대한 무기영양소의 농도가 생육이 진행되는 동안 대부분 감소하게 된 결과이다. 따라서 같은 기간에 자란 큰 열매는 작은 열매보다 단위 체적당 무기물의 함량이 낮은 현상이 나타난다. 예외적으로 목본류의 잎에서는 Ca 농도가 증가하는 경우가 있다. 이와 같은 희석효과 때문에 식물체의 지상부 엽분석을 통한 시비기준 설정에 어려움을 갖는 경우도 있다.

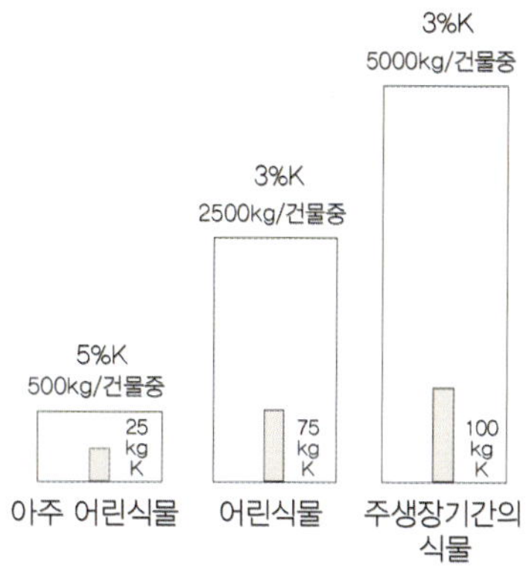

그림 3-16. 희석효과의 예(사탕무 잎의 K 함량)

3.5.4 식물체 부위별 영양소의 공급

왕성한 활동을 하는 조직으로의 영양소 공급은, 흡수된 영양소의 양과 식물체내에서의 이들의 이동성에 달려있다.

(1) 영양소의 체내 이동성

뿌리로부터 흡수된 영양소는 대부분 잎으로 이동이 잘 되며, 잎에서는 많은 물질들의 분배가 용이하게 이루어지며, 어느 정도는 유동적이다.

식물의 늙은 조직이나 활동성이 떨어진 잎으로부터 영양소는 체관을 통해 젊고 활동성이 강한 잎으로 이동된다. 이를 재이동이라 하며, 물관부를 통하여 이동된 영양소가 체관부를 통하여 다시 이동되기 때문이다(그림 3-17). 식물체내에서 조직의 노화에 따라 새로운 신생조직으로 양분이 이동하는 현상은 원소에 따라 다른데, 대체로 이동성이 높은 원소는 N, P, K, Mg 등이다.

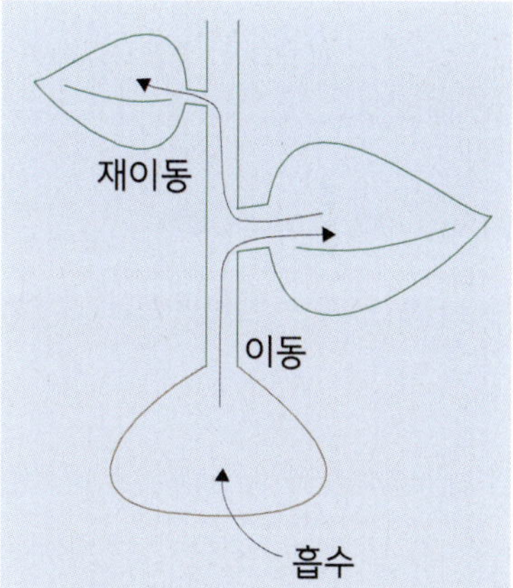

그림 3-17. 양분흡수 이동 경로

영양소의 재이동 특성은 작물에 따라 차이가 있을 수 있는데, Mn은 볏과에서 이동이 잘 되고, Cl은 비트와 과수류에서 비교적 이동이 잘 된다. 반면에 식물체 내에서 비이동성인 원소는 Ca, S, Fe, Cu, Zn, B, Mo이며 Mn은 콩과식물과 감자에서 이동이 어렵다.

이상과 같이 두 가지로 나타나는 이동성의 난이도에 따라 식물의 영양결핍 부위가 명확하게 차이가 난다. 이를 정리해 보면 늙은 잎에서 영양결핍증이 나타나는 것은 원소의 이동성이 높다는 것을 의미하며, 반대로 새 잎에서 결핍증이 나타나면 이 원소는 뿌리로부터 이동성이 낮은 원소임을 의미한다(표 3-7).

표 3-7. 영양소의 재이동 및 결핍증이 우선적으로 나타나는 부위

영양소	결핍우선부위	재이동
N, K, P, Mg	늙은 잎	원활
S	어린 잎	불충분
Fe, Zn, Cu, Mo	어린 잎	대단히 느림
B, Ca	어린 잎 및 생장점	거의 없음

식물 잎에 나타나는 가장 중요한 증상은 황백화(노랗게 되고 가역적인 변색; 정상적으로 양분이 보급되면 원래의 색으로 되돌아감)와 괴사증상(불가역적 변색, 조건이 개선돼도 색이 재 착색이 안됨)으로 영양소에 따른 결핍증상 편에서 자세히 설명하기로 한다.

(2) 식물체내 영양소 함량과 생장과의 관계

영양소의 생장에 대한 영향은 잎 속에 있는 이들의 함량에 의하여 결정되는데, 이동성 영양소(생리적 작용이 일어나는 부분) 보다는 총농도 또는 비이동성 원소에 의해 영향을 받는다. 생장속도가 가장 빠른 때의 엽중 영양소 농도는 영양소 공급이 적절한지를 아는 좋은 척도가 된다. 대체로 영양소의 농도와 생장 또는 수확과의 관계는 학자에 따라 다소 차이는 있지만 6개의 영역으로 나누어 설명한다(그림 3-18). 물론, 식물에 있어 6개 영역은 영양소의 함량에 따라 나눈 것으로 그 영역은 영양소의 종류, 또는 식물의 품종에 따라 다를 수 있다.

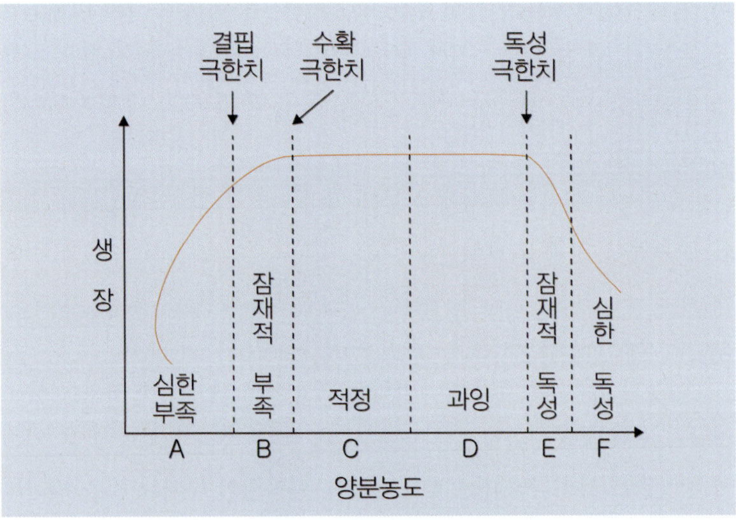

그림 3-18. 식물체내 영양소 함량과 생장과의 관계

심한 부족 영역(A)은 결핍증이 가시적으로 나타나면서, 생장이 나쁘고 시비에 의해 수량증가가 매우 강하게 나타난다. 잠재적 부족 영역(B)은 잠재적인 증상이므로 대략적으로 관찰하면 결핍증을 볼 수 없고, 외관상으로 생장은 괜찮다. 시비에 따라 수량이 늘고, 품질이 개선된다. 적정 공급 영역(C)은 최고의 생장, 최상의 품질을 나타내며, 시비에 의한 수량 증가는 일어나지 않는다.

과잉 영역(사치적 소모 영역, D)은 일종의 과다한 공급영역으로서 과잉증은 나타나지 않지만 불필요하게 많은 영양소가 존재하는 상태로, 좋은 생장을 나타내지만 품질은 다소 떨어진다. 잠재적 독성 영역(E)은 과잉시비에 따른 생장의 감소가 다소 나타난다. 심한 독성 영역(F)에서는 과다시비에 의해 과잉증이 나타나면서 생장이 나쁘고 품질이 떨어진다. 그 이상 계속적으로 식물에 영양소를 시비하면 심한 수량감소를 초래한다. 따라서 이런 증상이 나지 않도록 시비를 적절히 해야 한다.

다음으로 한계치를 나타내는 한계영역에 대해서 살펴보면, 결핍극한치는 결핍증이 나타날 때의 영양소 함량을 뜻한다. 수확 극한치는 최대의 수량이 달성될 때의 식물체내 영양소의 농도를 말한다. 영양소의 적당한 공급(B, C 경계선)과 과다시비로 인한 사치적 소비(D, E 경계선) 사이의 경계영역은 정확하게 분리를 할 수 없다. 왜냐하면 이론적으로 전체 영역을 과잉(사치적 소비) 영역으로 계산할 수 있기 때문인데, 실제적인 의미로 인해 분리해서 언급하기도 한다. 독성극한치는 과잉시비에 의해 수량감소를 가져오는 양분의 농도를 말한다. 이와 같은 극한적인 한계 농도는 식물체의 특수부분(엽분석, 즙액분석 등)과 특정한 생육단계를 택해 분석해야 한다.

3.6 식물체내에서의 무기염류의 상호작용

이상 여러 영양소의 특징을 살펴보았는데, 이들은 개별적으로도 작용하지만 결국 복합적 기능과 상호작용을 한다.

3.6.1 이온의 복합적 기능

이온들의 복합적인 작용으로는 크게 팽윤작용, pH 값 조절, 그리고 세포의 산화환원능력의 조절 기능 등을 들 수 있다.

1) **팽윤작용**: 팽윤현상은 모든 생명 현상에 있어 중요하며 일반적

부연설명

3-6. 이온의 수화도와 팽윤

일반적으로 크기나 전하에 따라 수화도는 차이가 있는데, 호프마이스터(Hofmeister)의 법칙에 의하여

양이온은

Na^+ 〉 K^+, NH_4^+, H_3O^+ 〉 Mg^{2+} 〉 Ca^{2+} 〉 Al^{3+}의 순서로 수화도가 감소된다.

음이온은

OH^- 〉 Cl^- 〉 NO_3^- 〉 SO_4^{2-} 〉 PO_4^{3-} 〉 $H_2BO_3^-$ 순서이다. 이들 각각의 이온의 영향보다 수화도가 높은 여러 이온이 많이 녹아 있을 때 팽윤이 촉진적으로 이루어져 흡수대사 등이 원활히 진행된다.

인 이온의 작용으로, 팽윤이 잘 이루어지면 생장이 촉진되며 그 반대이면 생장이 억제된다.

2) **pH 값의 조절**: pH 값의 조절은 세포 내 효소의 활성화와 양분의 흡수 및 이동에 관여한다. 세포의 pH는 4-6으로 산성이다. 세포 내의 산도는 당분해에 의한 유기산의 생산 및 산의 분해 등에 의해 영향을 받고, 인산 분해($H_2PO_4 \longrightarrow HPO_4^{2-} + H^+$)의 강약에 따라 그리고 양이온의 흡수에 따라 다르게 된다.

3) **세포의 산화환원 조절**: 식물체 내에서는 수많은 산화환원 반응이 일어나는데, 각종 이온은 이들의 작용에 기여하여 식물체내에 일어나는 생화학적 반응에 관여한다.

3.6.2 이온의 상호작용

식물체에 존재하는 무기이온을 전체적으로 보았을 때, 양이온의 총량은 음이온의 총량보다 약간 많다. 이러한 비율 ($\frac{NH_4 + K + Na + Ca + Mg}{NO_3 + Cl + SO_4 + PO_4}$)은 시비로 변하지 않는데, 예를 들어 K가 많이 흡수되면 Mg가 적게 흡수되고 NO_3^- 흡수가 많아지면 양이온 흡수도 많아지는 상호관계가 존재한다. 즉, 식물의 무기영양소는 상호 간의 길항작용과 상조작용을 갖는다. 이와 같은 상호작용은 경쟁과 보조를 통해 양분의 흡수, 저장 그리고 기능에 크게 영향을 준다.

흡수의 길항작용은 일반적으로 K와 Mg, Ca와 Mg 및 K, 그리고 NO_3^-와 Cl^- 사이에서 많이 나타난다. 예를 들어 K 비료를 많이 주면 Mg의 체내 농도는 낮아진다. 이들 영양소간의 상호 길항작용이 있지만, 모든 양이온과 음이온은 항상 같은 양이 흡수되어 전체 이온간의 당량비는 1을 나타낸다. 그래서 양이온 흡수에 따른 같은 양의 음이온 흡수는 상조적인 관계를 가진다. 식물체 내에서는 양이온이 과잉되면 체내의 음이온이 보상관계를 유지한다.

집적에 따른 길항관계는 난용성의 결합이나 불활성 물질을 만듦으로써 상대 쪽 이온의 작용성을 없애는 것이다. 예를 들면 높은 수준의 칼슘은 붕소 흡수를 억제하고, 높은 수준의 구리는 몰리브덴, 철, 망간, 아연 흡수를 저해하여 결핍증을 나타나게 할 수가 있다. 아연흡수는 높은 인, 칼슘, 구리, 철, 망산에 의해 감소된다. 높은 수준의 구리와 낮은 수준의 망간은 몰리브덴 흡수를 저하시켜 결핍을 유래할 수가 있다. 이와 같이 영양소는 상호 길항관계가 있다.

상승적 상호작용은 N×K 및 N×P 관계에서 잘 알려져 있다. 이들은 수확량에 중요할 뿐만 아니라 뿌리 성장에 대한 좋은 효과를 가져와 알맞은 시비가 필요하다.

기능적인 길항관계는 Fe와 Mn의 비율이 효소에 영향을 미친다든지 Mg가 붕소과잉을 경감시키는 경우에서 볼 수 있다. 작물에 따라 다르나 적당한 Fe/Mn비율은 iron porphyrin enzyme의 활성을 도와서 식물 생장, 건물 생산, 엽록소 생성을 촉진한다. 또한 식물에 붕소만 주면 과잉해가 나타나지만 황산마그네슘을 동시에 시비하면 붕소의 독성을 완하시켜준다. 따라서 양분 상호간의 길항관계나 상조작용을 이해하면 생장을 촉진시켜서 수량을 증대시킬 수가 있으므로 양분의 상호 작용을 잘 이해하는 것이 필요하다.

이와 같은 길항작용이나 상조작용은 일반 토양재배에서는 자주 나타나나 수경재배에서는 알맞은 액온을 유지하고 배양액의 혼합을 규정대로 한다면 큰 문제는 없다.

제4장 식물의 생리 및 생화학

식물은 태양에너지를 이용해서 탄산가스와 물을 재료로 에너지의 기본이 되는 당을 합성하는데, 이 과정을 광합성 혹은 탄소동화작용이라 한다. 광합성에 의해 만들어진 당은 다른 장소로 이동하여 여러 가지 식물대사에 사용된다. 식물대사는 상당히 복잡하나 크게 물질의 합성, 분해, 변환 등으로 나눌 수 있다. 대사작용에 의해 만들어지는 물질 중 대표적인 것을 예로 들면, 식물체의 구성성분으로는 탄수화물, 지방, 단백질 등이 있고, 활성물질로는 효소, 비타민, 호르몬 등이 있다. 이차산물로는 수지(樹脂), 탄닌, 색소(안토시안), 정유, 알칼로이드, 배당체 등이 있다. 이러한 대사작용은 호흡에서 발생되는 에너지를 이용하여 가능해진다.

광합성, 물질의 생합성, 이동, 호흡 등 많은 대사작용에는 뿌리 또는 잎에서 흡수된 물과 무기염류가 관여하게 되므로 식물영양과 식물의 대사와는 밀접한 관계가 있다(그림 4-1).

그림 4-1. 식물의 물질대사 모식도

4.1 식물체내 유기화합물(organic compound)

유기화합물은 탄소원자(C)를 함유하고 있으며, 그 외 주요 구성원소로 수소, 산소, 질소, 황 등을 함유하고 있다. 건조된 식물체의 95%가 유기화합물로 구성되어 있다.

4.1.1 탄수화물(carbohydrate)

① **정의**: C, H, O가 1:2:1의 비율로 포함되어 있는 화합물

② **기능**: 에너지 저장, 식물체의 구성, 다른 물질에 탄소를 전달

③ **분류**: 단당류(탄수화물의 성질을 가지는 최소의 단위), 올리고당(단당류가 2–10개 결합한 것), 다당류(단당류가 다수 결합한 것)

④ **분류별 화합물의 종류**

단당류는 포함된 탄소수에 따라 3탄당(triose, 탄소가 3개 있는 것), 4탄당(tetrose), 5탄당(pentose, $C_5H_{10}O_5$), 6탄당(hexose, $C_6H_{12}O_6$) 등으로 나뉜다.

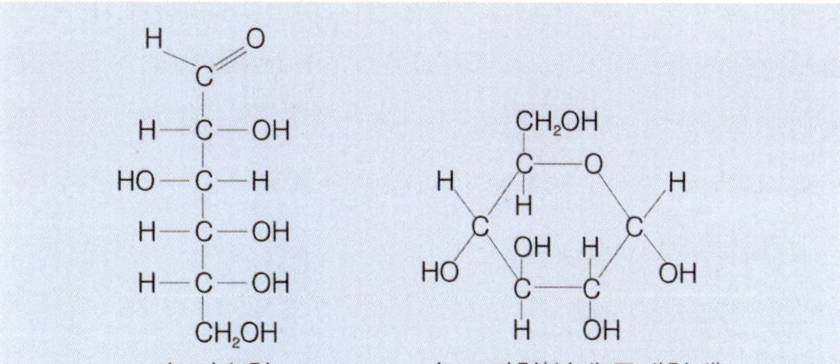

D–포도당의 구조

올리고당은 단당류의 개수에 따라 이당류, 삼당류 등으로 나뉜다. 다당류는 구성하는 당의 종류, 결합방식, 중합도 등의 차이에 따라 종류가 다양하며, 체내에서 가장 많은 양이 존재하는 물질이다. 대표적인 다당류에는 전분과 cellulose가 있다.

⑤ **탄수화물 유도체**(derivatives)

탄수화물로부터 유도된 화합물은 많은데, 대표적인 종류로는 당인산, 당알콜 등을 들 수 있다. 그 외 탄수화물로부터 유래된 물질로 세포벽, 세포액, 그리고 뿌리에 있는 펙틴물질, 식물의 색소, 향기성분, 정유성분, 독성 등을 나타내는 배당체 등이 있다.

부연설명

4–1. 주요 탄수화물

단당류: 주요 5탄당으로는 ribose(핵산의 구성물질)와 ribulose(탄소동화작용에 관여)를 들 수 있다. 주요 6탄당에는 포도당와 과당이 있다.
올리고당: 이당류에는 설탕, 맥아당 등이 있으며, 특히 설탕은 식물체내에서 에너지를 운송하는 중요한 역할을 한다. 삼당류로는 raffinose 등이 있는데, 일부 식물에서 설탕과 같이 에너지 운송의 역할을 한다.
다당류: 전분은 식물체내에서 저장양분의 역할을 하며, 셀룰로오스는 세포의 골격을 담당한다. 헤미셀룰로오스는 cellulose와 결합하여 세포를 구성한다.

부연설명

4–2. 주요 탄수화물 유도체

당인산은 당에 인산이 결합된 것으로 순수한 탄수화물보다 활동성이 커서 주로 탄수화물의 대사에 이용된다. 글루코오스 6인산, 과당 1,6이인산 등이 있다.
당알콜은 당의 저장형태이며 특히 환경스트레스로부터 식물을 보호할 때 축적된다. inositol은 IAA의 합성에 필요하며, inositol의 일종인 피틴산은 무기물질을 저장하는 주요 매체이다. sorbitol과 glycerol 등은 식물의 환경적응에 관여한다.

부연설명

4-3. 지방

지방은 지방산과 glycerol이 에스테르 결합한 화합물이다. 상온에서 액체로 있는 지방을 기름(oil)이라고 한다. 일반적으로 지방은 잎에 1-3%(건물중), 화곡류 2-5%, 콩 20%, 유채 40-50%, 땅콩과 올리브 40-60%, 야자유 80%가 함유되어 있다.

부연설명

4-4. 복합지질

인지질에는 phophatidic acid, phosphatide, lipositol 등이 있다. phosphatide는 원형질막의 구성성분으로 중요하며, 효소에 영향을 주고, 단백질과 결합하며, 여러 대사에 관여하는데 이는 친수성부분과 소수성부분에 각각 친화력이 있기 때문이다.

그 외 지질로서 중요한 것은 비타민 D의 전구물질인 ergosterol(효모에 추출됨)을 만드는 sterol, 그리고 carotenoid도 인지질에 속한다. Carotenoid에는 비타민 A의 전구물질인 carotin과 잎의 색소 구성성분인 xanthophyll이 속한다.

4.1.2 지 질(lipid)

① **정의**: 분자 중에 긴 사슬의 지방산을 가진 화합물로, 구성원소는 C, H, O이며 N, P, S를 포함하기도 한다. 지질은 물에 녹기 어렵고 유기 용매에 잘 용해되며 미끈미끈한 성질을 가진다.

② **기능**: 에너지 저장, 인지질과 당지질은 막의 구성성분, 식물체의 구성, 다른 물질에 탄소를 전달한다.

③ **분류**: 단순지질과 복합지질로 분류된다. 단순지질은 C, H, O로 구성된 지질을 가리키며 지방이 여기에 속한다. 복합지질은 단순지질에 N, P 등이 포함된 것으로, 복합지질은 인지질, 당지질, wax 등으로 나뉜다.

인지질은 인을 함유하고 있는 복합지질로서 원형질막, 엽록체 등에 함유되어 있으며, 지질의 소수적인 성질과 인산기의 친수적인 성질을 겸비하고 있기 때문에 친수성부분과 소수성부분의 접촉면에 있을 때에는 지질잔기는 소수성쪽으로, 그리고 인산잔기는 친수성쪽으로 상호작용하게 되어 세포내부를 안정한 상태로 만든다. 당지질은 당과 지질을 함유하고 있는 복합지질로, 세포막의 구성성분이며 각종 물질이동 등에 관여한다. 왁스는 지방산과 알코올이 에스테르 결합한 것으로, 잎, 줄기의 표면에 존재하여 햇빛과 건조를 방지한다. 이 성분은 큐티큘라를 형성하는데 일조 한다.

④ **지방산의 종류**

지질의 구성요소인 지방산은 포화지방산과 불포화지방산으로 나뉘는데, 지방에는 포화지방산, 그리고 기름에는 불포화지방산이 많이 함유되어 있다(표 4-1).

표 4-1. 주요 지방산의 종류와 분자식

구 분		분자식	특 징
포화지방산	butyric acid	$C_4H_8O_2$	부패한 냄새나는 액체
	palmitic acid	$C_{16}H_{32}O_2$	단단한 지방산의 일종
	stearic acid	$C_{18}H_{36}O_2$	단단한 지방산의 일종
불포화지방산	oleic acid	$C_{18}H_{34}O_2$	비건성유의 주성분
	linoelic acid	$C_{18}H_{32}O_2$	건성유
	linolenic acid	$C_{18}H_{30}O_2$	건성유
	anachidonic acid	$C_{20}H_{32}O_2$	포유동물의 인지질중 존재

4.1.3 단백질

1) 아미노산

① 정의: α-탄소(chiral carbon)에 아미노기(-NH_2)와 카르복실기(-COOH)가 결합되어 있는 화합물

② 기능: 단백질의 구성요소

③ 종류: 아미노산은 잔기(side group)에 따라 종류가 달라진다. 아미노산은 자연계에 100여개 이상이 존재하는데 그 가운데 20개가 단백질 합성에 관여한다. 식물은 모든 아미노산을 스스로 합성하지만, 동물과 인간은 그렇지 못해 8개의 필수아미노산을 식품을 통해서 섭취해야 한다.

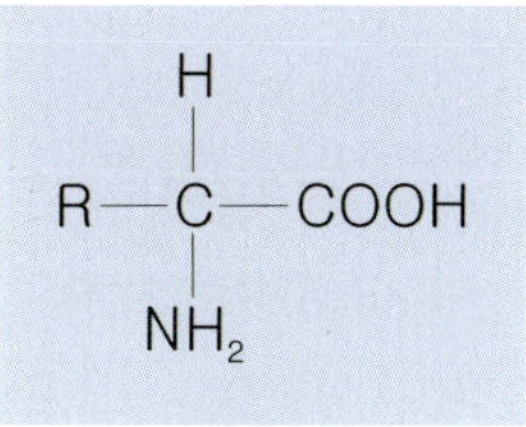

아미노산 일반식

2) 단백질

① 정의: 20가지의 아미노산이 펩티드 결합(peptide bond)에 의해 연결된 폴리펩티드(polypeptide)로 구성된 화합물

② 기능: 효소로서 생체반응에 관여(functional protein), 생체구성요소(structural protein), 저장역할(storage protein) 등

③ 분류: 단백질간의 분류는 쉽지 않으나, 아미노산만으로 구성된 단순단백질과 단순단백질에 아미노산이외의 물질이 결합되어 있는 복합단백질로 나눌 수 있다.

부연설명

4-7. 단순단백질의 특성

① albumin: 물과 희석염 용액에서 가용성. β-amylase와 밀의 leucosine이 속한다.

② globulin: 물에는 불용이거나 난용이며 묽은 염 용액에서 가용. 콩과식물에서 자주 나타나는데 많지는 않다.

③ glutelin: 중성 용액에서 불용. 약산이나 약알카리 용액에서 가용. 밀의 glutenin이 속한다.

④ prolamine: 물에 불용. 70-80% 에타놀에 가용. 가수분해되면 proline과 암모니아가 많이 나옴. 곡류에 많이 들어있는 단순 단백질로 옥수수에 함유된 zein, 밀에 함유된 gliadine, 호밀에 포함된 hordeine이 속한다.

⑤ histone: arginine, lysine 같은 염기성 암모니아가 주로 함유되며, 물에 가용성이다.

⑥ protamine: 염기성 암모니아가 주체이며 물에 가용성. tyrosine, tryptophan이 없으며 황도 없다.

부연설명

4-5. 주요 아미노산

① 수용성 아미노산(hydrophilic)
산성 아미노산: 글루타민산, aspartic acid
염기성 아미노산: lysine, histidine, arginine
중성 아미노산: glycine, serine, threonine, cysteine, tyrosine, glutamine, asparagine

② 지용성 아미노산(lipophilic)
지방족 아미노산: alanine, valine, leucine, isoleucine, proline
황함유 아미노산: methionine
방향고리: phenylalanine, tryptophan

부연설명

4-6. amide와 amine

① amide: 카르복식기의 수산기가 아미노기로 치환된 화합물(R-CO-NH_2)로 아미노산의 범주에 포함된다.
Glutamine과 asparagine이 이에 해당된다.

② amine: 암모니아의 수소원자가 탄화수소기로 치환된 화합물이다.

④ **분류별 화합물의 종류**

단순단백질은 용해도에 따라 6가지로 나뉘며, albumin, globulin, glutelin, prolamine, histone, protamine 등이 이에 속한다.

복합단백질은 아미노산 이외의 부분인 보결분자단에 따라 분류한다(표 4-2).

표 4-2. 복합단백질의 종류

종류	영명	보결분자단
핵단백질	nucleoprotein	핵산(DNA가 해당)
당단백질	glycoprotein	탄수화물
리보단백질	lipoprotein	지질
색소단백질	chromoprotein	색소(엽록소가 해당)
인단백질	phosphoprotein	인산
금속단백질	metalloprotein	중금속(Fe, Mo, Cu, Mn, Zn 등)

⑤ **식물체내 조단백질**: 건물에 대한 함량은 잎 10-20%(N 1.6-3.2%), 콩잎 20-30%, 콩(종실) 20-30%(N 3.2- 4.8%), 알곡 10-15%(N 1.6-2.4%), 볏짚 2-4%, 감자 8-10%(N 1.2-1.6%)

4.1.4 효 소

① **정의**: 일부 혹은 전체가 단백질로 이루어져 있으며, 생체내의 생화학반응을 매개하는 화합물

② **기능**: 촉매작용을 하여 반응을 빠르게 혹은 느리게 조정한다.

③ **분류**: 촉매반응에 따라 산화환원효소, 전이효소, 가수분해효소, 리아제, 이성체화효소, 리가아제 등 6가지로 분류(표 4-3).

표 4-3. 효소 분류

분류명	효소 번호	분류기준
산화환원효소(oxidoreductase)	1	산화환원 과정에 촉매작용을 하는데, 수소, 산소, 전자를 제거하거나 첨가하는 효소
전이효소(transferase)	2	화합물 A로부터 B로 기(基)를 전이하는 반응을 촉매시키는 효소
가수분해효소(hydrolase)	3	기질에 물을 첨가해서 분해하는 효소
리아제(lyase)	4	기질에서 비가수분해적으로 어떤 기를 제거해서 2중 결합을 남겨 두었다가 역반응으로 다시 2중 결합기를 부가시키는 효소
이성체화효소(isomerase)	5	aldose sugar와 ketose sugar를 상호 전환시키는 효소
리가아제(ligase)	6	synthetase라고도 하는 합성효소로, ATP와 같은 고에너지 화합물을 분해해서 다른 물질을 합성하는 효소

④ 효소의 명명법

효소는 기질이나 촉매반응에 따라 명명한다(표 4-4). 그리고 -ase를 효소의 뒷부분에 붙인다. 효소명은 국제생화학연합에 따르나, 관행명을 사용하기도 한다.

표 4-4. 주요 조효소

조효소	약어	관여하는 반응
Thiamine pyrophosphate	TPP	케토산의 탈탄산
Flavin adenine dinucleotide Flavin mononucleotide Nicotinamide adenine dinucleotide Nicotinamide adenine dinucleotide phosphate	FAD FMN NAD NADP	산화환원 산화환원 산화환원 산화환원
Coenzyme A	CoA	아실기 전이
Pyridoxal phosphate	PLP	아미노기 전이
Adenosine triphosphate	ATP	에너지 전달
Coenzyme B12(비타민 B12)		수소이동에 의한 이성화

⑤ 효소내 비단백 부분

많은 효소는 단백질 이외의 물질을 포함하는 경우에 효소의 활성이 나타나는데, 이 경우 단백질 부분을 apoenzyme, 비단백 부분을 보조인자(cofactor)라 한다. 비단백 부분 중에서 단백질과 강하게 결합되어 있는 물질을 통칭하여 보결분자단이라 한다. 단백질과의 결합이 보결분자단 보다는 약하여 쉽게 분리되는 유기화합물로 효소활성에 필요한 것은 조효소(coenzyme)라 한다.

⑥ 무기염류와 효소

무기염류 가운데 N, P, S는 효소구성 성분으로 중요하다. 적당한 팽화를 통해 효소의 활성화를 돕는 것에는 K, Ca, Mg, Cl, NO_3, SO_4가 있고, 효소의 결합에 관여하는 것에는 Mg, Mn, Zn이 있다. 효소의

부연설명

4-9. 비타민의 유래

식물에서 활성물질로서 중요한 그룹이 비타민이다. 여기서 Vita는 라틴어로 '살아있다'라는 뜻이며 amine은 아미노산 그룹을 뜻하는데, 이것은 처음 질소를 가진 비타민만 사용했기 때문이다. 식물은 비타민을 자기 스스로 합성하지만 동물과 인간은 그들의 사료와 식물을 통해 흡수해야 한다. 즉 비타민은 동식물에게 있어 필수적인 물질이다.

부연설명

4-8. 반응 사례를 통한 효소의 이해

1) 산화환원효소
반응식: pyruvic acid + CoA + NAD + → acetyl-CoA + CO_2 + NADH + H+
참고: 호흡의 한 과정

2) 아미노기전이효소(전이효소)
반응식: glutamic acid + oxaloacetic acid → ketoglutaric acid + aspartic acid
참고: 아미노산 합성반응의 한 과정

3) invertase(가수분해효소)
반응식: sucrose + H_2O → glucose + fructose
참고: 설탕의 분해 반응

4) fructose diphosphate aldolase(리아제)
반응식: fructose 1,6-diphosphate → acetone phosphate + glyceraldehyde phosphate
참고: 호흡 해당과정의 한 반응

5) triose phosphate isomerase(이성체화효소)
반응식: acetone phosphate ↔ glyceraldehyde phosphate
참고: 호흡 해당과정의 한 반응

6) 효소명: glutamine synthetase(리가아제)
반응식: glutamic acid + NH_3 + ATP → glutamine + ADP + Pi
참고: 아미노산의 일종인 글루타민의 합성 반응

산화환원에 관여하는 것에는 Fe, Mn, Cu, Mo, Co 등이 있다.

4.1.5 비타민

① **정의**: 아주 적은 양으로 세포기능에 기여하는 유기물로, 대부분이 아민이다.

② **기능**: 조효소나 보결분자단으로 효소의 작용을 돕는다.

③ **분류**: 물에 녹는 수용성과 기름에만 녹는 지용성 비타민으로 분류된다.

④ **분류별 화합물의 종류**

주요 식물성 비타민의 화학적 이름, 그리고 식물체내의 분포를 알아보면 표 4-5와 같다.

부연설명

4-10. 원예산물의 품질과 비타민

식물의 잎에는 비타민이 1-100ppm 정도 포함된다. 식물체내의 비타민 함량은 품종, 광조건, 식물의 재배법, 저장법, 조리법 등에 따라 증감의 변화가 심하다. 우리가 먹는 원예식물은 비타민 급원으로써 중요한 의미가 있으므로 비타민 생성이 증가되도록 비타민 함량이 많은 품종을 고르며, 식물이 충분한 햇빛을 받아 비타민 합성이 증가되도록 하며, 적당한 N과 많은 K를 주어 역시 비타민 합성을 촉진시켜야 한다. 저장할 때도 상온저장보다는 저온저장을 통해 비타민의 파괴를 줄이고, 조리할 때는 수용성이며 열에 약한 비타민인 비타민 C가 씻겨 내려가거나 파괴되는 것을 줄이는 조리방법이 필요하다.

표 4-5. 식물성 비타민의 종류와 특성

분류	종류	화 학 명	합 성, 역 할	많이 발견되는 곳, (건물에 대한 함량)
지용성	A D E K	carotenoid steroid tocopherol phylloquinone	carotin의 전구물질 steroid의 그룹 비타민 D2의 전구물질 카로틴 전구물질그룹, 불포화지방산의 산화억제 카로틴 전구물질 그룹	잎(200ppm), 당근, 파슬리 잎, 효모(양이 적음) 알곡류, 잎(100ppm), 밀 싹의 기름 잎(1-10ppm)
수용성	B1 B2 B6 B12 B류 B류 B류 B류 C	thiamine riboflavin pyridoxine cyanocobalamin nicotinic acid pantothenic acid folic acid biotin ascorbic acid	열민감, carboxylase 조효소 조효소(flavin-nucletide) pyridoxine-phosphate 조효소 Co 포함, carboxylase 조효소 NADP 조효소 Co-enzyme A 일부분 pteronic acid + glutamic acid carboxylase 보효소 D-glucuronic acid - 전구물질 산화환원반응에 관여	알곡 콩(1-5ppm),싹, 쌀껍질, 잎, 효모 알곡(1-2ppm), 싹, 쌀껍질, 양배추, 양송이 알곡(1-5ppm)싹, 쌀껍질, 잎, 효모, 콩과뿌리혹(우유) 알곡(10-100ppm), 싹, 잎, 완두, 당근, 땅콩 잎과 알곡(10-20ppm), 효모 당밀 잎(1-5ppm), 시금치 잎과 알곡(0.1ppm), 콩, 효모 과일(밀감), 잎, 양배추, 감자, 파슬리(50-100ppm)

4.2 식물의 물질대사

4.2.1 광합성에 의한 물질합성

광합성은 탄산가스와 물을 기본물질로 하고 태양에너지의 도움으로 당을 만들어 내는 과정이며, 복잡한 과정을 거치지만 전체적으로는 다음과 같은 식으로 나타낼 수 있다.

$6CO_2 + 12H_2O + 674Kcal$(빛에너지) → $C_6H_{12}O_6$(포도당) + $6O_2 + 6H_2O$

광합성은 크게 빛을 필요로 하는 명반응과 빛과 관계가 없이 일어나는 암반응으로 대별할 수 있다. 광합성은 엽육세포에서 일어나는데, 명반응은 엽록체의 그라나(thylakoid의 집합체)에서, 암반응은 엽록체의 stroma에서 일어난다(그림 4-2).

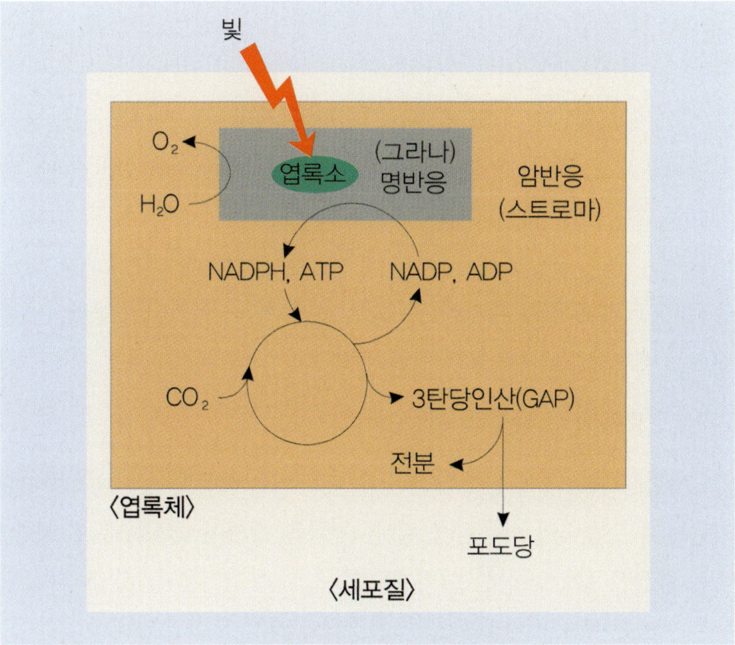

그림 4-2. 광합성 개략도

명반응에서는 thylakoid에 존재하는 광흡수색소(주로 엽록소가 관여하며, 카로티노이드도 관여)가 빛에너지를 이용하여 물을 분해하고, 고에너지 화합물인 ATP와 NADPH를 합성한다. 암반응에서는 엽록체 속으로 들어온 이산화탄소를 명반응에서 만들어진 ATP와 NADPH를 이용하여 글리세르 알데히드 3-인산(glyceraldehyde-

부연설명

4-11. 명반응

명반응은 기본적으로 전자의 전달이 행해지는 반응으로, 빛에너지를 화학에너지로 변화시키는 과정이다. 엽록체는 빛에너지를 받아들여 물분자를 $2H^+$와 O_2로 분열시키며(물의 광분해), 전자를 전달하여, 종국적으로 광합성의 1차 산물인 에너지 전달체(ATP)와 수소운반체(NADPH)를 형성한다.
이상을 간추리면 빛 에너지가 ATP와 NADPH의 화학에너지로 변화되어 저장되고 이후, 체내 유기물 합성에 이용된다. 명반응에서 빛 에너지에 의해 H_2O가 분해되어 O_2 와 H^+ 가 유리되는 반응을 힐(Hill) 반응이라고 한다.

부연설명

4-12. 암반응

암반응은 빛에 관계없이 진행되며, CO_2를 환원하여 탄수화물을 만들어내는 과정이다. 첫번째 생성되는 물질은 PGA이며, 명반응에서 얻어진 ATP와 NADPH를 이용하여 GAP로 환원되고, 여러 반응을 거쳐 당이 합성된다. 즉, GAP나 dihydroxyacetone-3-phosphate와 같은 triose($C_3H_6O_3$) 2개가 반응하면 한 개의 포도당 분자($C_6H_{12}O_6$)가 생성된다. 이 암반응 과정은 Calvin 회로로도 잘 알려져 있다. 이 반응은 CO_2의 고정작용을 하는 효소의 활성, CO_2를 수용하는 정도와 공급량, 온도 등에 의해 좌우된다. 광합성 반응의 중간 물질의 결합에 인산이 필요한데, 이는 그들이 반응 가능성을 갖도록 하기 위함이다.

부연설명

4-13. C_4 식물

C_4 식물들은 이산화탄소의 수용체로서 PEP가 이산화탄소와 결합하며, 이산화탄소의 농도가 낮은 곳에서도 이산화탄소의 수용능력이 크다. 여기서 탄소가 3개인 PEP는 PEP carboxylase라고 하는 효소에 의해 탄소 4개인 oxaloacetic acid로 되고 이것이 다시 malate dehydrogenase라고 하는 효소에 의하여 malic acid(탄소 4개)가 된다. 지금까지의 반응은 엽육세포에서 일어나며, malic acid가 유관속초세포로 이동하여 그곳에서 CO_2를 배출하여 C_3 식물에서와 같은 Calvin 회로가 돌아간다. 따라서, C_4 경로에는 C_3 경로가 포함되어 있는 것이다.

3-phosphate, GAP)으로 합성한다. 암반응 과정은 발견한 사람의 이름을 따서 Calvin-Benson 회로라고도 하며, 광합성탄소환원(photosynthetic carbon reduction, PCR) 회로라 부르기도 한다. GAP는 3탄당 인산으로 광합성 과정에서 만들어지는 최초의 당이다. 식물은 필요에 따라 이를 엽록체의 stroma에 전분으로 저장해 두거나, 혹은 엽록체 밖의 세포질로 내보내어 포도당을 거쳐 설탕을 만든다.

이와 같이 광합성의 결과 탄소가 3개인 물질(GAP)이 처음 생성되는 식물을 C_3 식물이라 하고, 대부분의 식물이 여기에 속한다. 식물에는 이외에도 C_4 식물과 CAM(Crassulacean acid metabolism) 식물이 있다. C_4 식물은 광합성의 결과 탄소가 4개인 물질(malate)을 처음 생성한다. CAM 식물은 광합성의 결과 탄소가 4개인 물질(malate)을 먼저 생성하는 것은 C_4 식물과 같으나, 기공을 밤에 열어 이산화탄소를 흡수하며 세포내의 액포가 중요한 역할을 한다는 것이 C_3 식물이나 C_4 식물과 크게 다른 점이다. C_4 식물에는 열대작물인 사탕수수, 옥수수, 수수 등이 있다. 이들 가운데 채소로서 인기가 있는 단옥수수는 대기 중에 이산화탄소 함량이 2ppm 이하로 적어졌을 때에도 광합성이 진행되며, C_3 식물은 이산화탄소의 농도가 50-80ppm 정도일 때 광합성이 중단된다. 대체로 C_4 식물은 높은 온도에 잘 적응하며, 비료의 이용률도 높고 증산량은 C_3에 비해 40-50%에 불과하다. CAM 식물은 기공을 밤에 열기 때문에 건조한 기후에서도 자랄 수 있으며, 사막식물인 선인장, 돌나물 등이 이에 속한다.

4.2.2 광합성 산물의 이동

광합성 과정에서 만들어진 당은 체관으로 이동한 후 식물의 다른 기관으로 수송되어 사용되게 된다. 체관을 통하여 이동(체관부 이동)하는 물질은 광합성 산물 이외에도 호르몬, 무기이온 등 다양하며, 체관부 이동은 Münch의 압력설로 설명되어진다. 용질의 압력이 높은 곳에서 낮은 곳으로 이동이 이루어지는 것이다.

잎이 양분의 공급처(source)라 할 때 다른 조직은 수요처(sink)라 할 수 있는데, 수요처에는 양분이 적으므로 체관을 따라 이동한 양분은 수동적으로 수요처의 세포로 이동한 후 사용되게 된다.

체관의 이동 개념도는 그림 4-3과 같다. 잎에서 생성된 당이 수요처인 뿌리, 잎, 과실로 이동한다.

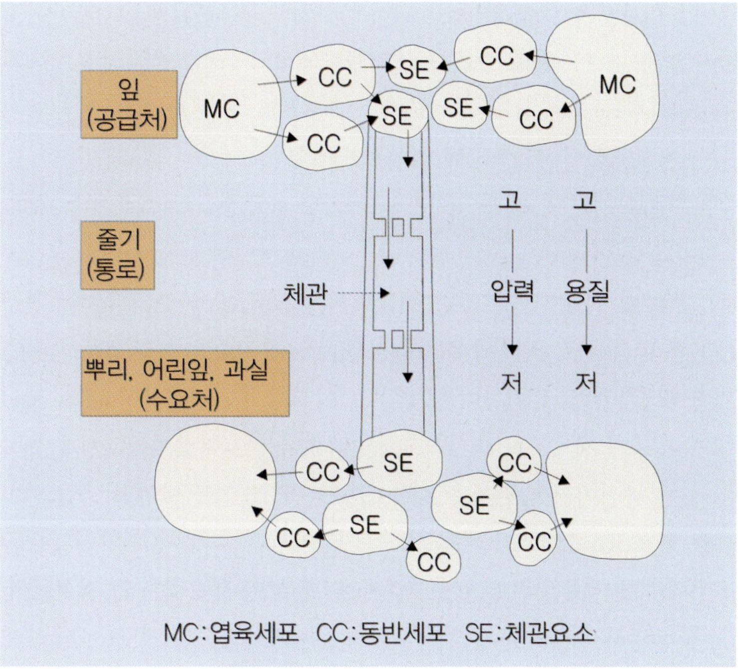

그림 4-3. 체관이동의 개념도

4.2.3 호흡에 의한 분해

광합성을 통해 합성된 물질은 호흡에 의해 분해되며, 호흡과정 중에 만들어지는 여러 가지 중간산물과 에너지(ATP)를 이용하여 식물대사가 유지된다.

호흡과정은 복잡한 과정을 거치지만 포도당을 완전히 분해한다면, 전체적으로 다음과 같은 식으로 나타낼 수 있다.

$C_6H_{12}O_6$(포도당) + $6O_2 \rightarrow 6CO_2 + 6H_2O$ + 674Kcal(ATP)

이 반응식은 광합성 반응의 역반응과 같으며 따라서 두 식에서 공통된 물질을 삭제하면, 식물은 빛에너지를 ATP라고 하는 화학에너지로 변환하는 기능을 가짐을 알 수 있다. 식물은 ATP를 이용하여 식물이 필요로 하는 모든 것을 만들어낸다. 이 중 식물영양과 관련 있는 부분을 예로 들면, 양분흡수(상당부분 뿌리호흡), 물질대사에서의 환원과정(예, 질산환원), 뿌리생장에서의 기계적 작용 등에 사용된다.

호흡으로 물질이 완전히 산화되지 않는다면, 호흡과정 중에 생기는 중간산물은 새로운 물질합성(예: 아미노산, 지방산)의 초기물질로써 역할을 하게 된다.

부연설명

4-14. Münch의 압력설

압력설은 크게 세 가지 부분으로 나누어 설명할 수 있다. 첫째 단계는 잎에서 동화산물이 체관으로 모이는 과정(loading)이다. 즉, 잎의 엽육세포에서 만들어진 동화산물이나 재이동하는 무기양분은 반세포를 거쳐 체관요소로 이동하는데, 이 과정은 농도가 낮은 엽육세포에서 농도가 높은 체관요소로 이동하는 능동수송이기 때문에 이를 위해서 체관 유조직 세포에서 에너지를 제공한다. 양분이 체관요소로 들어옴으로써 삼투포텐셜이 낮아져 물도 동시에 들어오게 되는데, 이에 따라 체관요소는 압력이 커지게 된다. 두 번째 단계는 줄기에서 일어나는데, 체관을 구성하는 체관요소는 살아있는 세포로 체관요소와 체관요소 사이에 생겨난 압력차에 의하여 양분이 다른 조직으로 이동한다. 세 번째 단계는 체관으로부터 다른 조직으로 양분이 나가는 과정이다(unloading).

호흡과정은 크게 3단계로 나눌 수 있다. 즉, 해당계, 시트르산 회로(citric acid cycle) 그리고 전자전달계이다. 해당계는 세포질에서 glucose가 pyruvic acid로 변화하는 과정으로, 산소가 필요 없는 혐기성 호흡단계이며, 약간의 에너지를 얻는다.

glucose → 2 pyruvic acid + 2 NADH + 2 ATP

두번째 단계인 시트르산 회로에서는 pyruvic acid가 분해되면서 CO_2를 방출하고, ATP와 환원물질(NADH와 FADH2)을 생성하며 중간단계에서 여러 유기산이 합성된다. 여기서 중간생성물이 citric acid이기 때문에 시트르산 회로라고 하며, 또한 카르복실기를 3개 함유하고 있는 물질이기 때문에 TCA회로, 또는 이 과정을 발견한 사람의 이름을 따서 Krebs 회로라 한다.

세번째 단계는 산화단계로 환원물질을 이용하여 ATP가 생성되며, O_2를 흡수하고 H_2O를 방출한다(그림 4-4).

일반적으로 호흡이라 함은 포도당의 분해를 시작점으로 하며, 탄수화물은 포도당으로 분해된 후 호흡과정에 들어간다. 단백질은 아미노산으로 분해된 후 시트르산 회로로 들어간다.

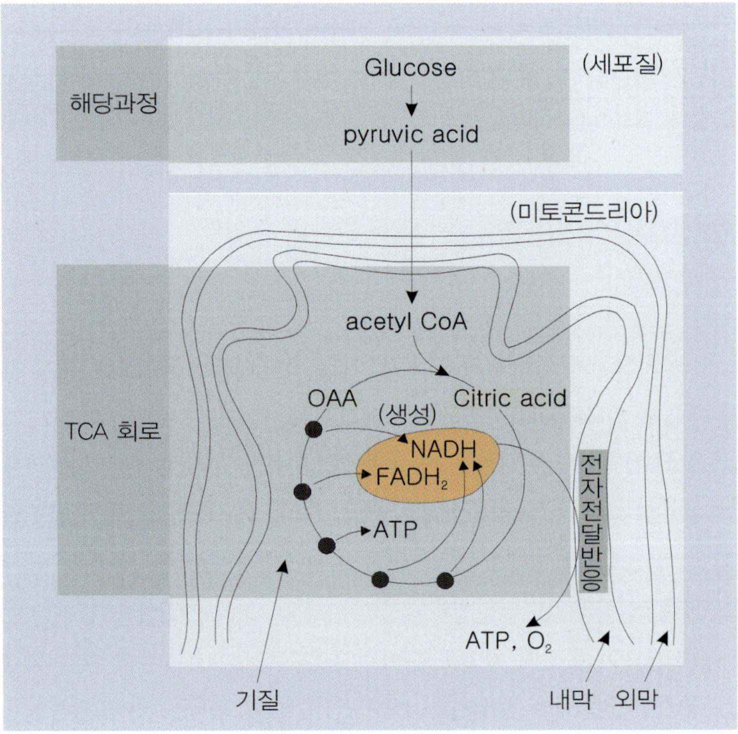

그림 4-4. 호흡의 개념도

제5장 수 분

원예식물에 있어 수분의 역할은 매우 중요하다. 이는 식물체내에서 일어나는 모든 생명현상은 물과 밀접한 관계가 있기 때문이다.

식물체의 물은 광합성의 기질로 전체의 약 0.01%만 사용되고 나머지는 주로 물리적 성질을 나타내는데 쓰인다. 즉, 물은 무기염류, 당류, 유기 음이온 등이 녹아있는 용매임과 동시에 모든 생화학적 반응에서는 매질이 되고 있다. 또한, 물분자는 입자의 표면에 흡착하여, 수막을 형성함으로써 물리화학적인 반응에 영향을 미치고 있다. 용질의 확산(solute diffusion) 또는 집단류의 형성도 물의 작용이기 때문에 식물체에서 일어나는 모든 물질대사와 영양소의 이동 및 분포에도 물이 관여하고 있다.

부연설명

5-1. 물의 성질

순수한 물은 수소와 산소로 결합되어 H_2O로 표시되는데 99.8%가 원자량이 1인 수소(H)와 16인 산소(O)로 결합되어 있고, 0.2%가 원자량이 17인 산소로 이루어져 있다. 수소와 산소는 수소결합으로 결합되어 있기 때문에 분자간의 응집력이 커서 특유의 물리적 성질을 나타낸다. 물은 얼게되면 얼음이 형성되는데 천천히 얼면 부피가 커지지만 급속 냉동을 할 경우는 부피가 커지지 않는다.

5.1 토양 내의 수분(soil water)

자연상태에서 토양 내의 수분은 강우에 의해 증가하는데 대체로 강우량의 반은 토양에 흡착되고, 그 외 절반은 지하수로 흘러 내려가 식물이 사용하지 못한다.

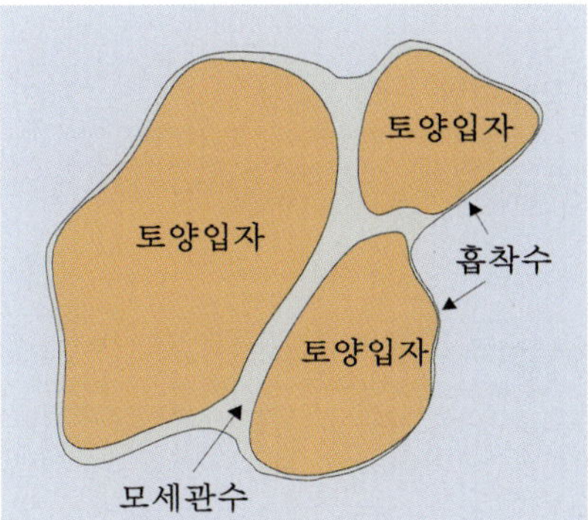

그림 5-1. 흡착수와 모세관수

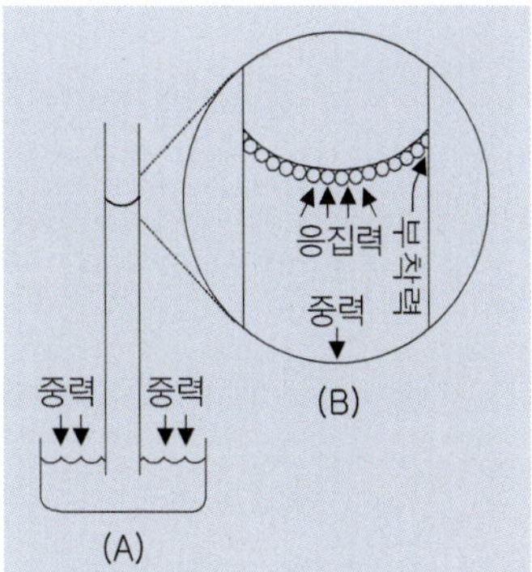

그림 5-2. 물의 응집력과 부착력

식물이 토양 속에서 이용할 수 있는 수분의 양은 아주 작은 편이다. 토양수분 가운데 토양입자와 결합되어 있어 분리가 어려운 결정수와 높은 온도에서만 분리시킬 수 있는 결합수는 식물이 이용할 수 없으며, 다만 토양입자 속을 이동하는 모세관수 만을 이용한다(그림

부연설명

5-2. 토양수분 상태를 나타내는 단위간의 환산법

pF = $\log_{10}$(물기둥 높이, 단위:cm)

$10^{pF-1} = -KPa$, $pF=1+\log(-KPa)$

1 MPa = 10 bar

예) 1 기압을 다른 단위로 하면 ?

1 bar(atm) = 0.1 MPa = 100 KPa = 10^2 KPa

수식에 의하면 pF 3은 모세관의 물기둥 높이가 1000cm 인 것을 의미한다. 즉, 1기압에서는 모세관내 물이 10m 올라갈 수 있다.

부연설명

5-3. 근권의 유효수분 함량

근권의 유효수분 함량은 뿌리가 뻗은 토양에서 이용 가능한 수분함량을 말하는데, mm/ha로 표시한다.
예) 1mm/ha 의 비가 왔을 때 수분함량을 계산하는 방법.
1mm란 깊이를 이야기하는 것이므로 양을 계산하려면 면적을 알아야 한다. 면적을 $1m^2$라고 한다면, 부피 = $1mm \times 1m^2$. 단위를 cm로 통일하면 $0.1 \times 10000 = 1000\ cm^3 = 1\ell$ 가 된다.
수분함량을 표시할 때는 면적을 ha로 표시하므로 $1\ell/m^2 = 10000\ell/ha = 10t/ha = 10m^3/ha$ 와 같다. 즉, 수분함량은 10톤 혹은 $10m^3$이다.

5-1, 2). 그밖에 토양에 존재하는 자유수는 쉽게 지하로 흘러 내려가기 때문에 식물이 이용할 기회를 갖지 못한다.

토양수분의 함량은 수분장력(atm 또는 MPa로 표시), 기압(bar, 1기압 = 1013mbar) 또는 물기둥 높이의 상용대수(log)인 pF(potential force)로 표시한다(표 5-1).

수분이 완전히 포화된 상태에서 중력수가 빠져나간 후의 토양 수분함량(단위: g H_2O/100ml 토양)을 포장용수량이라고 하며, pF 2.2(0.15 atm)에 해당된다.

영구 위조점은 식물이 완전히 마를 때 토양 속의 수분함량(g H_2O/100ml 토양)을 말하며, pF 4.2(15 atm)에 해당된다.

표 5-1. 수분장력과 수주, pF의 관계

기압 atm	물기둥 cm	pF	kPa	토양상태
0	0	0	−0.1	장력이 없는 지하수
0.1	100	2	−10	습함
1	1,000	3	−100	축축함
10	10,000	4	−1,000	공기상태에서 건조
10000	10,000,000	7	−1,000,000	절대건조 상태

유효수분 함량은 식물이 이용할 수 있는 수분으로써 포장용수량에서 영구위조점을 뺀 것이다.

유효수분 함량 = 포장용수량 − 영구위조점

5.2 수분과 식물 생장

5.2.1 식물체 내의 수분의 역할

첫째 생화학적 과정의 기본물질이 된다. 즉, 염, 유기물질, 가스 등의 용해물질, 콜로이드나 특수 단백질을 위한 팽창물질, 양분과 합성물질을 위한 운반 물질, 식물의 외형, 공변세포의 개폐 등과 관련된 팽압 등의 관여 물질로서 작용한다.

둘째 유기물질의 구성성분이다. 생체 내 모든 물질에는 물의 구성성분인 수소와 산소를 포함하고 부위별 함량이 다르다(표 5-2).

셋째 식물체의 온도조절에 중요한 역할을 하는데, 이는 물의 기화를 통해서 식물체의 온도를 내릴 수 있는 것을 뜻한다.

표 5-2. 식물의 부위별 수분함량(생체내의 %)

기관	%
생장하는 식물의 생장점	90–95
엽채류	90–94
많은 재배식물의 잎	75–85
감자	75–80
나무	30–60
곡류	10–16
유채종자	7–10

부연설명

5-4. 수분함량이 80%인 사탕무의 수분이용

만일 ha당 50t(잎 + 뿌리)의 사탕무를 수확했다면 40t의 물과 10t의 건물이 생산된 것을 알 수 있다. 이를 위해 약 4백만 ℓ의 물(400mm)이 필요하다. 여기서 수확물 속의 물은 약 1%(40t÷400만 ℓ)에 해당되며, 0.02%만 수소(H, 0.7t)로서 이용되며 나머지는 (98–99%)전부 증발된다.

5.2.2 수분 흡수와 식물생장

식물체 내로의 수분 흡수, 체내에서의 전이 및 식물체 밖으로의 수분방출 간에는 평형이 존재하는데, 평형이 깨지게 되면 생육이 나빠지므로 재배 시에는 평형을 유지하도록 주의를 기울여야 한다.

식물체 내 수분의 흡수와 전이는 세포의 삼투압에 따라 크게 영향을 받는다. 즉, 수분의 흡수력은 세포액의 농도에 달려 있는데, 습한 곳에서 자란 식물은 건조하거나 염류가 많은 땅에서 자란 식물보다 세포액의 농도가 낮으므로 뿌리의 수분 흡수력이 낮다. 따라서, 습한 곳에서 자란 식물은 건조의 해를 입기 쉽다.

토양 내에서의 수분 이동은 식물의 수분 흡수 요구도보다 낮기 때문에, 뿌리는 물이 저장된 곳을 찾기 위해서 끊임없이 노력한다. 그래서 하루에 수 cm씩 자란다.

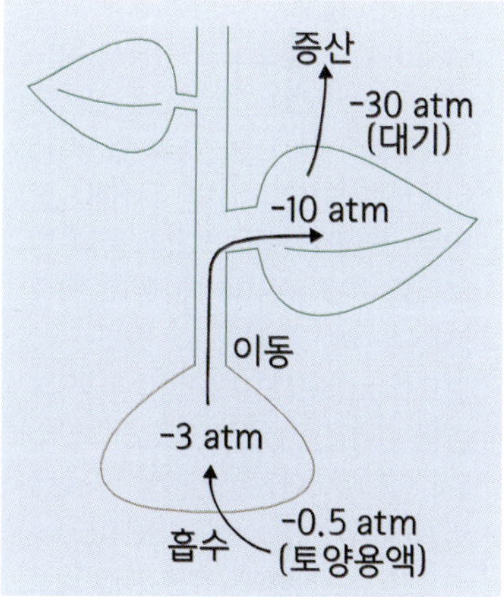

그림 5-3. 수분장력과 수분이동

표 5-3. 수분장력

수분장력	(단위 : atm)
배양액	~1
토양용액	0.5
재배식물의 뿌리	3~5
재배식물의 잎	5~10
영구위조점에서의 식물 뿌리	15
사막과 내염식물의 뿌리	20~80
버섯과 조류	100까지

식물의 생장은 토양 내의 수분상태에 따라 다르다. 부족 상태에서는 시들음 현상이 보이고, 세포는 팽압이 낮아지며 잠을 자나, 심하게 되면 원형질막이 파열되고 그 결과 완전위조가 나타나는데 이때 뿌리의 장력은 15atm이다(표 5-3).

수분의 공급이 적은 상태에서는 수분이용이 낮고, 생장억제, 호흡증대, 성숙촉진, 지상부에 비해 상대적으로 높은 뿌리분압을 들 수 있다. 적당하게 수분이 공급될 때에는 생장과 품질이 좋다. 공급이 과다할 때는 식물체내에 수분이 많고, 잎과 줄기가 차지하는 부분이 많으며 뿌리부분이 차지하는 부분이 적고, 성숙을 지연시키고, 세포가 비대해져서 조직이 연하게 된다. 극단적으로 과잉 공급되면 습윤해를 입게 된다. 황백화 현상이 나타나고, 산소부족에 따라 뿌리 생장이 나빠서 양분 흡수가 떨어진다. 토양 중에 유해물질과 CO_2가 많아진다.

증산을 통한 잎에서의 수분방출은 수분흡수가 많을수록, 광도가 높을수록, 공기내의 수분이 적을수록, 공기유동이 잘 이루어질수록 많이 일어난다(그림 5-3). 또한 증산은 물질의 전이와 잎 표면의 수막내 CO_2의 용해를 위한 잎내 세포막의 습윤화 때문에 중요하다.

식물의 수분요구도는 생육최성기에 가장 높다. 따라서 작물생산을 위해서는 생육최성기에 수분관리를 잘해야 한다.

5.3 관 수

관수할 경우에는 관수하는 물의 품질과 식물이 필요로 하는 관수량을 알아야 한다.

5.3.1 관수하는 물의 품질

식물은 95%이상의 수분을 토양으로부터 흡수한다. 토양의 수분은 빗물의 영향을 받지만, 원예식물 재배에서는 대부분 관수를 하므로 관수를 하는 물의 품질은 우수해야 한다. 대체로 관수하는 물에는 0.1% 이하의 염을 함유하고 있다. 관수하는 물은 Na, Cl, SO_4 등의 원치 않는 성분뿐만 아니라 원하는 이온 즉 Ca, Mg, NO_3 및 기타 성분 등이 포함되어 있으므로 이들에 대해서도 조사해야 한다.

총 염류함량은 전기전도도 또는 삼투압 등을 이용하여 측정하는데 대부분 KCl/ℓ로 표시한다. 이 함량의 크기는 아주 중요한데, 왜냐하면 모든 원예식물은 근권 내의 염류농도에 각각 다른 내성을 갖기 때문이다. 염류농도가 높으면 수분과 이온의 이동이 오히려 방해받거나 또는 조직이 상하게 되며 결국 수량감소를 초래한다. 대체로 높은 EC는 상추, 토마토, 오이의 수량을 감소시키는데 높은 염류에 대해서는 오이가 가장 약하다(표 5-5). 관수하는 물의 염류함량의 한계치를 보면 표 5-4와 같다.

표 5-4. 온실재배 작물에 따른 용수 내 원소의 한계치

항 목	단 위	식물의 내염성			
		매우 약함	약함	중간	강함
전기전도도	μS/cm	400	800	1,000	1500
삼투압	bar	0.15	0.3	0.4	0.6
총염류량	mg/ℓ	250	500	750	1000
염소	mgCl/ℓ	50	100	200	300
황	mgSO^4/ℓ	100	200	250	300
나트륨	mgNa/ℓ	50	100	150	150
경도	me/ℓ[z]	2	4	7	11
칼슘	me/ℓ[z]	1	3	5	9
철	mgFe/ℓ			1	
붕소	mgB/ℓ			0.5	

[z]1me/ℓ는 28mg CaO/ℓ에 해당 (Jungk and Wehrmann, 1979)

표 5-5. 채소 및 화훼류의 내염성(Bergmann, 1992 참고)

	내 염 성			
	높음	좋음	중간	낮음
채소류	사탕무 비트 유채 케 일 아스파라거스 루타베이거	적채, 양파 양배추 꽃양배추 토마토 시금치 셀러리	당근 완두 무 호박	강낭콩 오이 딸기 상추
	높음	중간	낮음	아주 낮음
화훼류	국 화 카네이션 아스파라거스	장미, 수국 거베라, 베고니아, 프리니아, 포인세티아, 여름시클라멘	엘리카 안스리움 프리뮬라 시네라리아 겨울시클라멘	철 쭉 난 류 고사리류

부연설명

5-5. 증산계수와 식물생장

증산계수는 건물 1kg을 생산하는데 필요한 물의 양을 말하는데, 순생산을 위한 상대적 수분 소비를 의미한다. 온대지방에서 재배되는 식물의 증산계수는 300-800 ℓ 이며, 대체로 옥수수, 사탕무, 보리 등은 낮고, 귀리, 당근, 호밀, 토끼풀 등은 높다. 증산계수는 영양상태에 의해 영향을 받는데, 무기염류의 공급 상태가 좋으면, 그만큼 식물에 필요한 수분 양은 작아진다. 그래서 건조지역에서는 물과 비료를 절약할 수 있다. 대체로 증산이 낮으면 토양은 비옥하다 할 수 있다.

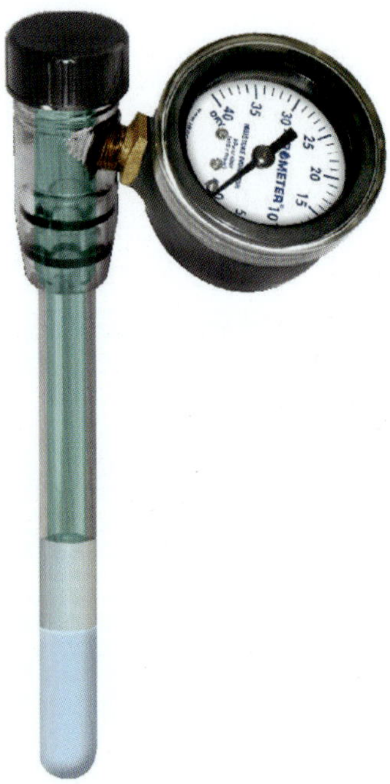

그림 5-4. 장력계(MMM Tech.)

5.3.2 작물의 수분요구도

좋은 물이 준비되면 다음은 식물에 필요한 수분요구도를 정확히 알아야 한다.

(1) 증산계수

1kg의 건물을 생산하는데 필요한 물의 양을 증산계수라고 하는데, 시설재배 등에서는 300-400ℓ가 필요하다. 예를 들어 4-5 줄기를 가지고 건물이 200g인 포인세티아는 양액의 농도에 따라 다소 차이는 있으나 필요 수분량이 총 6-8ℓ가 된다. 따라서 비슷한 크기의 분화류는 1일 60-100mℓ의 물이 증산에 의해 소모된다. 포장에 심어진 식물에서는 1일 $1m^2$당 약 3ℓ의 물이 증산에 의해 소모된다.

(2) 수분요구도의 변화

일정 기간동안 필요한 평균적인 수분소요구도(증산계수)도 중요하지만, 일사량과 증산량과의 밀접한 관계로 인하여 하루 또는 일년 중에 필요한 수분량은 큰 변화를 보인다. 즉, 일사량이 많을수록 증산량이 많아지므로 작물의 수분요구도도 증가한다.

수분요구도는 식물의 종류나 생육단계에 따라서도 차이가 난다. 관엽식물보다는 과채류의 수분요구도가 높다. 어린 식물보다는 증산이 왕성한 생육최성기에 수분요구도가 높다.

이와 같이 식물과 계절에 따른 다양한 수분 요구도를 결정하고 발견하는 것은 전통적으로 재배가에 있어 중요한 능력에 해당된다.

(3) 토양종류에 따른 관수량의 차이

관수량을 결정할 때에는 식물의 수분요구도와 더불어 토양의 특성을 고려해야 한다(표 5-6). 관수를 하더라도 모래땅에서는 밑으로

표 5-6. 주요 원예작물의 연간 수분 필요량

식물종류와 재배법	수분 흡수량 m^3/ha		
	사질계	사양토	점토
노지채소	2000	1500	1200
과수와 포도	4000	3500	3000
수목	5000	4500	4000
노지채소 집약재배	6000	6000	6000
시설채소	20000	20000	20000
시설화훼	20000	20000	20000

흘러 들어가므로 그만큼 관수량이 많아야 하고, 점토가 많은 땅에서는 관수량이 작아도 된다. 따라서 노지재배시에는 강우량이 부족할 경우에 관수계획을 세워서 관수한다. 최근에 자동관수시설의 설치가 가능해짐으로써 보다 과학적인 관수방법이 많이 이용되고 있다.

5.3.3 수분 요구도 측정 방법

수분 요구도를 측정하기 위해서는 세 가지 기본방법이 있다. 첫째는 토양과 배지의 수분함량을 측정하는 방법, 둘째는 기후요인을 측정하는 방법, 셋째는 수식으로 계산하는 방법이다.

(1) 토양과 배지의 수분함량을 측정하는 방법

토양이나 배지의 수분함량은 전기전도도를 이용해서 측정할 수 있다. 만일 전기전도도가 높으면 그만큼 토양내의 수분 함량이 낮은 것을 의미한다. 또 다른 측정은 토양의 수분 장력을 측정하는 방법으로 수분장력계를 사용할 수 있다(그림 5-4). 수분 장력은 mbar로 표시할 경우, −50에서 −100 mbar(50−100cm 수주 높이)의 수분장력에서 식물의 생장이 잘 된다. 그 외 유효수분함량의 50% 정도(최저 30%)가 되면 관수를 실시하는 방법도 있다.

> **부연설명**
>
> **5-6. 수분장력계 사용시 주의사항**
>
> 토양내 유기물이 많거나 피트배지를 사용할 때는 장력계와 배지가 잘 밀착되도록 해야 정확히 측정할 수 있다. 또한 뿌리분포를 고려해 알맞은 깊이에 수분장력계를 설치해야 한다.

(2) 기후요인을 측정하는 방법

기후요인을 측정해서 관수하는 방법은 직, 간접으로 식물과 배지로부터 수분증발을 측정하여 식물의 수분 요구도를 결정하는 것이다. 이것은 증발산량을 측정(온실 내 모래를 채운 포트로부터 증산을 측정) 하거나 일사량 측정계기를 사용하는 것이다. 일사량과 수분소요량과는 밀접한 관계가 있다. 토마토의 경우에 100cal/cm^2(428J)의 일사량이 쪼이면 0.8−1ℓ의 수분이 필요하다. 일사량 측정을 할 때 식물의 밀도는 고려할 필요가 없으나, 겨울철에는 난방에 의해 증산량이 증가됨으로 이를 항상 고려해서 조절해야 한다.

> **부연설명**
>
> **5-7. 수식에 의한 관수량 계산법의 실제**
>
> 상추가 양토에 재배되고 있는데 현재 이용가능 포장용수량의 20% 상태에 있다. 포장용수량이 70%가 되게 하려면 얼마나 관수를 해야 하는가?
> 이 경우에 다음 공식을 이용해서 계산하면 된다.
> 관수량 (㎜) = (원하는 포장용수량 − 현재 포장용수량) × 유효수분함량 × 이용가능 토양깊이(m)×10
> 관수량 (㎜) = (0.7 − 0.2) × 25.5 × 0.25 × 10 = 31.25
> 따라서 31㎜ 즉, 1m^{2}에 31ℓ, 1ha에 310m^{3}를 관수하면 된다.

(3) 수식으로 계산하는 방법

수식으로 계산하는 방법은 작물별 이용 가능한 토양깊이(표 5-7)와 포장용수량(표 5-8)을 알고 작물별 관수량을 계산하는 방법이다. 대체로 작물에 따라 알맞은 뿌리 깊이는 서로 다른데 상추, 양파, 딸기 등은 얕게 뻗고 아스파라거스, 과수류는 깊게 뻗는다.

표 5-7. 주요 원예식물의 이용가능한 토양 깊이 (m)

식물명	이용가능토양깊이	식물명	이용가능토양깊이
아티초크	0.3 – 0.5	수박	0.3 – 0.5
꽃양배추	0.6 – 0.8	상추	0.2 – 0.3
브로콜리	0.4 – 0.6	시금치	0.2 – 0.3
양배추	0.3 – 0.5	양파	0.2 – 0.4
콩	0.3 – 0.5	당근	0.4 – 0.6
완두	0.4 – 0.6	아스파라거스	0.5 – 0.7
오이	0.3 – 0.5	포도	0.6 – 0.8
토마토	0..3 – 0.5	과수류	0.5 – 0.7

표 5-8. 토양종류별 영구위조점(PWP), 포장용수량(FC), 유효수분함량 (AWC)에 이르는 용수량 (%)

토양종류	영구위조점 (PWP)	포장용수량 (FC)	유효수분함량 (AWC)
사토	2.5	13.5	11
양질사토	3	21	18
사질양토	4.5	25.5	21
양토	10.5	36	25.5
식토	18	40	22

그림 5-5. 살수관수(google)

그림 5-6. 점적관수(암면재배)

5.3.4 관수법

실제 관수하는 방법에는 고랑관수, 살수관수, 점적관수, 저면관수(매트관수), 지중관수, 담배수관수법, 연무법 등이 있다.

(1) **고랑관수** : 이랑과 이랑 사이인 고랑에 물을 주는 관수법으로, 예전부터 행해지던 방법이다. 관수에 필요한 자재가 거의 없기 때문에 사용되고 있으나, 수분이용 효율이 낮고 잡초발생이 큰 단점이 있다.

(2) **살수관수** : 스프링클러나 유공호스를 이용하여 샤워하듯이 식물 위에서 물을 뿌려주는 관수법으로, 식물의 잎에 물이 닿아도 되는 작물에 적용된다(그림 5-5). 잡초발생 단점이 있다.

(3) **점적관수** : 가는 점적관을 이용하여 토양에 물방울을 똑똑 떨어뜨려 관수하는 방법으로, 양액재배나 관비재배에 많이 사용된다(그림 5-6). 수분이용 효율이 높다.

(4) **저면관수(매트관수)** : 매트를 깔고 그 위에 분이나 베드를 올려놓고 관수하는 방법으로, 분재배에 사용된다(그림 5-7). 뿌리가 매트로 뻗기 때문에 방근비닐을 깔기도 한다.

그림 5-7. 저면관수

그림 5-5. 지중관수(Gueguen 등, 2020)

(5) **지중관수** : 토양 속에 점적관을 묻고 관수하는 방법으로 주로 잔디밭에 많이 이용한다(그림 5-5).

(6) **담배수관수법**(ebb and flow) : 벤치 저면에 물을 적당한 높이까지 채웠다가 일정시간이 경과한 후 배수하는 방법이다(그림 5-8). 최근에 개발되었으며, 배지에 균일하게 관수되기 때문에 화훼나 채소의 육묘에서 많이 이용된다.

그림 5-8. 담배수관수(Netafim)

그림 5-9. 연무법(MeeFog)

(7) 연무법 : 안개와 같은 작은 미립자를 뿌려주는 방법이다(그림 5-8). 공기습도도 함께 높아지므로 시설내 습도조절, 하절기 온도하강, 삽목번식 등에 많이 이용된다.

제6장 다량원소(macronutrients)

원소주기율 순서에 따라 음이온에는 질소(질산태), 인, 황이 있고 양이온에는 질소(암모늄태), 칼륨, 칼슘, 마그네슘이 있다. 수소, 탄소 및 산소는 다량원소에 속하지만 탄소와 산소는 호흡과 광합성에서 다루며, 수소는 수분에서 취급하고, 일반적으로 식물영양학에서는 다루지 않는다.

6.1 질소(N, nitrogen)

6.1.1 화학적 특성

질소는 질량이 14이며, 공기 중에는 분자형태(N_2)로 있는데 이것은 식물이 이용하지 못한다. 식물이 흡수하는 것은 질산과 암모늄 이온이다(그림 6-1, 표 6-1). 중요한 질소의 형태는 표 6-1과 같다.

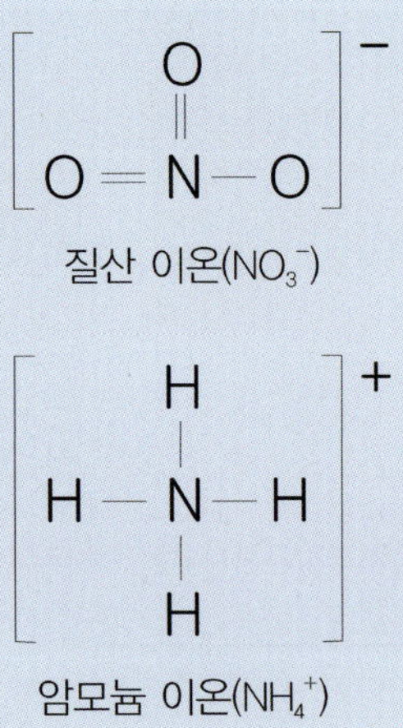

그림 6-1. 질산과 암모늄 이온의 구조식

표 6-1. 주요 질소 형태

형 태	이 름	비 고
NO_3^-	질산태	식물의 주된 질소 영양원
NH_4^+	암모늄태	부식으로부터 생성
NH_3	암모니아가스	공기중에 0.05ppm 존재, 부식으로부터 형성, 높은 농도는 생리장해를 일으킴
$-NH_2$	아미노그룹	단백질의 구성물질, 식물로부터 합성
NO_2^-	아질산	질산태가 환원될 때 형성
N_2O, NO, NO_2	질산화물	통기성이 나쁜 토양에서 질산태로부터 형성

6.1.2 토양내 질소

1) 토양내 함량 및 존재형태

토양에 함유되어 있는 질소의 함량은 0.03~0.3%(20cm 깊이까지 전체 용적의 토양에는 900~9000kgN/ha 이 존재)이다. 그러나 유기물이 많은 토양에는 질소가 0.5%까지 들어 있다. 토양내에 전체 질소의 95% 이상이 유기물 상태로 저장되며 형태는 아미노-질소 형태인데 대부분이 무기화과정에서 가용성이 된다. 무기물 상태의 저장은

부연설명

6-1. NH_4^+과 K^+의 고정

암모늄 고정은 칼륨 고정과 유사하다. 따라서, 암모늄과 칼륨은 토양에서 동일한 결합자리를 두고 서로 경쟁하므로, 토양에 많이 존재하는 양분이 더 많이 고정되게 된다.

illite에 NH_4^+로 고정되어 있다.

NO_3^-는 토양에서 이동성이 크며 흡착력이 약한 반면, NH_4^+는 양이온이기 때문에 토양에 강하게 흡착되어 NO_3^- 보다 이동성이 낮다. 이렇게 암모늄 이온이 토양에 강하게 흡착되는 것을 암모늄 고정이라 한다.

부연설명

6-2. 생물학적 질소고정

생물학적 질소고정은 자유생활 미생물 또는 고등식물과 공생하는 미생물에 의해서 일어난다. 자유생활 미생물에는 *Azotobacter, Bacillus amylobacter, Chlostridium, Beijerinckia* 등이 있다. 공생하는 미생물에는 콩과식물 뿌리혹박테리아가 있다. 이들은 연간 ha당 약 100~200Kg의 질소를 고정한다. 콩과식물의 뿌리혹 형성 및 뿌리혹의 크기와 수는 Ca_2^+가 있어야 좋고 반대로 질산염, 아질산염, 암모늄, 요소 등이 높은 농도(>1mM)로 있으면 뿌리혹 형성은 제한을 받는다.

2) 토양내 양분의 수지

연간 지구상에서 필요한 질소량은 2억5천만t 정도이다. 그 가운데 5~10%만 화학비료 또는 유기질비료로 공급되고, 그 외는 주로 부식의 분해 및 생물학적 질소고정으로 공급된다. 질소가 자연상태에서 빗속에 녹은 상태로 공급되는 것은 번개에 의해 N_2와 H_2가 결합되어 생성된 NH_3가 빗물에 녹아 내리기 때문이다. 이 양은 연간 약 10kg/ha에 해당된다(표 6-2). 중요한 질소 공급원은 역시 토양으로부터의 공급과 뿌리혹박테리아에 의한 질소고정이다.

표 6-2. 토양내 질소의 수지

수 지	내 용	양(kgN/ha/년)
공 급	무기염류화	10~270
	뿌리혹박테리아에 의한 고정	100~200
	그 외 박테리아에 의한 고정	~10
	대기상태에서 공급	~10
	유기질비료	~70
	무기질비료	~90
손 실	용 탈	5~30
	1기작 수확물에 의한 흡수	50~300

부연설명

6-3. 질산화 반응

질산화 반응은 2단계에 걸쳐 일어난다. 먼저, Nitrosomonas가 암모늄을 아질산으로 산화시키고, 그 다음 Nitrobacter가 아질산을 질산으로 산화시킨다.

$NH_3 \rightarrow NO_2^- \rightarrow NO_3^-$

$2NH_4^+ + 3O_2 \rightarrow 2HNO_3 + 2H^+ + 2H_2O$

$2HNO_2 + O_2 \rightarrow 2NO_3^- + 2H^+$

순반응식: $2NH_4^+ + 4O_2 \rightarrow 2NO_3^- + 4H^+ + 2H_2O$

위의 식으로부터도 알 수 있듯이 암모늄은 호기성 조건에서만 산화된다. 또한 반응이 진행되면 수소이온이 생성되므로 토양이 산성화된다. 따라서, 질산화 세균은 산성보다는 중성 토양에서 활력이 크다.

3) 생태계에서의 질소순환(nitrogen cycle in nature)

질소는 대기, 토양 및 생물 사이를 가장 원활히 순환하는 영양소이다. 질소의 순환에는 많은 인자들이 관여하고 있으며, 고정되는 양(생물학적 질소고정에 의하여 대기로부터)은 방출되는 양(유기질소를 기체상태의 질소로 분해하는 토양미생물에 의해 대기로)과 균형을 이룬다.

다음은 질소순환에 관여하는 단계들이다(그림 6-2).

① 질소고정 세균에 의한 질소고정(biological nitrogen fixation)

② 생물잔해(debris)에 의한 유기물 즉, 유기질소의 토양 공급

③ 암모니아화 작용(ammonification) : 단백질분해 작용에 의해

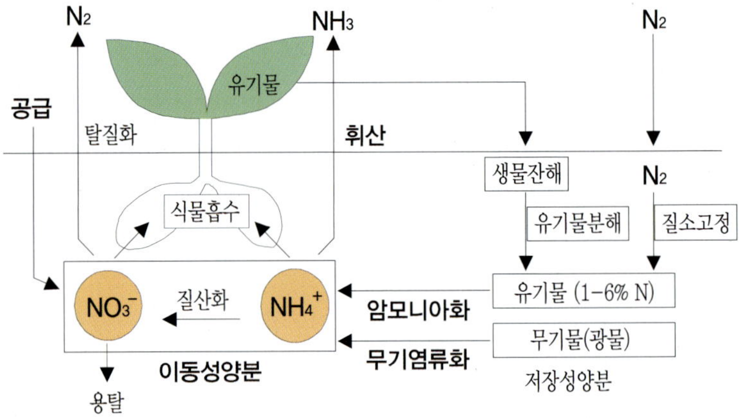

그림 6-2. 생태계에서의 질소순환

동식물의 잔해인 유기물로부터 아미노 질소가 분해되면, 암모니아화 작용에 의해 암모늄으로 분해가 진전된다.

토양유기질소 → RNH_2 + CO_2 + 부생성물 + 에너지

RNH_2 + H_2O → NH_3 + ROH + 에너지

④ 질산화 작용(nitrification) : 질산화 작용은 특정 토양세균에 의해 암모늄이 질산태 질소로 변화하는 것이다.

$$NH_4^+ \rightarrow NO_3^-$$

⑤ 탈질화 작용(denitrification) : 특정 토양세균에 의해 질산태 질소가 분자상 질소(N2)로 환원되는 현상을 말하며, 산소가 없는 혐기조건에서 일어난다.

$$NO_3- \rightarrow NO_2^- \rightarrow NO \rightarrow N_2O \rightarrow N_2$$

6.1.3 흡수 및 이동

1) 흡수형태

식물에 흡수되는 질소의 형태는 NO_3^- 또는 NH_4^+이나, 일반적으로 식물의 뿌리는 NO_3^-를 선호한다. 식물의 잎은 요소 엽면시비에 의해 요소태를 흡수하기도 한다.

2) 식물체내 함량

식물체내 질소 함량은 건물의 0.5(볏짚)~5(콩)% 정도이며 엽중수확 한계농도는 3%이다. 늙은 조직보다 젊은 조직에 많이 존재한다. 생장 최성기의 질산태 질소 필요량은 0.1~1.0% 이다.

3) 이동

뿌리로부터 흡수한 NO_3^-는 그대로 줄기와 잎으로 이동하는 반면, 흡수된 NH_4^+의 대부분은 뿌리에서 아미노산으로 동화된 후 이동한다(그림 6-3). 그래서 고등식물의 관다발 계에서 이동하는 질소의 형태는 주로 NO_3^-와 아미노산이다. 일반적으로 물관부액에는 약 70~80%의 아미노산이 함유되어 있다.

토양이나 인공배지에서 질소가 부족하면 늙은 잎에 있는 질소가 어린 식물기관으로 재이동한다. 따라서 질소의 결핍증은 늙은 잎에서 먼저 나타난다.

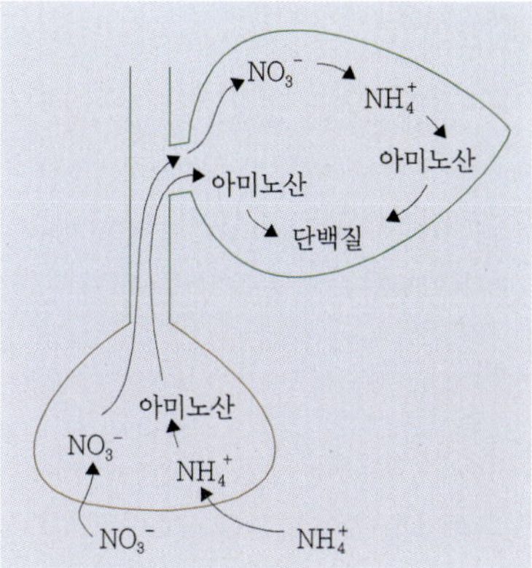

그림 6-3. 질소의 이동과 대사

6.1.4 식물체내에서의 기능

식물체내로 이동되거나 축적된 NO_3^-는 질산환원효소에 의해 환원되어 다시 NH_3로 된 후 아미노산 합성이나 이차산물의 합성에 이용된다.

$$NO_3^- \rightarrow NO_2^- \rightarrow N_2O_2^{2-} \rightarrow NH_2OH \rightarrow NH_3$$

nitrate nitrite hyponitrite hydroxylamine ammonia

이 때 질산환원효소의 활성은 광조건에서 높기 때문에 겨울철에 자란 식물이나 온실내의 약광에서 자란 채소류에 질산염 축적이 많다.

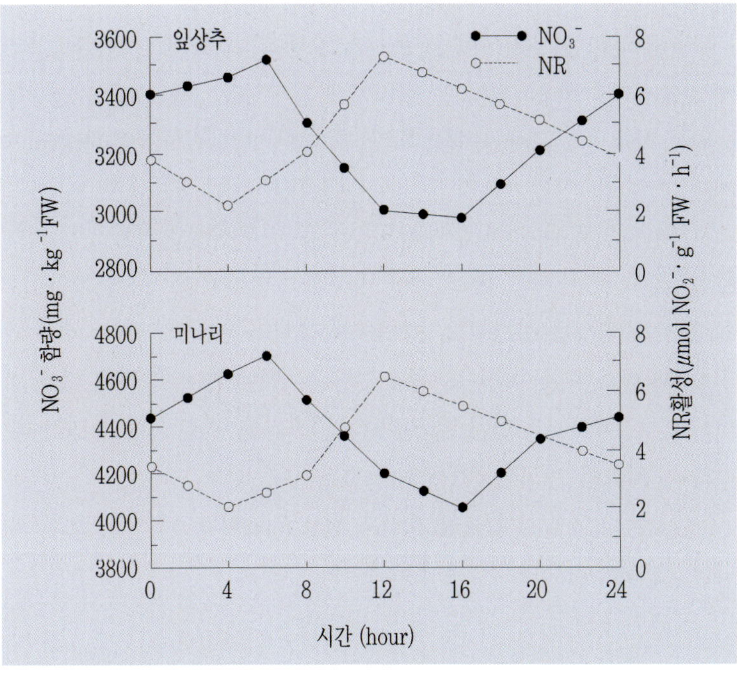

그림 6-4. 질산염과 질산환원효소(NR) 활성의 일중변화 (이, 1998)

부연설명

6-4. 양액재배시 질소의 공급형태

일반적으로 식물의 뿌리는 NO_3^-를 선호하는데, 양액재배에서는 NO_3-N : NH_4-N 비를 식물에 따라 알맞게 조절해서 공급한다. 식물에 따라 차이가 있으나 NO_3-N : NH_4-N를 9 : 1 정도로 하는 것이 일반적이다.

양액재배에서 질소의 형태는 식물에 직접적인 영향을 주기도 하지만 pH를 통해 간접적 영향을 준다. 질소원으로 황산암모늄이나 염화암모늄을 배양액에 공급하면 암모늄이 흡수되고 황산이나 염소가 남아 배양액의 pH가 내려가고, 질산칼슘이나 질산나트륨을 주면 질산이 흡수되고 Ca나 Na가 남아서 pH는 올라간다. pH가 올라가면 철 결핍이 나타나므로 식물에 따라 NO_3^-의 선호도를 조사하여 알맞은 배양액을 제공해야 한다. 양액재배시 암모늄태 질소만 주면 식물의 생육이 심하게 억제된다.

부연설명

6-5. 질산염과 건강

생후 5개월 미만의 어린이는 질산염이 든 식품을 먹으면 methemoglobinemia(일종의 조직내 산소공급 부족증)가 발생해서 위험하다. 그러나 일반적으로 우리가 먹는 채소에는 비타민 C가 많이 들어 있어 이들이 질산염의 해를 상쇄시키기 때문에 성인들에게는 큰 문제가 없다.

유럽에서는 채소의 경우 질산염 함량을 여름에는 2,500ppm, 겨울에는 3,000ppm으로 제한하고 있는데, 이와 같은 규제는 국내에서도 일부 적용되고 있다. 질산염을 적게 함유한 채소를 생산하기 위해서는 과잉시비를 피하고 시설재배시에는 가능한 한 빛을 많이 받도록 하고 양액재배시에는 수확전 1주일째부터 NO_3^--N의 공급을 줄이는 것이 바람직하다.

하루 중에도 낮과 밤 사이에 차이가 있어 햇빛이 나면 질산환원효소의 활성이 증가되어 질산염이 줄어든다(그림 6-4). 또한 생육이 왕성한 잎에서 질산환원효소 활성이 높고 늙은 잎에서는 낮기 때문에 엽령에 따라 영향을 받는다(그림 6-5).

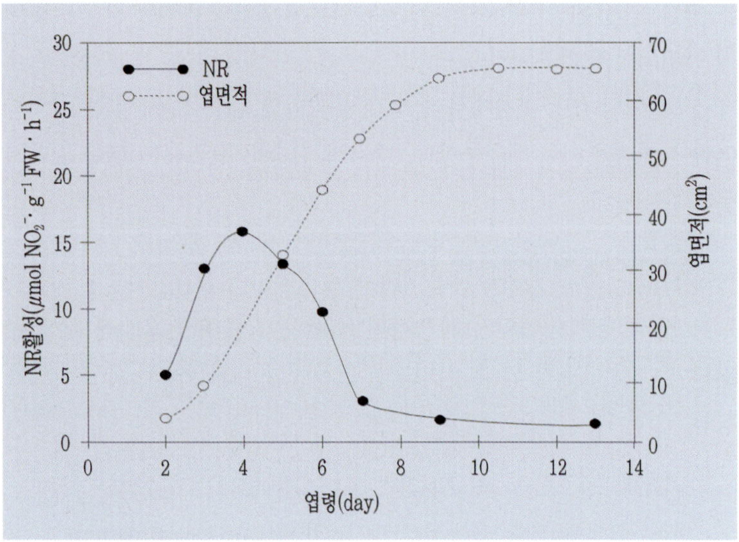

그림 6-5. 콩의 엽령에 따른 질산환원효소(NR)의 활성변화

아울러 식물의 잎에서는 엽병보다 엽신에서 질산환원효소의 작용이 강하다. 따라서 엽병의 질산염 함량이 엽신보다 높다.

빛이 약한 겨울철이나, 건조하거나 생육온도보다 낮은 불량조건에서 질산환원효소의 활성은 현저하게 떨어진다. 그러므로 겨울철에 자라는 상추나 건조한 곳에서 자란 꽃양배추에서 질산염의 함량이 높게 된다.

질산환원효소에 의해 생성된 NO_2^-는 아질산환원효소에 의해 NH_4^+로 환원되는데, 식물체내에 질산염이 많아지면 아질산환원효소의 생성과 활성도 증가된다. 그러나 식물체내에 NO_3^- 또는 NO_2^-가 질산환원효소 또는 아질산환원효소를 유기하는 것은 식물에 따라 차이가 있다. 아질산은 앞서 언급했듯이 질산환원 단계에서 생성되는데, 수확 후 채소의 가공저장 중에도 생성된다.

질소는 유기질소 화합물 생성의 원료로 쓰이며, 단백질, 효소, 비타민, 엽록소 등의 구성성분이 된다.

6.1.5 결핍 및 과잉증

1) 결핍증

(1) 결핍증상

질소가 결핍되면 생장속도가 저조하게 된다. 그래서 출수(出穗)가 약하고, 과실생장이 나쁘며, 단백질 형성이 잘 안 된다. 노쇠한 잎은 황화 현상과 함께 작아지며, 딸기에서는 적색의 이차색소인 anthocyanin이 생성된다(그림 6-6). 초기에는 아랫잎이 황화되는 질소 결핍증이 생길 때 질소질 비료를 시비하면 잎은 다시 녹색이 된다. K가 결핍되어도 늙은 잎에 황백화가 나타나는데 질소 결핍보다 조기에 잎 가장자리가 괴사하거나 반점이 생겨 차별화된다.

그림 6-6. 딸기잎 질소 부족(엽색이 황화되다가 아주 부족하면 안토시안이 형성되 적색화, 출처: RDA)

(2) 결핍이 일어나는 조건

정상적인 시비수준의 경우에 원예식물은 질소결핍 현상이 일어나지 않지만 주로 유기질이 적은 사질계 토양에서 용탈에 의해 결핍증을 나타낸다.

(3) 처방 및 대책

질소결핍증에 대한 응급대책으로 0.5% 요소를 1주일 간격으로 엽면살포하거나, 질소질 비료를 물에 타서 밭에 살포한다.

그림 6-7. 토마토의 이상경

2) 과잉증

질소를 과잉 시비하면 잎의 색이 짙어지며, 줄기가 기형화가 되고(그림 6-7) 숙기가 늦어지고, 도복이 잘 되며 병충해의 피해를 받기 쉽다. 또한 amide의 형태가 식물체에 많아져서 맛, 저장성, 가공성이 떨어진다. 아울러 질산태 질소가 채소에 많이 집적되어 품질이 떨어진다. 그러므로 토양내 질소성분을 작물재배 전에 분석해서 알맞은 시비를 하는 것이 중요하다. 일반적으로 원예식물은 집약적 재배를 하므로 결핍증보다 과잉증이 많이 발생한다.

주요 원예작물에 나타나는 질소의 결핍과 과잉 시에 나타나는 생리적 현상은 다음 표 6-3과 같다.

표 6-3. 원예작물별 질소 결핍과 과잉시 나타나는 생리적 병

작 물	질소 결핍시	질소 과잉시
엽채류	노엽황색, 결구불량	엽색이 짙음, 질산태 질소가 많음
과채류	노엽황색-적색, 초장이 짧고 잎 소형화	공동과, 이상경(토마토)
근채류	노엽에서 새잎으로 황화진행, 뿌리비대 불량	속썩음병(양파)
상록과수	새잎의 엽색이 옅고 잎과 가지의 신장 불량, 심하면 잎 전체 황화	과실맛 감소
낙엽과수	노엽황화, 잎이 자홍색 또는 홍색을 띠기도 함, 심하면 가지 생장억제	과실맛 감소
카네이션	분지수 감소, 잎이 좁아지고, 잎 끝이 말리며 심하면 황화	내성이 강하나 생장 및 개화 지연
국 화	노엽황화 또는 자주빛 발생, 개화 지연 꽃크기 감소	생장억제, 암모늄이 많으면 상부 및 중부 잎이 황화되고 아랫잎은 암녹색화, 뿌리 갈변
포인세티아	노엽황화, 잎크기 감소, 마디 생장감소	아랫잎 엽맥간 황화, 뿌리 짧고 갈변

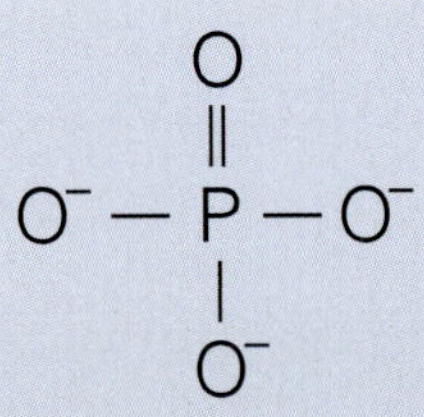

그림 6-8. 인산 이온

6.2 인(P, phosphorus)

6.2.1 화학적 특성

P는 비금속 원소이며 5가 이온으로(그림 6-8), 식물체와 토양에 결합된 중요한 P는 표 6-4와 같다.

표 6-4. 토양과 식물체내에 있어 중요한 P의 결합체

형 태	이 름	영 명	비 고
H_3PO_4	정인산	orthophosphoric acid	염→인산염
$H_2PO_4^-$	제1인산		주요한 무기염류 형태
HPO_4^{2-}	제2인산		주요한 무기염류 형태
PO_4^{3-}	인산 음이온	phosphoric ion	주요한 무기염류 형태
H_2PO_3	포스포릴그룹	phosphoryl group	유기적 결합을 가짐
$H_4P_2O_7$	이인산	diphosphoric acid	

부연설명

6-6. P 함유 유기물 분해의 예

① P 함유 유기물은 주로 토양 미생물이 분비하는 phosphatase에 의해서 무기화되어 식물에 이용된다.
② Phosphatase는 주로 근균과 뿌리의 일부에 존재하며 유기물을 분해시켜 P를 제공한다.

6.2.2 토양내 P

1) 토양내 함량 및 존재형태

P는 토양 속에 0.02~0.15% 정도 들어 있으며, 이것은 표층 20cm 깊이를 대상으로 계산하면 300~3,000kgP/ha가 들어 있는 셈이다. 대체로 유기물이 풍부한 토양에서는 0.2%까지 P가 함유되어 있다. 토양 중에 있는 P는 40~80%가 무기형태로, 20~60%가 유기형태로 저장되어있다. 무기형태는 인회석에서 유래한다.

P는 인회석으로부터 풍화작용에 의해 이온의 형태로 자유화된 후 토양에 흡착되거나 유기물에 고정되기도 하며 일부는 다시 난용적인 결합을 하게 된다. P는 토양에 흡착하는 힘이 강하여 거의 용탈되지 않는다. 즉, 토양 중에 존재하는 대부분의 P는 난용성이며, 단지 10~30ppm의 P가 치환성 인산형태로 있고 수용성 인산은 토양용액 중 0.02~1ppm이 함유되어 있다.

무기 또는 유기형태의 P는 저장된 상태(난용성)에서 생물적인 작용을 통하여 용해되고, 특히 다습한 토양에서의 약한 산화반응이나 유기질 비료의 공급에 의해서도 용해된다.

표 6-5. 주요 인산염 형태

이 름	영 명	분 자 식
이인산칼슘	bicalciumphosphate	$CaHPO_4$ 또는 $CaHPO_4 \cdot 2H_2O$
Octocalciumphosphate	Octocalciumphosphate	$Ca_3H(PO_4)_3 \cdot 3H_2O$
수산화삼인산칼슘	hydroxyapatite	$3Ca_3(PO_4)_2 \cdot Ca(OH)_2$
불화삼인산칼슘	fluoroapatite	$3Ca_3(PO_4)_2 \cdot CaF_2$
인산알루미늄	aluminium phosphate	$AlPO_4 \cdot 2H_2O$
인산철	iron phosphate	$FePO_4 \cdot 2H_2O$

P는 토양 pH에 따라 다양한 인산염 형태로 존재하며(표 6-5), 인산의 유효도(이동성)는 토양이 약산성일 때 높다(그림 6-9). 즉, pH 5.0에서는 토양용액 혹은 배양액 중에 거의 $H_2PO_4^-$만이 존재하고, pH 6.0에서는 인산의 10%가 HPO_4^{2-}, 90%가 $H_2PO_4^-$로 존재한다. pH 6.5에서는 22%가 HPO_4^{2-}, pH 7.0에서는 40% 이상이 HPO_4^{2-} 로 된다. 이런 현상은 pH가 높아지면 OH^-가 많아지므로 $H_2PO_4^-$는 OH^-와 반응하여 HPO_4^{2-}로 되기 때문에 일어난다.

$$H_2PO_4^- + OH^- \rightarrow HPO_4^{2-} + H_2O$$

$Ca(H_2PO_4)_2$는 침전이 아니고 $CaHPO_4$나 $Ca_3(PO_4)_2$는 침전이므로 pH가 낮을수록 인산과 Ca의 농도를 높게 해도 침전이 생기지 않는다. Fe, Mg, Zn, Cu도 마찬가지이다(표 6-6).

표 6-6. 토양 pH와 P의 유효도

토양 pH	존재화합물	이 름	용해도	유효도
강산성	$Ca(H_2PO_4)_2$	인산2수소칼슘	가용성	식물에 유효
약산성	$CaHPO_4$	인산수소칼슘	난용성	약간 유효
알칼리	$Ca_3(PO_4)_2$	인산제3칼슘	불용성	유효하지 않음

부연설명

6-7. 토양pH와 P의 유효도

알칼리토양에서는 가용성인 인산칼슘염이 난용성인 인회석(불용성의 결합체)으로 변환된다. Mg도 Ca와 같은 작용을 한다. 중성이나 약산성인 토양조건에서는 인산염이 가장 많은데 아주 좋은 미세구조나 입자형태의 bi- 또는 octo-calcium phosphate가 천천히 삼인산이나 Fe 또는 Al과 결합된 인산이 된다. Fe와 Al이 많은 산성토양에서는 Fe와 Al의 활성화(이동화)가 촉진되어 인산과 결합된 후 불용화된다.

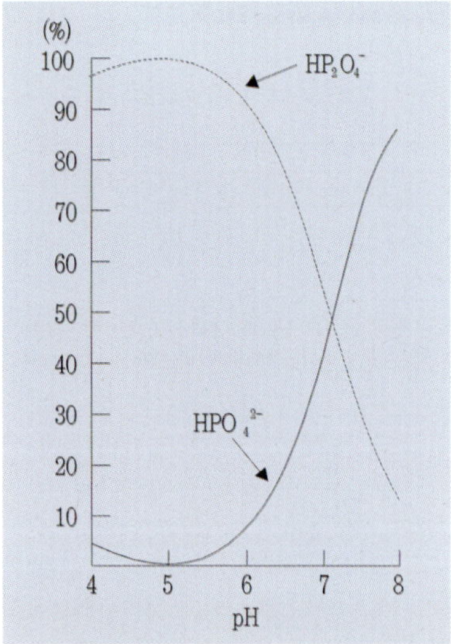

그림 6-9. 인산의 해리곡선(18℃)

식물이 흡수할 수 있는 P는 이동성 인산에다가 용이하게 이동될 수 있는 부분을 합하거나 또는 수용성 인산만을 표시하기도 한다.

2) 토양내 양분의 수지

많은 토양에서 P는 자연공급되는 양이 부족하기 때문(표 6-7)에 P 시비는 중요한 제한요인이 되어 항상 알맞게 시비하기는 어렵다.

표 6-7. 토양내 P의 수지

수 지	내 용	양(kgP/ha/년)
공 급	무기염류화	5~20
	유기질비료	~1.5
	무기질비료	~30
손 실	용 탈	~1
	수확물에 의한 흡수	15~50

6.2.3 흡수 및 이동

1) 흡수형태

P는 대부분 $H_2PO_4^-$와 HPO_4^{2-}로 흡수된다. 인산의 흡수능력은 식물의 종류 및 품종에 따라 다르다.

2) 식물체내 함량

P의 식물체내 함량은 0.1~0.5%인데, 식물에 따라 다르다. 대체로 수확을 위한 최적함량은 0.3%로써, 이보다 낮으면 수량감소를 나타내고, 1% 이상이면 과잉증을 나타낸다. 식물체내 P는 뿌리, 줄기보다 꽃봉오리 같은 재생기관에 많다.

3) 이동

인산은 흡수된 형태로 이동된다. 인산염은 식물체내에서 재이동이 원활하며, 수정 후에는 발육하는 종자로 많이 이동한다. 또한 왕성한 신진대사가 이루어지는 어린 식물기관에서 많이 발견되며, 식물이 어릴 때는 뿌리 형성에 많이 필요하나 영양생장기에 더 많이 필요하다.

6.2.4 식물체내에서의 기능

P는 흡수된 후 세포액 내에 자유로이 떠돌아다니거나, 유기질과 결합된 포스포릴화된 상태로 존재한다.

부연설명

6-8. 피틴(phytin)

피틴은 주로 종자에 있으며 피틴산은 inositol의 핵사인산에스테르이다. 종자에 있는 피틴은 피틴산의 Ca와 Mg염으로 존재하는데, 곡류의 P는 80%가 피틴형태이다.
배가 발달되면 종자를 향해 P가 이동하여 피틴이 집적되고, 종자의 발아가 진행되는 동안 피틴의 P가 동화되어 식물의 대사작용에 필요한 여러 가지 인산형태로 전환된다.

$$R-H + H_2PO_4^- + H^+ \leftrightarrow R-H_2PO_3 + H_2O$$

흡수된 인산염의 80%가 여러 가지 유기화합물에 들어가는데 이 짧은 시간에 형성된 인산염은 주로 6탄당 인산염과 우리딘이인산염이다.

P는 피틴, phosphatide(원형질막의 구성성분), 핵산, 효소 등의 구성성분이다(그림 6-10). 또한, P는 ATP의 구성성분으로 식물의 호흡, 광합성 등에 관여한다.

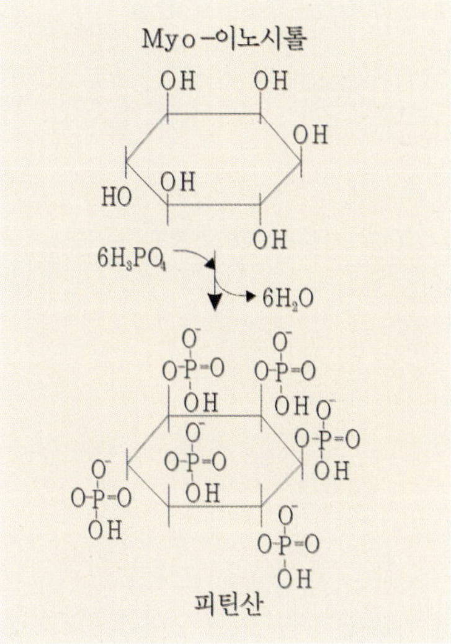

그림 6-10. 피틴산의 생성 및 화학구조

6.2.5 결핍 및 과잉증

1) 결핍증

(1) 결핍증상

P가 부족하면 질소와 비슷하게 아래 잎에서 결핍증이 나타나는데 질소결핍은 잎의 색깔이 선명하며 노랗게 되는데 비해, P 결핍은 anthocyanin 색소가 발현하여 적황색으로 변한다(그림 6-11). 식물에 따라 잎의 생장이 억제되고 녹색이 짙어지기도 한다. 이때는 잎의 일부 조직이 괴사하면서 다른 부분은 진한 녹색을 띤다. 그 외 개화지연, 개화수 감소, 종자수량 감소, 생육 불량, 뿌리의 발달억제, 출수지연, 성숙지연 등이 나타나며 특히 채소와 감자의 저장성을 떨어뜨린다.

그림 6-11. 토마토의 P결핍(아랫잎이 적색을 띤다 : Haifa제공)

(2) 결핍이 일어나는 조건

P의 결핍은 철과 알루미늄이 활성화된 산성토양에서 많이 발생한다. 이때는 인산이 이들 원소와 결합하여 난용성으로 되므로 작물의 인산 흡수가 저해되어 결핍증이 나타난다.

그 외 시설원예에서는 너무 낮은 지온 조건에서 식물을 정식했을 경우에 P의 흡수가 이루어지지 않거나, 양액재배시 수온이 낮을 경우에 나타난다.

(3) 처방 및 대책

결핍증이 겨울철에 나타나면 제1인산칼륨 0.3%액을 수회 엽면살포해 준다. 그리고 산성토양에는 석회를 뿌려 개량한다. 최근에 산성토양내 식물의 P 흡수를 촉진시키는 근균(根菌)을 사용하는 경우가 알려져 있다. 그 외 충분한 퇴비의 시용도 토양 물리성을 좋게 해서 P의 결핍을 막는다.

표 6-8. 원예작물별 P의 결핍과 과잉시 나타나는 생리적 병

작 물	결핍증	과잉증
토마토	아랫잎이 암자-자홍색	생장억제. P가 Fe, Zn, Cu 등의 전류를 억제해서 이들 성분의 결핍을 유발시킬 수 있음. 생장점이 고사하기도 함
양 파	산성토양에서 인경 발육 불량	
엽채류	아랫잎이 적색을 띰	
근채류	뿌리 생육 불량	
사 과	잎이 청동색이 됨	
복숭아	소엽, 잎이 청동색이 됨	
감 귤	화산회토 지역에서 소엽이 밀생 과피가 두껍고 과심에 공간이 생김	
카네이션	생장감소. 잎이 좁고 꽃이 작아짐	
국 화	생장감소. 새잎이 작고 직립. 노엽황화. 개화지연	
포인세티아	상부 잎 암녹색화. 아랫잎 황화. 생장감소.	

2) 과잉증

P의 과잉증은 토양재배시에 토양분석을 하지 않고 계속적으로 P를 시비할 경우에 나타난다. 이때 잎속의 P는 1%(건물) 이상이다. 그러나 민감한 콩과식물인 비둘기콩은 0.3~0.4%, 검은 이집트콩은 0.6~0.7%에서 독성이 나타난다.

대체로 우리 나라 시설원예용 토양에서는 P 결핍보다는 오히려 과잉증이 나타날 우려가 높으므로 토양분석 후에 P가 충분하면 시용해서는 안 된다.

과잉이 되면 쑥갓 같은 경우에 생장점이 고사하는 경우가 있는데 각각 작물별 결핍과 과잉증을 비교하면 표 6-8과 같다.

6.3 칼 륨(K, potassium)

6.3.1 화학적 특성

알칼리 금속으로 원자량은 39이다.

6.3.2 토양내 K

1) 토양내 함량 및 존재형태

토양 속에 무기물 상태로 0.2~3% 가량 저장되어 있기 때문에 20cm 깊이 토양 1ha에는 약 6,000~90,000kg의 K가 함유되어 있다. 대부분 1차 광물과 결합되어 있으나 토양의 점토 성분으로 구성된 2차 점토광물에도 존재한다. 심한 풍화작용을 받은 토양에서는 K의 함량

이 낮은데, 그 이유는 점토광물내의 K^+는 다른 양이온과 쉽게 치환되어 나오기 때문이다. 특히, 산성토양에서는 H^+가 K^+와 치환되어 K^+의 용탈이 많게 된다. 이와 반대로 알칼리토양에는 K^+가 다량 존재한다.

자연상태에서 자라는 식물에 공급되는 K는 주로 함유광물의 풍화작용에서 유래된다. 많은 토양광물 중에서 illite(2 : 1 광물)가 K 방출이 좋으므로 가장 중요한 K 공급원이라고 생각된다. 그러나 K가 방출되었다 재공급되면 점토의 층간에 흡착되고 고정되어 이용성이 떨어지기도 하는데 이것을 K의 고정이라 한다. 이런 경우에 K를 시비하면 K 비료의 유효성을 잃게 되며, 일반적으로 점토가 많은 토양에서 나타난다. 이와 같은 현상은 K 부족의 원인이 되기도 하지만 K의 용탈을 억제하는 장점도 있다.

K의 형태는 토양용액에 녹아있는 수용성, 점토의 표면에 부착된 치환성, 층간에 고정되어 있는 결합형 등의 3가지 형태로 존재한다(그림 6-12). 이들 K 중에 치환성 K의 농도는 40~400ppm이다. 이상 3가지 토양내 K의 형태 가운데 치환성이 나쁜 토양은 2%, 그리고 치환이 용이한 토양은 5%의 치환능력을 갖는다.

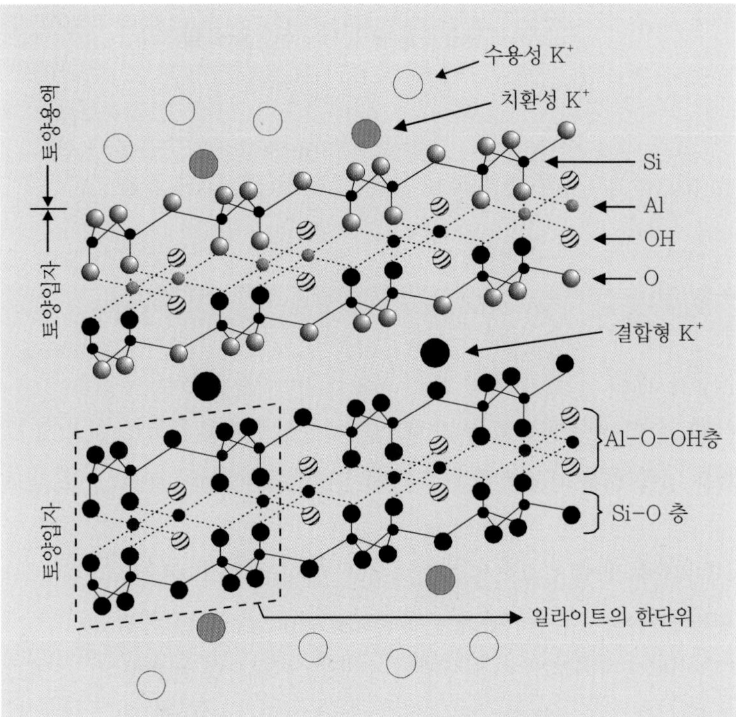

그림 6-12. Illite 토양내 K의 여러 가지 결합형태

2) 토양내 양분의 수지

토양내의 K 수지를 보면 다음 표 6-9와 같다.

표 6-9. 토양내 K의 수지

수 지	내 용	양(kg Ca/ha/년)
공 급	무기염류화	5~50
	유기질비료	0~70
	무기질비료	0~75
손 실	용 탈(습지)	5~20
	수확물에 의한 흡수	50~300

재배 시에 비료를 주지 않으면 공급량은 0이 된다. 습지와 같이 용탈량이 많거나 작물에 의해 K의 흡수가 많은 곳에서는 K 결핍이 나타날 수 있으므로 토양분석을 통해 알맞은 공급이 필요하다.

6.3.3 K의 흡수 및 이동

1) 흡수형태

K는 주로 K^+ 이온형태로 흡수되며, K 흡수율이 낮으면 다른 양이온인 H^+, Ca^{2+}, Mg^{2+}, Na^+가 많이 흡수된다.

작물의 요구도는 토양 및 환경 등에 따라 다르나, 가장 많이 필요로 하는 때는 잎의 생장이 왕성한 영양생장 최성기이다

2) 식물체내 함량

식물체에는 건물에 0.5~5% 정도 함유되어 있으며, 수확을 위해 최소한 2.5% 정도 함유되어 있어야 한다. 식물체 내의 분포를 보면 모든 잎에 골고루 분포되어 있으나 늙은 잎보다는 어린잎에 많다.

3) 이동

K는 K^+ 형태로 이동된다. K가 흡수되어 이동하는 방향은 주로 분열조직 쪽이다. 따라서 늙은 조직에 있던 K^+는 어린 조직 쪽으로 재분배되는 현상을 볼 수 있다. 체관부의 수액에는 특히 K가 많이 함유되어 있는데 그 양은 수액내 전 양이온의 약 80%를 차지한다. 이와 같이 수액에 많은 것은 관다발에 능동적으로 들어오기 때문이다.

식물체내에서는 이온상태로 용해되어 세포와 세포사이, 조직과 조직사이 그리고 물관과 체관을 통한 이동성이 높은 것이 특징이다.

6.3.4 식물체내에서의 기능

K는 식물의 조직을 구성하는 성분이 아니며, 여러 가지 생리작용에 관여한다.

1) 광합성과 체내 당의 이동촉진

K^+가 충분하면 엽록소 내의 CO_2의 고정을 촉진시키고 ATP 생성을 촉진시켜 광합성 능력이 상승되고 아울러 동화산물의 이동이 촉진된다. 형성층 비대기에 중요하다.

2) 팽압 및 삼투압 조절작용

다른 영양소에 비해 K^+는 세포 내 수분퍼텐셜을 조절하는 기능을 크게 갖고 있어, 그 결과 팽압이나 삼투압을 조절하는 역할을 담당한다.

(1) 기공개폐작용

공변세포에서 K^+가 축적되면 물이 들어와 팽압이 커지므로 기공이 열리고 반대로 K^+가 공변세포 밖으로 유출되면 물도 나가서 팽압이 낮아져 기공이 닫히게 된다. 따라서, K가 부족하면 기공의 활성이 감소된다.

(2) 삼투압 조절작용

식물의 목질부에 K가 집적되면 물관내의 삼투퍼텐셜이 낮아져서 물의 흡수와 근압이 증대된다. 그래서 삼투압 조절에 K의 역할이 크다

4) 각종 효소계의 매개적 역할

지금까지 식물체내 60여종의 효소의 활성을 증진시키는데 1가 양이온이 필요한 것으로 알려져 있다. 그 가운데 K^+가 가장 효율적인 것으로 알려져 있다. 중요한 것으로는 수종의 kinase 활성화에 관여하며 생체고분자물질의 합성을 촉진하거나, 질산태 질소를 환원시키는 질산환원효소의 유기, 광인산 반응을 촉진시키는 ATPase계의 활성 등에 관련이 있다고 보고되고 있다.

식물에 따라서는 K^+에 Na^+가 대체되어 작용성을 나타내는 경우가 있는데, 근대, 사탕무, beet 같은 작물에서 K 공급이 불충분할 때 Na가 대신 식물생장을 돕는다.

부연설명

6-9. Ca 함유 광물

1. 1차광물

① 장석류에서는 특히, 회장석에 함유되어 있다.

② Ca-인산염은 인회석에 함유되어있다.

③ Ca-탄산염은 방해석, 대리석, 석회암 등에 함유되어 있다.

2. 2차광물

석회암에서 유래된 토양이나 소택지에는 보통 Ca가 풍부하다.

부연설명

6-10. 습윤한 토양에서 일반적으로 Ca가 적은 이유

토양에 존재하는 H^+는 광물의 결정격자에서 Ca를 용출시킨다. 따라서, 강수량이 많아 습윤한 곳에서는 H^+ 치환에 의해 Ca의 용탈이 많이 일어난다. 온대 지역에서 매년 용탈되는 Ca는 200~300kg/ha이다.

부연설명

6-11. 탄산염의 용탈

탄산염은 토양에서 유기물 분해로 생성되는 CO_2와 반응해서 HCO_3^-로 되어 용탈된다.이는 $CaCO_3$는 불용성이고, HCO_3^-는 수용성이기 때문이다.

$CaCO_3+CO_2+H_2O \rightarrow Ca^{2+}+2HCO_3^-$

6.4.2 토양내 Ca

1) 토양내 함량 및 존재형태

지각에는 평균 약 3.64%가 함유되어 있다. 토양에 있는 Ca는 여러 가지 1차 광물(장석류, 각섬석 등의 Al-규산염과 Ca-인산염 그리고 Ca-탄산염 등)에 함유되어 있는데, 이것이 풍화되어 이용 가능하게 된다. 탄산염은 특히 석회질 토양에서 대단히 중요하며, 보통 방해석($CaCO_3$) 또는 백운석($CaCO_3 \cdot MgCO_3$)으로 존재한다. 풍화가 많이 진행되었거나, 습윤한 토양에는 일반적으로 Ca가 적다.

토양내에 존재하는 치환성 Ca는 400~4000ppm으로 산성토양을 제외하고는 높은 치환용량을 갖는다. 이 가운데 수용성 Ca는 전체 치환성 Ca의 1~5%에 불과하다. Ca의 고정은 중성 또는 알칼리토양에서 나타날 수 있다. 특히 SO_4^{2-}와 결합되어 불용성 석고로 될 때 이루어진다. 일반적으로 토양재배보다 양액재배에서 Ca가 함유된 비료와 SO_4^{2-}가 함유된 비료를 혼합할 때에 침전이 생겨 불용화되는 경우가 많다. 방해석은 건조지역에 많은데 알칼리토양에서는 인산칼슘이 되어 불용화된다.

원예식물의 번식용으로 많이 사용하는 피트모스 등은 Ca 함량이 매우 적고 산성을 띄므로 Ca 결핍이 나타난다. 따라서 반드시 Ca로 산도교정해서 사용해야 한다. 피트모스에 충분히 관수하고 젖은 상태에서 필요한 양만큼의 $CaCO_3$를 뿌려 주는 것이 좋다.

Ca는 토양입자의 응집을 촉진하여 토양구조를 개선하고 토양입자의 안정성을 증진시킨다. 칼슘이온(Ca^{2+})은 2가이고 물옷이 얇아 정전기력이 강하므로 양이온 치환능력이 가장 크기 때문에 비교적 토양에 강하게 흡착된다. 따라서 석회시용은 토양구조와 토양 pH를 개선하는 방법이다. 단, 석회를 과용하면 알칼리성이 되어 Mn, Fe, Zn, Cu, B 등을 불용화 시키기 때문에 주의해야 한다.

2) 토양내 양분의 수지

Ca의 토양내 수지를 보면 공급되는 양이 용탈되는 양보다 적기 때문에 이를 보완해 주기 위해 충분한 양의 석회를 토양분석을 통해서 시비해야 한다(표 6-11).

표 6-11. 토양내 Ca의 수지

수 지	내 용	양(kg Ca/ha/년)
공 급	무기염류화	10~100
	유기질비료	~40
손 실	용 탈(습한 기후)	200
	수확물에 의한 흡수	30~150

6.4.3 흡수 및 이동

1) 흡수형태

Ca의 흡수형태는 Ca^{2+}이다. 대체로 토양용액의 Ca^{2+} 농도는 K^+의 약 10배 정도이다. 그러나 Ca^{2+}의 흡수율은 K^+ 흡수율보다 낮아서 토양내의 Ca 농도는 일반적으로 식물의 흡수속도보다 높다. 그러므로 어떻게 하면 흡수속도를 높일까가 관건이다. Ca는 내피의 세포벽이 목질화되지 않은 뿌리 끝에서 수동적으로 흡수된다.

Ca는 배지 내에 존재하는 음이온의 종류에 따라 흡수속도가 달라서, NO_3^-일 때 가장 빠르고, 다음이 Cl^-, SO_4^{2-}의 순이다. 반대로 길항관계에 있는 양이온에 의해 흡수에 방해를 받는데, Mg, Fe, Zn, Cu, P, B, Mn 등에 의해 흡수가 저해된다.

Ca의 흡수속도는 토양이나 용액내의 Ca 함량보다 다른 양이온의 농도에 따라 다르다. 이는 원형질막 표면에 다른 양이온이 대체될 수 있기 때문이다. 따라서 Ca 요구도는 외부의 중금속이온, 알루미늄, NaCl 그리고 양이온들의 농도가 증가함에 따라 그만큼 증가된다.

2) 식물체내 함량

식물체내의 건물에는 0.05~5.0%의 Ca가 들어 있다. 대체로 Ca 요구도는 외떡잎식물이 낮고 쌍떡잎식물이 높다. 예를 들어, 과채류는 화본과 식물보다 Ca를 많이 요구한다. Ca 함량은 뿌리보다 잎에 높고, 어린 잎보다 늙은 잎에 높다. 각 식물체에 정확한 Ca의 최대 필요량은 예측 할 수 없으며 체내 Ca 함량은 토양내 Ca 함량의 영향을 받기 때문에 토양내의 Ca 수준이 높으면 매일 일정량의 흡수에 의해 식물체에 많이 존재한다. 수확한계 농도는 건물중 함량의 1% 수준이다.

체내에 존재하는 Ca의 형태에는 자유형(free Ca) 및 결합형(bound Ca)이 있으며, 이들간의 관계는 과실의 성숙과 밀접한 관련이 있다.

부연설명

6-12. NH_4^+에 의한 Ca의 용탈

토양 중에 시비한 NH_4^+ 또는 유기물의 질산화 작용에서 나타나는 H^+가 양이온 치환에 의해 Ca를 용탈시킨다.

$$2NH_4^+ + 4O_2 \rightarrow 2NO_3^- + 4H^+ + 2H_2O$$

NH_4^+ 비료를 시비하면 같은 이유에서 토양산성화와 Ca 용탈을 초래한다. 일반적으로 100kg의 $(NH_4)_2SO_4$를 시비하면 45kg의 Ca가 녹아서 토양에서 제거된다. 따라서 토양 pH를 일정하게 유지시켜 토양비옥도를 증진시키는 것이 필요하다.

부연설명

6-13. Ca의 세포내 분포

식물세포내 분포를 보면 대부분의 자유 Ca는 아포플레스트와 액포에 존재한다(세포질의 1000배 존재). 대부분의 세포는 액포나 세포밖으로 Ca를 내보내어 세포질의 Ca 농도를 0.1~1.0μM로 유지한다. 결합형은 세포벽에 다량의 펙트산염으로 존재한다.

부연설명

6-14. 결합형 Ca

결합형 Ca는 카르복실기, 포스포릴기, 페놀기 등과 같은 비확산성 이온에 결합되어 있거나, Ca-옥살산염, Ca-탄산염, Ca-인산염 등으로 존재하며 액포에서 가끔 석출된다. 종자에서는 피틴염으로 존재한다.

3) 이동

Ca의 이동형태는 Ca^{2+}이다. 흡수된 Ca의 이동에는 증산속도와 근압이 크게 관여한다. 이때 속도는 증산작용의 강도에 따라 다르며 증산작용이 잘 이루어지면 Ca 흡수율도 증가한다. 단, 부위에 따라 이동되는 정도가 다른데, 예를 들면 잎이 성숙한 후에 증산류는 일정하게 유지되지만 잎과 과실에 들어가는 Ca는 크게 감소한다. 생장중인 식물에서는 증산율이 훨씬 낮은 생장점 쪽으로 Ca가 많이 이동되는데 이는 auxin인 IAA에 의해 유발되는 현상이라고 생각된다. IAA에 의해 유발되는 Ca의 이동은 증산속도가 낮은 어린잎에 Ca를 고정시켜 식물의 세포벽 신장과 생장을 유지시키려는 식물의 적극적인 작용이라 볼 수 있다.

Ca는 한번 이동되면 재이동되지 않으므로 늙은 잎에 많이 존재한다. 따라서 체관으로부터 양분을 공급받는 과실, 어린 잎 등의 기관에서 Ca의 함량이 낮게 된다.

6.4.4 식물체 내에서의 기능

Ca는 세포벽의 구성성분, 세포신장 관여, 원형질막 구조 및 이온 투과성 관여, 양이온–음이온의 평행유지 등의 역할을 한다.

1) Ca는 세포의 분열과 신장에 관여하는데, 결핍되면 뿌리의 신장이 멈춘다(그림 6–15). 또한 줄기의 신장도 auxin의 작용뿐만 아니라 Ca를 요구하는 것으로 알려져 있다.
2) Ca는 세포벽 및 원형질막의 구성성분으로 세포의 형태지지 즉, 막구조의 안정과 세포의 보전에 관여한다. Ca는 막의 안정에 관여함으로써 이온흡수 이외에도 여러 가지 대사작용에 중요하다. Ca의 세포벽 보호 역할은 낮은 온도 같은 스트레스 조건에서 효과가 있다. 그래서 양파에서도 많은 Ca를 함유하면 내동성이 높아진다.
3) Ca는 노화를 지연시키는데, 노화에 대한 효과는 Ca와 cytokinin이 상호 상가작용(相加作用)이 있다.
4) Ca는 체내의 무기 또는 유기 음이온에 대한 반대 이온으로써의 역할을 수행하여 양이온–음이온 평형 유지에 기여한다. 즉, Ca는 각종 유기산의 중화작용을 하는데, Ca를 대량 공급하면 calcium oxalate의 비율이 증가되는 것은 이러한 예로 볼 수 있다.

부연설명

6–15. 과실로의 Ca의 이행을 촉진시키는 환경

1. 배지의 EC, 즉 배지의 수분포텐셜을 높인다.
2. K/Ca비 – 길항작용 (너무 과다한 K시비는 피한다)
3. 뿌리 활력을 높여 근압을 높인다.
4. 대기의 상대습도를 높인다.

부연설명

6–16. Ca와 세포벽 그리고 과실의 성숙

Ca는 세포벽의 구성성분으로 알려져 있다. 예를 들어 사과의 저장조직에서는 세포벽과 결합된 Ca가 전체 Ca의 90% 이상이 된다. Ca는 세포벽을 견고히 하는데 이는 중층에 존재하는 calcium pectate에 의한 것이다. 과실이 성숙하면 중층으로부터 Ca가 분해되어 나오며, polygalacturonase의 활성도 높아진다. 그러나 높은 Ca 농도에서는 대체로 pectate를 분해시키는 polygalacturonase의 활성이 낮다. 그래서 Ca를 충분히 시비한 과실의 저장성이 높다. 과실의 Ca 함량을 증가시키기 위해 칼슘염을 과실생장 중에 수회 살포하거나 수확 후에 $CaCl_2$에 침지시키는 것은 과실의 경도를 증가시키고, 과실의 성숙과 연화를 방지시킨다.

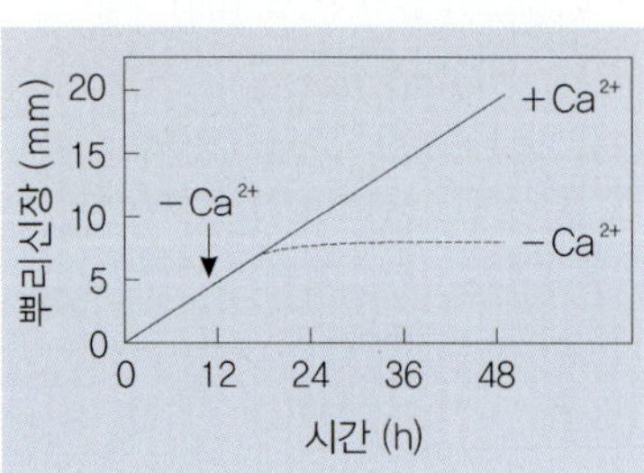

그림 6–15. 양액내 Ca 농도(±2mM)와 강낭콩의 뿌리생장과의 관계

5) 체내의 이온전류와 생리에 보조적인 역할을 하며, 질소고정과 뿌리혹의 발달을 돕고 질산환원효소에 영향을 준다.

6.4.5 결핍 및 과잉증

1) 결핍증

(1) 결핍증상

Ca는 이동성이 나빠서 결핍이 최초로 나타나는 부위는 어린잎 위쪽 끝 가장자리이다. 결핍되면 생장점 생육이 불량하며, 잎의 선단 부근이 황백색이 되고 신장이 정지되며 차차 갈색이 되어 괴사한다. 상추 생장점 괴사를 tipburn이라 한다(그림 6-16). Ca는 체관부 이동이 잘 되지 않아 과실에 결핍증이 많이 나타나는데, 이와 같은 경우는 세포벽이 분해되기 때문에 물러지거나 과실 일부 조직에 갈색의 물질이 생성되어 세포내 공간에 축적되면서 갈색반점이 생성될 뿐만 아니라 관다발 조직에도 축적되어서 운반체계에도 영향을 미친다. 뿌리와 지상부 생육 및 꽃가루 발아가 나쁘고, 과실 조직의 일부가 괴사하며 토마토는 배꼽썩음병을 일으킨다(그림 6-17).

그림 6-16. 상추 tipburn(생장이 급속하게 이루어지는데 칼슘 공급이 나쁘면 조직이 괴사한다, 출처: 코넬대학)

토양에서 저장조직이 자라는 땅콩, 감자, 셀러리, 인경류 등은 증산류를 통해서 Ca를 공급받지 못하므로 이 경우도 배지로부터 Ca를

부연설명

6-17. Ca와 세포막

Ca는 세포막 구성물질인 인지질의 인산에 흡착되어 친수성 물질의 막 투과를 제한하는 역할을 한다. 따라서, 새롭게 합성된 세포막의 안정에 필요하며, 이를 통해 아포플레스트와 세포질 사이의 K^+의 농도기울기를 크게 하는 역할을 한다.

부연설명

6-18. Ca와 기공개폐

기공 폐쇄에 관여하는 ABA 작용은 잎 표피 내의 Ca 함량이 다른 세포에서보다 높을 경우에 일어난다. 칼슘채널의 ABA 유기활동과 세포질 내 자유 Ca^{2+} 농도가 급속히 증가하면 양이온 펌프를 멈추게 하고 음이온 채널을 열리게 하며, 그 결과로 구멍가 세포(孔邊細胞)가 팽압을 잃게 되면서 닫힌다.

그림 6-17. 토마토 배꼽썩음병

직접 흡수해야 한다. 땅콩의 수확량은 토양내 가용성 Ca에 달려 있고, 상추, 양배추, 배추, 셀러리의 경우에 Ca가 부족하면 속썩음병에 걸린다.

원예작물에 나타나는 주요 Ca 결핍증은 표 6-12와 같다.

표 6-12. 원예작물에서 Ca의 결핍증

작물	결핍증
토마토	배꼽썩음병, 엽연부 황화, 생장점 황화 및 구부러짐
엽채류	잎의 엽부병, 속썩음병, 상추 tipburn
셀러리	생장점의 흑변화, 엽병의 균열
꽃양배추	화구주변 새잎의 갈변
박과채소	뿌리생장저조·배꼽썩음(수박)
양 파	저장시 양파내부의 흑변화
포 도	과방 비대기에 새잎의 가장자리가 탄다
사 과	과실 비대기에 잎 가장자리가 황백화, 과실 표피하의 과육갈변
카네이션	잎끝마름병, 절화수명감소
국 화	초기 상부엽 갈색 반점, 후기 새잎 고사, 마디생장억제
포인세티아	상부 잎 말리고 적색-암록색, 심하면 새싹이 죽음

(2) 결핍이 일어나는 조건

Ca의 결핍증은 벼, 보리, 옥수수 같은 외떡잎식물보다 Ca 요구도가 높은 채소나 과수 같은 쌍떡잎식물에서 잘 나타난다. 그러나 예외적으로 쌍떡잎식물인 루피너스는 체내에 Ca가 많은 상태에서 생장이 억제되는데 이와 같은 식물은 Ca 혐오식물이기 때문이다.

뿌리의 흡수작용과 증산 작용이 낮으면 Ca 공급이 충분하지 않아 결핍증이 가속화된다. Ca가 토양 내에 충분해도 NH_4^+의 작용, 토양수분 부족, 토양염류 농도가 높은 경우, 온실내의 습도가 높거나 공기 유동이 적어 증산작용이 잘 이루어지지 않을 경우에는 Ca의 흡수 및 이동이 억제된다. 즉, 물관부 수액에 알맞은 수준의 Ca가 반드시 유지되어야 한다는 것은 중요하다.

근권의 통기가 불량하거나 지온이 너무 낮거나 높은 조건을 유지하면 새 뿌리의 활력이 떨어져 Ca 흡수저하가 나타나서 결핍증을 가져온다. 따라서 알맞은 Ca 시비에 못지 않게 기후요인의 조절이 Ca 결핍을 막는 중요한 방법이다.

부연설명

6-19. Ca 결핍과 배꼽썩음병

토마토나 피망의 경우 착과 전에 흡수된 Ca는 과실발달에 이용되지 않기 때문에 착과시기에 Ca가 부족하면 배꼽썩음병이 나타난다. 이것은 체관에서 Ca의 이동성이 매우 어렵기 때문이다. 뿐만 아니라 이 경우 엽분석만으로는 과실의 Ca 결핍을 예견할 수 없다. 이것은 배꼽썩음병의 출현이 잎이 아니고 과실내의 Ca 수준에 달려 있기 때문이다. 고두병이 나타난 사과 잎을 분석해 봤을 때, 잎에는 Ca가 매우 높지만, 과실에는 Ca가 매우 낮은 역의 상관 관계가 있다.

수경재배시 배양액의 pH가 낮을 경우에는 H^+의 해를 반감시키기 위해서 배양액의 Ca 농도를 여러 배 높게 해야 한다(표 6-13).

표 6-13. 콩의 뿌리 생장에 미치는 배양액 pH와 Ca 농도의 효과

Ca^{2+} 농도 (mg/ℓ)	뿌리 생장률(mm/h)	
	pH 5.6	pH 4.5
0.05	2.66	0.04
0.5	2.87	1.36
2.5	2.7	2.38

(Lund, 1970)

Ca의 결핍은 토양을 산성화시켜서 토양의 입단조직을 파괴하며 통기성을 나쁘게 한다. 또한 토양미생물이 감소하므로 각종 유용미생물, 예컨대 질산화성균, 뿌리혹박테리아 등의 활동성이 낮아진다. 아울러 산성토양에서는 알루미늄과 철이 활성화되어 인산과 결합해서 불용화되므로 인산결핍증이 나타난다. 이와같이 Ca 결핍은 토양을 산성화시키고 그 결과 다른 요소의 흡수에 영향을 주어 식물의 생육이 나빠지고 내병성도 약해진다. 토양에서 Ca 결핍이 일어나기 쉬운 조건은 화강암류에서 풍화에 의해 Ca가 용탈될 때, 화학비료를 많이 줄 때, 유기물 시용을 적게 할 때 등이다.

부연설명

6-20. Ca에 대한 내성에 따른 식물 분류

① Ca 선호식물: pH가 높은 석회질 토양에서 자라는 식물로, 세포에 Ca와 malate가 많이 존재한다.
② Ca 혐오식물: Ca가 적은 산성토양에서 자라는 식물로, 세포에 수용성 Ca가 적다.

(3) 처방 및 대책

Ca 결핍이 나타날 때는 응급대책으로 염화칼슘 0.3~0.5%액이나 제1인산칼슘 0.3%액을 어린잎에 잘 묻게 엽면살포를 한다. 그 외 석회질비료를 뿌려준다. 간접적인 방법으로는 수분을 충분히 공급하고 N, K의 시용을 줄인다. 근본적으로는 알맞은 산도가 유지되게 토양산도를 측정하여 석회를 뿌리고 토양 완충력 증진을 위해 퇴비를 많이 뿌려 준다.

2) 과잉증

과잉증은 토양재배의 경우에는 극히 드물고 직접적인 영향보다 토양의 알칼리화 등의 원인에 의한 이차적인 양분 흡수의 저해가 나타날 수 있다. 즉, Ca가 과잉되는 현상은 주로 알칼리성 토양이나 석회질 비료를 많이 시용한 곳에서 나타난다. Ca가 많이 흡수되면 K와 Mg의 흡수가 저해되어 이들의 결핍이 나타나기 쉽다. pH가 높은 곳에서

는 Fe, Mn, Zn 같은 미량요소가 불용화된다. 개량을 위해서는 황산암모늄, 황산칼륨, 염화칼륨 같은 산성비료를 시비한다. 그러나 N과 K가 토양에 충분히 들어 있으면 이 방법은 사용하기 어렵다. 실제적으로는 관수를 많이 하여 용탈시켜준다. 작물을 심지 않을 때는 알팔파, 강낭콩, 고구마 같은 내알칼리성 식물을 재배한다.

6.5 마그네슘(Mg, magnesium)

6.5.1 화학적 특성

알칼리 금속으로 토양과 식물체에서 Mg^{2+}로 존재하며 원자량은 24이다.

6.5.2 토양내 Mg

부연설명

6-21. 토양형태에 따른 Mg의 천연 공급

풍화작용이 심한 땅에서는 Mg가 적고, 늪토양처럼 영양소 축적이 쉬운 토양에서는 Mg 함량이 높다. 그래서 Mg의 함량은 늪토양 > 갈색토양 중의 마사질 토양 > 갈색토양 중의 사질토양 > 갈색포드졸토양 > 포드졸토양 순으로 높다.

1) 토양내 함량 및 존재형태

Mg는 토양내에 0.1~1.0% 정도 무기형태로 존재하는데 석회질 토양에 많은 양이 저장되어 있고 유기적인 저장은 큰 의미가 없다. Mg는 단독으로 존재하지 않고 탄산염, 황산염, 규산염 그리고 염화물 등으로 존재한다. 토양내 Mg 함량은 사질토양에서 0.05%, 그리고 식질토양에서는 0.5%가 들어있다. 토양에 Mg 함량이 높은 이유는 흑운모, 사문석, 각섬석, 감람석 등 쉽게 풍화되는 철고토 광물에 Mg가 많이 함유되어 있기 때문이다. 그 외 이차광물인 질석, illite, montmorillonite에도 Mg가 많다. 이와 같은 Mg는 풍화작용에 의해 물에 녹아서 식물체에 이용된다.

토양 중 치환성 Mg는 20~400ppm이며 치환용량의 약 2~20%로 그리 높지 않은데, 이는 강하게 흡착되는 H^+ 또는 Ca^{2+}과 경합이 일어나기 때문이다. 토양 중의 수용성 Mg는 석회가 없는 토양의 경우에 총치환성 Mg의 1~10%에 해당된다.

Mg의 가용화는 주로 이차광물에서는 강하게 나타나지만 일차광물에서는 낮다. pH에 따라 가용화되는 정도가 다른데, 산성에서는 불용화가 크게 일어나지 않으나, 알칼리 영역에서는 난용성 결합의 침전이 생기며, 이는 식물에 유익한 결과를 가져온다. 왜냐하면 과잉공급의 경우에 이와 같은 현상을 통해 제거되기 때문이다.

Mg의 용탈 속도는 토양내 Mg 함량, 풍화작용속도, 용탈강도, 식물에 의한 Mg 흡수 등에 의해 결정된다. 대체로 Mg는 용탈이 잘 된다.

2) 토양내 양분의 수지

대체로 토양내 Mg의 수지를 보면 공급되는 양은 수확물에 의한 소비량과 같아서, 최소한 용탈되는 양(20–30kg/ha/년)은 매년 공급해야 Mg의 토양내 수지는 평형을 유지할 수 있다(표 6–14).

표 6–14. 토양내 Mg의 수지

수 지	내 용	양(kg Mg/ha/년)
공 급	무기염류화	5~20
	시 비	5~20
손 실	용 탈(습지)	5~30
	수확물에 의한 흡수	10~40

6.5.3 흡수 및 이동

1) 흡수형태

Mg의 식물체내 흡수는 여러 다른 양이온, 예를 들어 K^+, NH_4^+, Ca^{2+}, Mn^{2+}, 그리고 H^+같은 양이온이 존재할 때나 낮은 pH에서 억제된다. 식물에 의해 흡수되는 Mg^{2+}의 양은 Ca^{2+}나 K^{2+}보다 적다.

2) 식물체내 함량

식물체내에는 건물의 0.1~1.0%가 들어 있으며 수확을 위한 최저 Mg 함량은 식물체에 따라 다르나 0.2% 정도이다. 식물 가운데에는 양배추류와 콩과식물에 많다.

흡수된 Mg^{2+} 이온의 약 50%는 물로 추출할 수 있을 정도로 세포액에 자유롭게 존재하고, 나머지는 결합체로 존재한다. 총 Mg의 약 15%는 엽록소에 결합되어 있고, 5~10%는 세포벽에 pectate로 결합되어 있거나, 물관에 소량 존재한다.

3) 이동

Mg의 이동형태는 Mg^{2+}이다. Mg가 결핍되면 늙은 잎에서 어린잎으로 재이동된다. 그래서 늙은 잎에서 대표적인 Mg 결핍증이 나타난다.

4) 식물체 내에서의 기능

(1) 엽록소 분자의 중앙원자로써의 역할

Mg는 엽록소의 구성원소로, 엽록소 합성에 직접적으로 관여한다.

부연설명

6–22. 엽록소내 Mg 함량

대부분의 경우에 엽록소내 Mg 함량이 건물중의 20~25% 이상 상회할 때 Mg 결핍이 나타나는데, 이는 생장이 나빠져서 상대적으로 계산되는 Mg의 비율이 높게 나타나는 것으로, 만약 동일한 양의 건물로 계산하면 건물내 Mg 함량이 높은 식물이 역시 엽록소내 총 Mg 함량도 높다고 할 수 있다. 그러나 분석에서 나온 엽록소내 Mg 수치는 생장이 억제된 식물에서 더 높다.

부연설명

6–23. Mg와 인산화 작용

ATP 또는 ADP의 피로인산염 구조와 효소분자 사이의 교량역할을 형성해 주는 것이 Mg^{2+}이다. 식물체내의 Mg 수준이 낮으면 광합성이 억제된다. 왜냐하면 Mg는 광인산화 반응과 인산화 반응에 필요하며 이 두 반응은 칼빈회로에서 리불로오스 이인산염이 재생되는 것을 제한하기 때문이다. 즉 RuBP carboxylase의 활성화에 Mg가 중요한 역할을 한다.

(2) 단백질 합성에 관여

Mg는 ribosome의 subunit 결합을 위한 교량적 원소로써의 기능, 즉 단백질 합성과정에 필요하다. 만일 자유 Mg^{2+}의 수준이 부족하거나, 혹은 K^+의 수준이 높게 나타날 때는 subunit가 분리되고 단백질 합성은 멈추게 된다. Mg는 핵내에서 RNA 합성에 관여하는 RNA polymerase에 필요하다.

(3) 효소활성, 인산화 반응 그리고 광합성에 관여

Mg는 인산화 작용을 활성화하는 모든 효소에서 보조인자 역할을 한다. ATP활동에 Mg는 보조적 영양소이다(그림 6-18, 19).

그림 6-18. ATP와 Mg의 관계

(4) 탄수화물의 분배에 관여

Mg가 부족한 잎에서는 비구조적인 탄수화물(전분, 당)의 축적이 늘어나며 그 결과 잎의 건물율이 높아지는데, 이는 엽록체내 전분의 분해나 당대사 억제 때문이다(표 6-15). 인산이 부족해도 전분의 집적이 잎에서 이루어지나 이 경우는 엽록소 함량이 매우 높다.

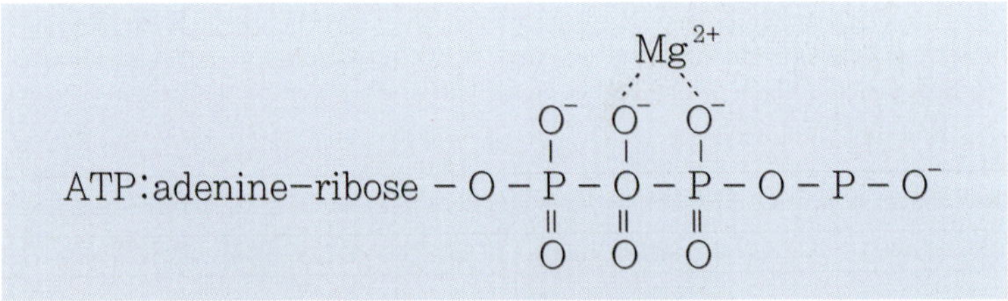

그림 6-19. ATP 활동에 Mg 필요

표 6-15. 유채에서 Mg 결핍에 의한 엽록소, 카로티노이드, 건물율 변화

처리	엽록소 함량 (a와 b) (mg/g FW)	카로티노이드 (mg/g FW)	엽 건물율 (%)
대조구	2.33	0.21	13.6
Mg 결핍구	1.33	0.11	17.7

(Bazynski 등, 1980)

Mg가 결핍된 잎은 광감수성이 높아 태양에 노출되면, 황화나 괴사가 심하게 나타나는데, 이것은 탄수화물이 전이되지 않고 잎에 남게 됨으로써 발생기산소나 과산화수소가 생성되어 잎에 피해를 주는 반면 체내 항산화제인 아스코르빈산 합성은 급강하하기 때문이다.

6.5.5 결핍 및 과잉증

1) 결핍증

(1) 결핍증상

Mg가 부족하면 탄수화물 생산이 감소하고, amide가 많아진다. 엽록체의 크기, 구조, 기능, 그리고 광합성 속도 등도 저하된다. Mg의 결핍현상은 식물에 따라 다양하다. 그러나 Mg가 작물체내에서 생육이 왕성한 어린잎으로 용이하게 움직일 수 있기 때문에 늙은 잎에서 주로 나타난다. 대체로 생육초기에는 나타나지 않고 과실이나 종자가 비대하는 시기에 Mg가 많이 필요할 때 흡수가 부진하면 결핍증이 과일주변 잎에 나타난다. 결핍증상은 엽맥 사이나 엽연이 황화 또는 적화된다(그림 6-20). 밀, 귀리, 옥수수 같은 볏과는 잎끝이나 엽맥 사이가 괴사한다. 기타 작물 결핍증은 표 6-16과 같다.

그림 6-20. 파프리카와 적색포도 Mg결핍(RDA: NJ Exp. Stat.)

(2) 결핍이 일어나는 조건

Mg 결핍이 잘 나타나기 쉬운 토양은 용탈이 많이 일어나는 사질토나 산성 토양이다. 원예식물에서 Mg 결핍은 토양내 치환성 Mg가 8~10mg 이하로 낮거나, 또는 치환성 Mg가 많아도 다른 양이온(K^+, NH_4^+ 등)이 많은 경우에 나타난다. 그래서 토양내 알맞은 Mg의 유지와 합리적인 시비가 요구된다.

(3) 처방 및 대책

Mg가 결핍되면 응급처방으로 우선 1% 황산마그네슘 액을 1주일 간격으로 5~6회 엽면살포 한다. 그리고 산성토에서는 고토석회 비료를 10a당 80~100kg, 또는 수산화마그네슘 약 60kg을 적당량 물에 용해시켜 고랑에 뿌려주면 빨리 흡수된다. 과수원에서는 분말을 뿌려주기도 한다. 근본적인 대책으로는 채소의 경우에 엽면살포를 하면 Mg 결핍증에 쉽게 대처할 수 있다. 과수에서는 불가능하므로 Mg 시비계획을 세워서 연간 10a당 산화마그네슘으로 환산해서 15~30kg을 시비하는 것이 좋다. 보통 토양내에 치환성 마그네슘이 25ppm 이하이면 고토비료를 시용해야 하며, 민감한 식물은 50ppm 이하일 때 시용해야 한다. Mg 결핍은 산성토양에서 많으므로 토양산도도 교정해야 한다.

표 6-16. 원예식물의 Mg 결핍증

작 물	증 상
옥수수	엽맥간에 황색줄이 생김, 엽맥간에 반점이 나타내기도 함
가 지	아랫잎부터 황화, 처음은 엽맥에 따라 주변이 황화되다가 엽맥 사이로 퍼짐
오 이	늙은 잎이 황화, 엽맥사이가 황화됨, 주로 착과부위 근처 잎에서 나타남
토마토	과방이 생기는 중간 잎에 발생, 엽맥간 황록색 반점이 생기고 이 반점이 점점커져 황화 잎이 안쪽으로 감기고 심하면 잎이 고사
양배추	늙은잎 엽맥간 황화, 잎뒷면은 엽맥부근이 적색 또는 자색으로 변함
근채류	무 비대기에 엽연부터 황화
감 자	아랫잎 말단에 있는 소엽 엽맥간부터 황화, 감자 비대기에 발생
고구마	엽맥간이 흑자색이 됨
콩 류	엽맥간이 엷은 녹색이 되고 차츰 백색에서 갈색 반점이 생김
감 귤	과실비대기에 과실부근 잎의 엽맥 사이가 황화, 결핍증이 나타나는 Mg 엽중 함량은 0.05~0.20%(건전엽 0.25% 이상)
포 도	덕식 포도재배시 과실이 붙은 주위 잎의 엽맥간이 황화, 호피무늬같이 변화
사 과	엽면 및 엽맥간이 담록색이 되고 점차 백록색이 됨
배	잎의 중륵과 엽면과의 중간이 엷은 황갈색으로 되고 차차 중륵 이외는 전면 황화
복숭아	엽맥간의 녹색이 없어짐

그림 6-21. 멜론의 Mg 과잉(중간잎 전면에 작은 백색반점)

2) 과잉증

Mg 과잉해는 매우 드물게 발생하는데 멜론은 백색반점이 나타난다(그림 6-21). 과잉증이 나타나면 Ca시비를 피하고 제1인산칼슘액이나 염화칼슘 0.3~0.5%액을 엽면살포한다. pH가 6.0보다 낮을 때는 석회비료를 100kg/10a 시비하면 Mg 과잉해를 막을 수 있다.

6.6 황(S, sulphur)

6.6.1 화학적 특성

황(원자량 32.1)은 비금속원소로, 토양(0.01~0.1% 건물중함량)과 식물체(0.05~0.5% 건물중 함량)에 2, 4, 6가의 형태로 결합되어 있다(그림 6-22). 식물생육과 관련된 주요한 S 화합물은 다음 표 6-17과 같다.

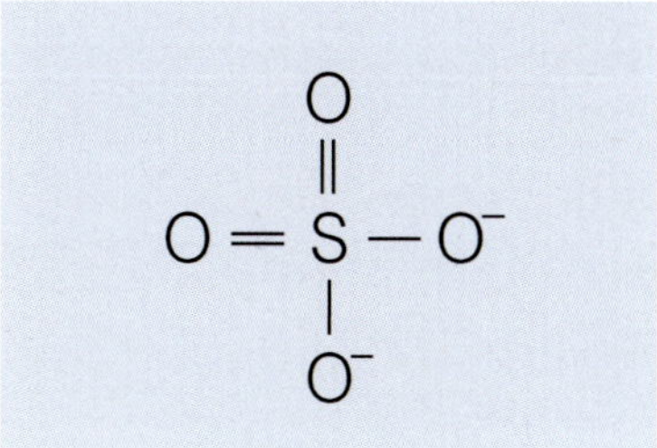

그림 6-22. 황산 이온

표 6-17. 주요 S 결합체

형 태	이 름	비 고
SO_4^{2-}	황산기	황산에서 유리, 토양과 식물에 존재
$-SO_3H$	설폰산기	에스텔화 과정발생, 유기물 내 존재
$-SH$	티올기	수용성, 티올기는 식물체에 2% 존재
H_2S	유화수소	식물에 매우 유독
SO_2	아황산가스	공기에서 식물이 흡수, 과다시 장해

6.6.2 토양내 S

1) 토양내 함량 및 존재형태

S는 토양내 0.01~0.1% 정도 저장되어 있는데 대체로 이탄토나 유기물이 많은 습지토양에 함량이 가장 높다. 토양내 유기물 상태로의 저장은 60~90%가 단백질과 결합된 형태로 저장되었다가 분해되어 식물에 유용하게 쓰인다. 반면에, 무기물상태 S는 습지의 환원층에는 FeS, FeS_2 또는 H_2S로 존재하고 염기가 많은 건조지역에서 석고($CaSO_4 \cdot 2H_2O$), 또는 $MgSO_4$, Na_2SO_4 형태로 존재한다.

토양에서 S의 전환과정을 보면 그림 6-23와 같다. 환원상태 (수침지, 논 등)에서 H_2S가 생성되는데 H_2S의 일부는 대기로 빠져나가 토양계에서는 손실되어 버린다. H_2S가 환원상태에서는 광합성 녹색세균이나 광합성 자색세균에 의해 일어나는데 이들은 광합성 전자수송에서 필요로 하는 수소 공여체(H doner)로 H_2S에서 H를 이용하게 되고 그 결과 S만이 토양에 남게 된다. 이 단계에서 제한을 받으면 토양내 H_2S가 집적되고 그 결과 식물의 뿌리가 해를 받게 된다. 이와 같은 현상은 논 토양에서 자주 발견된다. 그러나 원예식물 재배에서는 경운을 잘하면 별 문제가 없다. 단독으로 존재하는 원소로써 S는 화학영양성 황세균(예 ; *Beggiatoa, Thiothrix*)에 의해 산화되어 황산염이 된다. 이밖에도 화학영양성 황세균(예 ; *Thiobacillus*)에 의해서도 산화된다.

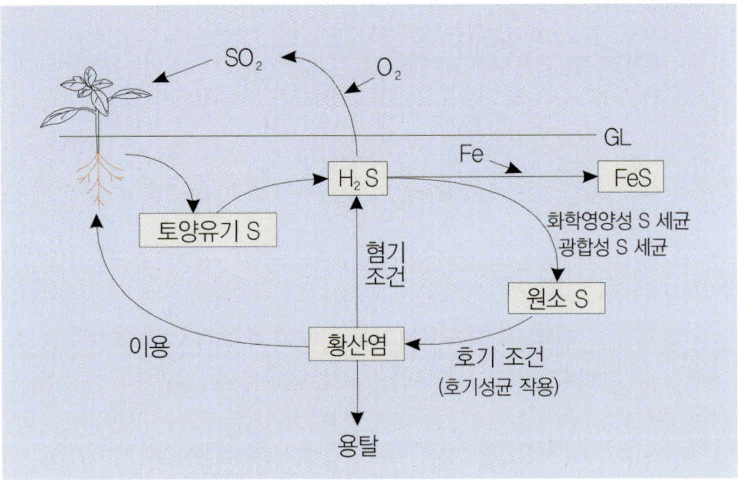

그림 6-23. 자연계에서의 S의 순환

이 과정에서 생긴 황산염은 비가 많은 지역에서는 용탈되거나 식물이 흡수하며 유기형태로 변화하거나 혐기성 조건에서는 다시 H_2S로 순환된다. 따라서 습지에서는 S 결핍이 일어나기 쉽고, 건조지역에서는 S 과잉이 나타난다. 식물이 이용할 수 있는 수용성 S는 습지에서 10~100ppm이고 염류토양에서 1% 이상이 함유되어 있다. 공장지대에서는 굴뚝에서 뿜는 SO_2가 빗물에 녹아서 식물체에 공급되기도 한다.

2) 토양내 양분의 수지

토양내의 S 수지를 보면 연간 토양 속의 유기물에서 용출되는 S는 5~20kg에 불과하다(표 6-18). 공장지대의 빗물을 통해 공급되는 양은 비료공급량과 맞먹을 정도로 10~30kg/ha에 해당된다. 빗물에 의한 용탈은 10~50kg/ha가 되고 일회 수확을 통해서도 10~40kg이나 되어 정상적인 토양에서는 S의 공급이 필요하다.

표 6-18. 토양내 S의 수지

수 지	내 용	양(kg S/ha/년)
공 급	무기염류화	5~20
	빗물로부터 공급	10~30
	시 비	~10
손 실	빗물에 의한 용탈	10~50
	수확물에 의한 흡수	10~40

6.6.3 흡수 및 이동

1) 흡수형태

식물체에는 SO_4^{2-}의 형태로 흡수된다.

2) 식물체내 함량

건물중에 0.05~0.5%가 들어 있으며 식물체내에 적당한 생장에 필요한 S의 범위는 0.1~0.5%(건물중)이다.

식물조직 내의 분포를 보면 잎에 S가 많으나 양적인 면에서는 P보다 적다. 다만 화본과에서는 비슷한 양이 존재한다. 그리고 늙은 조직이나 생장이 멈춘 조직보다 젊은 조직에서 S가 많이 발견된다. 식물의 S 요구도의 최성기는 단백질 합성기와 일치되고 있다.

3) 이동

S는 SO_4^{2-}의 형태로 이동된다. S는 흡수된 후, Ca 보다는 재이동이 많이 되지만, 원활히 이루어지지 않으므로 늙은 잎에 많이 존재한다.

부연설명

6-24. 식물의 S 요구도

일반적으로 식물에 따라 S의 요구도가 차이가 나는데, 화본과 〈 콩과 〈 십자화과 순서로 요구도가 높다. 이들 작물의 종자 중에 S 함량은 0.18~0.19 〈 0.25~0.3 〈 1.1~1.7%(건물)이다. 작물별로 보면, 사탕수수, 옥수수, Bermuda grass 등은 30~40kg S/ha/년을 필요로 한다. 이밖에 S의 요구량이 많은 식물로는 단백질이 많은 콩과식물인 자주개자리, alfalfa, clover와 십자화과를 들 수 있다.

6.6.4 식물체 내에서의 기능

S는 아미노산의 구성성분으로써 중요한 역할을 하는데 cysteine, methionine, cystine 같은 아미노산이 S를 함유한다. 따라서 S는 단백질의 구성 성분이기도 하다. 단백질에 존재하는 S의 기능 중 가장 중요한 것은 폴리펩타이드 사슬 사이에 이황화 결합(S-S)을 형성하는 것이다. 이러한 S-S 교량이 있어야만 효소단백질은 제 형태를 갖출 수 있다. 즉, S는 효소에 중요한 기능을 한다. 단백질내의 S 함량은 세포내의 단백질 형태나 식물종류에 따라 다르다. 평균적으로 콩과에 함유되어 있는 단백질과 S의 비는 단백질의 N : S의 비율이 40 : 1인데 비해 곡류는 30 : 1로 콩단백질 내 S가 낮다.

S는 2차산물의 구성성분이 된다. 많은 식물체는 소량의 휘발성 황화합물을 함유한다. 원예작물에서는 백합과와 배추과의 맛 성분이 S를 함유한다. 매운 맛을 내는 겨자, 무, 마늘, 양파의 매운 맛을 증진시키려면 S가 많이 함유되어 있는 비료를 시비하면 된다. 그 외 대체로 건조한 곳에서 자란 식물, 사질계 토양에서 자란 식물이 매운 것은 건물에 대한 S의 함량이 높은 일종의 집적현상이라고 본다.

그 외 S는 함유한 비타민(B_1 또는 비오틴)의 구성성분이 된다.

부연설명

6-25. 식물의 매운 맛 성분

유채에 함유된 매운 맛 성분은 sinigrin, watercress는 gluconasturtin, 그리고 겨자는 glucosinalbin 이다. 이들은 조직이 파괴될 때 매운 맛을 내는 isothiocyanate (R-N=C=S)와 당 그리고 S로 분해된다.

이나 배수가 불량한 토양에서 Fe는 쉽게 가용화되어 토양의 상층에서 하층으로 이동하여 축적된다. 때때로 2m 깊이의 토양에서는 가용성 Fe의 약 90%가 Fe^{2+}이다.

3) Fe의 흡수 및 이동

(1) 흡수형태

Fe는 어린뿌리 끝에서 주로 흡수되므로 새 뿌리의 발달과 뿌리의 활력이 중요하다. 뿌리로 흡수되는 Fe는 Fe^{2+}, Fe 킬레이트의 형태이며, Fe^{3+}는 Fe^{2+}로 환원된 후 흡수된다. 즉, Fe^{3+}는 흡수되기 전에 세포 내에서 생성된 전자를 받아 Fe^{2+}로 환원이 이루어져야 한다. 따라서, Fe의 흡수속도에는 뿌리가 Fe^{3+}를 Fe^{2+}로 환원시키는 능력이 중요하다. 이는 Fe의 흡수에 에너지가 필요함을 의미한다(그림 7-1).

> **부연설명**
>
> **7-3. 수침된 토양에서의 Fe의 형태**
>
> 수침된 토양에서는 Fe^{3+}가 Fe^{2+}로 환원되며 동시에 Fe 용해도가 증가하는데 이는 세균의 혐기성 대사작용 때문이다.

Fe의 시비를 위한 판단은 토양내에 수용성 Fe가 얼마나 들어 있는가 또는 Fe/Mn의 비가 어떤가에 달려 있다. Fe의 흡수는 Mn, Cu, Ca, Mg, K, Zn, P 등에 의해 방해를 받는다. 따라서 토양용액이나 식물체에 Ca나 Mn가 많으면 Fe 흡수에 역효과를 나타낸다.

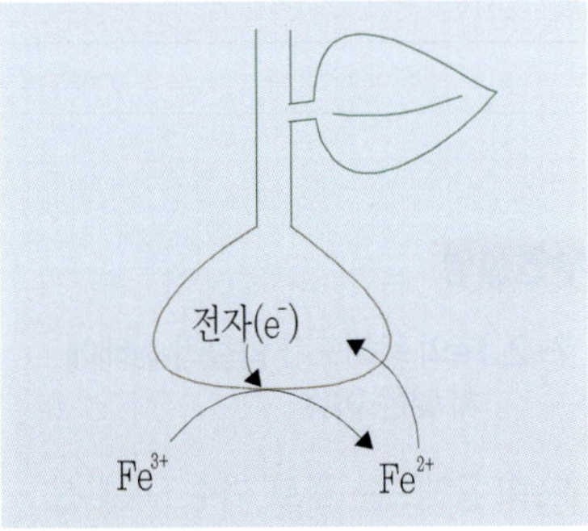

그림 7-1. Fe의 흡수

(2) 식물체내 함량

흡수된 철(Fe^{2+} 또는 킬레이트 Fe3+)의 10% 정도가 수용성 또는 흡착된 상태로 있고, 약 80% 정도가 Fe3+로 엽록체내 단백질에 결합되어 있다.

식물체에는 50~1,000ppm이 함유되어 있다. 그러나 시금치 같은 식물은 3,000ppm 이상의 Fe를 함유한다. 수확에 알맞은 엽중 Fe 농도는 50~200ppm이고, 최저 한계 농도는 50ppm이다. 체내 Fe의 농도는 뿌리와 줄기에 비해 잎에서 높다. Fe의 필요 최성기는 잎의 생장 최성기와 일치한다. 식물체내의 Fe는 인산염(Fe-phosphate) 상태나 산화철 상태로 결합되어 있다. 그래서 결핍증이 나타나는 식물에서도 때때로 높은 Fe 함량을 나타내는데, 이는 Fe가 식물체내에 있어도 이동이 안되거나 다른 물질과 결합되어 있기 때문이다.

> **부연설명**
>
> **7-4. Fe의 흡수를 억제하는 원소**
>
> Fe의 흡수를 억제하는 능력은 금속 착염을 잘 만들수록 크며 순위는 다음과 같다.
>
> Cu 〉 Ni 〉 Co 〉 Zn 〉 Cr 〉 Mn

(3) 이동

흡수된 Fe의 이동은 식물체내의 유기 합성체에 의해 영향을 받는다. Fe의 물관부에서의 전류는 주로 구연산철염(ferric citrate)으로 킬레이트화되어 이루어지는데, 이렇게 결합되면 용해가 잘 되고 다른 음이온과 상호관계가 감소되어 침전이 방지된다. 물관내에 Fe가 증가되면 구연산은 감소되는데, 그 이유는 이들이 서로 결합하기 때문이다. Fe는 체내에서 재이동이 어려운 원소이다. 중탄산 이온(HCO3−)은 Fe의 체내 이동을 방해할 뿐만 아니라 토양에서는 pH를 높여 용해도를 떨어뜨리는 작용을 한다.

부연설명

7-5. Fe의 흡수와 N의 형태

배양액에서 Fe 흡수는 NO_3^-가 많으면 저하되나 NH_4^+가 많으면 증가된다. 이는 뿌리의 pH가 N의 형태에 의존하기 때문이다.

4) 식물체 내에서의 기능

① Fe는 porphyrin의 구성성분으로 엽록소 합성이나 각종 효소계에 관여한다. 이와 관련된 효소로는 cytochromes, hemes, hematin, ferrichrome, leghemoglobin이 있으며, 이들은 호흡과 광합성에서 산화환원 반응에 관여한다.

② Nonheme 분자인 ferredoxin의 구조적 성분으로, 광합성작용, NO_2 환원, SO_2 환원에 관여한다.

③ Cytochrome oxidase, catalase, peroxidase, aconitase, nitrogenase 및 엽록소합성관여 효소의 구성성분이다.

Alcaraz 등(1986)에 의하면 귤나무 잎에 Fe가 부족하면 엽록소의 함량과 질산환원효소의 활성이 크게 저하된다(표 7-1). 따라서 알맞은 Fe의 시비는 엽록소 함량을 높이고 엽중 질산염 함량을 낮출 수 있다.

표 7-1. 감귤 잎에 있어 ferredoxin, 질산환원효소, 그리고 엽록소 함량에 미치는 Fe 결핍의 효과

Fe 함량 μg/g DW	엽록소 mg/g DW	Ferredoxin mg/g DW	질산환원효소 nmol NO_2/g FW/h
96	1.8	0.82	937
62	1.15	0.44	408
47	0.55	0.35	310
47~81*	-	0.63	943

* Fe가 결핍된 잎에 0.2% $FeSO_4$를 처리하고 40 시간 후에 잎을 채취하여 분석함. (Alcaraz 등, 1986)

5) 결핍 및 과잉증

(1) 결핍증

① 결핍증상

Fe가 부족하면 가용성 유기질소 화합물의 함량이 높아지고 탄수화물과 단백질 합성이 나빠진다. 세포내 소기관 중에서는 엽록체의

그림 7-2. 딸기 '설향' Fe 결핍(RDA)

RNA와 ribosome이 감소된다. Mg와 마찬가지로 엽록소 생성이 저해된다. 주로 어린잎의 엽맥간이 황화되나(엽맥은 농록색) 심하면 백화 현상이 나타난다(그림 7-2).

주요 원예식물의 Fe 결핍 증상을 보면 표 7-2와 같다.

표 7-2. 원예식물의 Fe 결핍증

작 물	증 상
가지, 토마토	새잎의 황백화 → 백색화 하우스 재배시 나타남(토양의 염류집적이 원인)
오이류	덩굴 신장 정지, 새잎 엽맥간 황변
화훼류	새잎이 황백화되면서 소엽화, 장미재배시 석회 다량 시용은 Fe 결핍 유발
사과, 배	주로 알칼리토양에서 발생. 잎의 황백화, 줄기 생장 감소
감 귤	재배지에서 가끔 발생. 새잎의 엽맥만 녹색이고 나머지는 백화
복숭아	높은 pH 조건에서만 잘 발생. 초기는 엽맥 사이만 백화되나 심하면 고사. 가끔 줄기 고사

부연설명

7-6. Fe 와 Mn 결핍의 구별

Fe 결핍과 망간 결핍은 증상이 유사해서 식별이 곤란한데, Fe 결핍은 새잎 전체가 백색으로 변하는데 반해, 망간 결핍은 엽맥사이가 담록색이 되므로 자세히 비교 관찰하면 구별된다. 만일 Fe 결핍 증상을 확인하고 싶으면 잎에 황산제1철($FeSO_4$) 0.1% 액을 붓으로 발라주고 2~3일 안에 녹색이 되면 Fe 결핍이라는 것을 알 수 있다.

② 결핍이 일어나는 조건

Fe는 결핍이 잘 일어나는 원소이며, 특히 이동이 잘 되지 않아 늙은 잎보다 어린잎에서 결핍증이 많이 나타난다.

대체로 C4식물이 C3식물보다 Fe를 좀 더 많이 요구한다. 그러나 영양 결핍이 나타날 수 있는 최저 농도가 C4식물은 66ppm인데 비해 C3식물은 72ppm이다. 식물간 차이도 있어서 Azalea, Rhododendron(철쭉류, 진달래류), 블루베리, 감귤, 낙엽과수, 포도와 같이 칼슘을 싫어하는 식물(혐석회성 식물)들에서 결핍증이 쉽게 발생한다.

Fe 결핍은 토양재배보다 수경재배에서 잘 나타난다. 특히 온실내의 피트 모스를 이용한 자루재배에서 인 시비를 많이 할 때 나타난다. 결핍증은 이탄토 지역이나 고정이 되는 석회질 토양에서 발견된다.

대체로 Fe가 많은 토양에서도 다음 조건에 의해 Fe가 결핍되기 쉽다.

- 토양 반응이 중성 내지 알칼리성이 되면 토양 중의 Fe가 불용성으로 변해서 흡수가 어렵다. 이 때 생긴 결핍증을 석회 유발성 황백화(lime induced chlorosis)라고 한다.
- 작물체내에서 이동이 잘 안되기 때문에 토양이 지나치게 건조하거나 염류가 이상 집적되어 뿌리로부터 Fe의 흡수가 중단되

면 생장점에 Fe가 결핍되게 된다.

- 인산을 많이 시비하여 식물체내에 인산이 과잉 흡수되면 과잉된 인산이 Fe와 결합하여 체내의 Fe가 부족하게 된다.

③ 처방 및 대책

0.2~1%의 황산제1철($FeSO_4$), 염화철($FeCl_2$)을 엽면살포한다. 토양에는 킬레이트 Fe를 10a당 2~3kg 시용한다. 중성 또는 알칼리토양에서는 석회 시비를 줄이고, 산성비료인 황산암모늄, 황산칼륨 등을 시비한다.

근본적으로는 석회질 시비과용을 피하고 토양의 수분관리를 잘 해야한다. 아울러 퇴비나 토양 개량제를 시비해 토양 통기성을 향상시켜야 한다.

부연설명

7-7. 킬레이트 철의 사용

비료로써 Fe를 시비하는 경우에는 무기염보다는 킬레이트 Fe를 시비하는 것이 좋다. 무기염을 시비하면 쉽게 산화철 형태로 침전이 되어 식물이 이용할 수 없기 때문이다. 킬레이트 Fe를 사용할 때에는 토양 산도를 고려하여 종류를 달리해야 한다. 예를 들어 Fe-EDDHA는 pH 4~10 범위에서 안정적이고, Fe-EDTA는 pH 7 이상에서는 안정성이 크게 감소한다.

(2) Fe의 과잉증

Fe가 많이 흡수되면 잎 전체의 색소함량이 증가하며, 인산 이동이 방해된다. Fe 과잉증은 산성토양이나 과습지역에서 많이 나타나는데, 이는 Fe의 가용성이 증가되어 과잉 흡수되기 때문이다. 따라서 습해가 예상되는 지역에서는 배수나 물 관리를 철저히 해야한다.

7.1.2 망 간(Mn, manganese)

1) 화학적 특성

Mn은 원자량이 54.9이며, 화학적인 면에서 Mg나 Ca와 같은 성질을 보인다. 토양과 식물체내에는 2가, 3가 양이온 또는 Mn 결합체(산화물, 염)로 존재한다. 토양에는 일부 4가 산화물 형태로, 그리고 강한 알칼리토양에서는 6가 Mn으로 존재한다. Mn^{2+}와 Mn^{3+}는 서로 쉽게 상호 변환되며, Mn-킬레이트 형태도 잘 형성된다.

2) 토양내 Mn

토양 속에 존재하는 중요한 Mn은 2, 3, 4가이다. 2가의 Mn은 이동성이 용이해 식물이 이용할 수 있는 중요한 Mn 형태이다. 토양내 Mn의 농도는 200~5000ppm으로 대부분 무기형태로 저장되어있다. 보통 토양에 점토성분이 많으면 Mn 함량도 높게되며 유기토양에서는 낮아진다. 토양내 Mn 성분 가운데 치환성 2가 Mn은 2~10ppm이다.

충분히 공급이 되는 경우 최저 한계농도는 3ppm이다. 토양내 함량은 변화가 다양한데, 특히 중성 또는 알칼리토양에서 가용성 Mn의

부연설명

7-8. Mn 함유 광물

Mn은 여러 가지 일차 광물 특히 철고토 광물에 많이 나타난다. 이러한 광석에서 풍화작용에 의해 Mn이 방출되면 이차 광물을 형성하는데 이들은 주로 산화물 형태이며, 연망간석(MnO_2), 망가나이트(MnO(OH)) 등이 대표적이다.

함량은 매우 낮다. 그러나 토양 수분이 많으면 환원상태가 되므로 Mn의 유효도는 높아지고 Mn이 독성을 초래할 수준까지 갈 수 있는데 이런 경우는 논 토양에서 볼 수 있다.

토양내 수용성 2가 Mn은 치환성 이온의 1~10%에 불과하다(그림 7-3). Mn은 산성에서 2가로 존재하므로 산성에서 유효량이 증가되고 그에 따라 pH가 1단위 올라가면 가용성 Mn^{2+}는 1/100로 감소한다. 그래서 pH가 올라가면 식물의 요구량을 충족시키기 어렵다. 토양내에는 Mn을 산화시키는 미생물이 존재하는데 이들의 활동성도 중성에서 가장 적당하다.

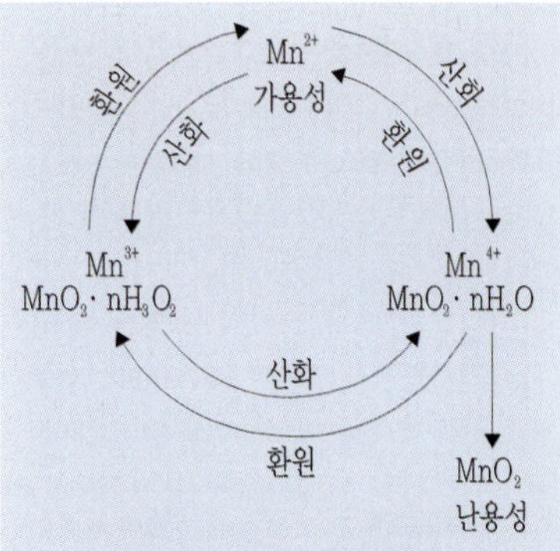

그림 7-3. 토양내 Mn 전환

토양내에서 Mn의 고정은 불활성 산화물 상태로 남게 되는데 사질계 토양에서는 pH가 6 이상이고 토양 통기성이 좋을 때 잘 일어난다. 반대로 양토나 점토질 토양에서는 pH가 다소 높아도 불활성화가 낮다. 즉, 토양구조가 치밀치 않아 공기 유통이 좋으면서 알칼리성인 모래땅, 석회질이 많은 유기질 토양에서 건조기에 결핍증이 많다. 반대로 비가 많고, 수분관리가 잘되고, 토양이 비옥하고, pH가 4.5~6.0인 땅에서는 Mn 결핍증이 전혀 나타나지 않는다.

부연설명

7-9. 토양내 Mn의 수지

토양내 Mn의 수지를 보면 Mn의 총 함량보다는 이동 가능한 Mn이 얼마나 들어 있느냐가 중요하다. Mn은 아주 심한 산성 토양을 제외하고는 용탈이 이루어지지 않는다. 식물 재배에 따라 연간 ha 당 300~500g의 Mn이 흡수된다. 반면에 공급은 주로 각종 비료 시비에 따라 부성분으로 공급된다.

3) Mn의 흡수 및 이동

(1) 흡수형태

Mn은 2가 이온만이 식물에 유용하다. 식물은 토양으로부터 Mn을 Mn^{2+} 또는 Mn^{3+} 킬레이트 상태로 흡수하는데 식물에 따라 그 양은 다르다. 다른 2가 양이온(Ca, Mg)보다 흡수율은 낮으며 그들과 길항 관계에 있다. Fe와의 길항 관계도 크다. 예를 들어 콩 수경재배시 배양액내 Fe 수준이 높을 때는 Mn의 흡수가 저해된다. 그러나 Cu^{2+}와 Zn^{2+}과는 길항관계가 잘 나타나지 않는다.

배양액이나 토양에서 NH_4^-N을 공급할 경우는 NO_3^-를 공급할 때보다 Mn^{2+}의 흡수가 낮다. 이는 NH_4^+와 Mn^{2+}의 길항관계가 아니고, N 공급원의 차이에 따른 양이온-음이온의 균형차이 때문이다.

(2) 식물체내 함량

식물체의 건물중내 Mn 함량은 20~200ppm으로 회분 중에 0.1~0.2%가 들어 있다. 그러나 산성토양에서는 식물에 따라 500ppm 이상이 발견되며, 회분 내에 7%까지 올라가 독성을 나타내는 경우도 있다.

식물체내에서는 잎 속에 Mn 함량이 가장 높으며, 따라서 Mn의 흡수 최성기는 잎 생장 최성기와 같고 식물이 늙을수록 흡수량은 감소한다.

(3) 이동

유기물 복합체가 아닌 Mn^{+2} 상태로 체내에서 이동한다. 이동방향은 주로 생장점이므로 어린 기관에 Mn이 많이 존재한다. 수경재배에서 Si를 제공하면 Mn의 이동이 좋아진다.

4) 식물체내에서의 기능

① 광합성에서 전자전달 역할.

② 엽록체막 구조의 유지(엽록체 합성 관여).

③ IAA oxidase 활성화(부족시 IAA활성이 특이하게 높음).

④ RNA-polymerase 활성, 탄수화물 대사, 지방산 합성 관여.

⑤ 세포 분열과 생장 관여 : 부족시 측근 발생과 신장 억제.

⑥ 비타민 C합성 관여.

⑦ 질산염의 환원 관여(Mn은 질산환원효소의 구성 성분) : 배양액 내에 Mn을 공급하지 않으면 질산환원효소의 활동이 약화되어 식물체내에 질산염 집적.

표 7-3. 배양액내 Mn농도가 옥수수와 귀리의 질산염 함량에 미치는 영향 (mg/100g DW)

배양액내 Mn 함량(mg/l)	옥수수		귀리	
	잎	뿌리	잎	뿌리
0	2.7	14.5	1.8	20.6
5	2	10.7	1.8	17.5
10	1.9	7.8	1.5	8.7

(Amberger, 1979)

5) 결핍 및 과잉증

(1) 결핍증

① 결핍증상

Mn이 결핍되면 호흡이나 증산작용은 변화가 없으나 건물 생산, 순광합성 속도와 엽록소 함량이 급속히 떨어진다. 아울러 Mn이 부족한 식물은 빙점 온도에서 피해 정도가 크며, 수확기가 되면 알곡의 숫자와 수량이 감소하는데, 이는 꽃가루의 수정 능력 감소와 종자에 탄

그림 7-4. 토마토의 Mn 결핍(좌: 초기결핍, 황색 반점, 우: 심하면 황백화, 출처: West Aus.)

수화물 공급 부족이 나타나기 때문이다. 식물 조직이 작고, 세포벽이 두껍고, 표피 조직들 사이가 오므라드는 현상이 나타난다. Mn과 Mg가 결핍되면 엽맥과 엽맥 사이의 황백화 현상이 나타나는 점은 비슷하나 Mn 결핍은 외떡잎 식물의 경우 늙은 잎에 회색 반점(grey speck)이 생기는데 Mg는 어린잎이나 과실이 달린 주변의 잎의 엽맥간 황화가 나타나는 것이 다르다. 그러나 쌍떡잎 식물(콩, 사탕무, 감자, 해바라기 등)은 Mn 부족이 어린잎에 나타나는데, 초기에는 약간의 황색반점이 생기다 심하면 엽맥간이 황화된다(그림 7-4).

주요 원예작물에 나타나는 Mn 결핍증은 표 7-4와 같다.

표 7-4. 원예 작물에 나타나는 Mn 결핍증

식물명	결 핍 증
감 귤	엽맥간 황화, '팔삭'품종에서 많이 발생
감	새 잎에 작은 흑점 발생, 낙엽
양 파	건조시 발생 많음. 엽맥간 황화, 잎에 잎끝마름병 발생
오 이	새 잎의 엽맥간 황화, 석회 과다 시비시 발생. 엽중 Mn이 25~50ppm 이하에서 발생
강낭콩	어린잎의 엽맥간 황화, 심하면 엽맥만 녹색이고 그 외는 황화, 꼬투리도 황화되고 씨가 생기지 않음.
토마토	어린잎의 엽맥간 황화

② 결핍이 일어나는 조건

Mn의 엽중 한계농도는 식물의 종류나 환경 조건에 따라 차이가 있으나, 완전히 전개된 잎의 건물내 10~50mg Mn/kg이다. 특히, 복숭아, 콩, 밀, 귀리는 Mn 결핍에 매우 민감하다.

일반 토양에서는 Mn이 충분히 공급되지만, 다음 조건에서는 결핍되기 쉽다.

- 석회를 과다 시비한 곳
- pH 6 이상의 사질계로 통기성이 좋은 곳이면 산화형태로 불용화된다. 그러나 점토질 토양에서는 pH가 높아도 결핍증이 나타나기 어렵다.
- Mn을 적게 함유한 모암에서 연유된 토양에서 자랄 경우
- 열대 지역의 용탈이 심한 곳
- 유기질이 많고 pH가 높은 토양

③ 처방 및 대책

결핍증이 나타나면 응급대책으로 0.2% $MnSO_4$를 1주일 간격으로 뿌려준다. 토양의 pH가 높을 경우에는 황산암모늄, 염화칼륨 같은 산성 비료를 시비해서 산성화를 유도한다. 결핍증이 나타나는 토양에는 1ha당 알칼리토양의 경우 20~30kg, 중성의 경우 10~20kg Mn에 해당되는 $MnSO_4$를 시비한다.

(2) 과잉증

① 과잉증상

대체로 과잉증은 식물과 환경에 따라 다르며 같은 식물이라도 품종에 따라 다르다. 주로 성숙된 잎에 초콜릿 같은 반점이 생기는데, 이것은 산화된 Mn을 함유하기 때문이다(그림 7-5).

옥수수는 과잉시 엽맥간에 백색증이 생긴다.

쌍떡잎식물인 강낭콩, 딸기는 어린잎이 안으로 굽어지면서 가장자리가 갈변되는 기형화가 일어나는데, 이것은 석회 결핍과 유사하다(그림 7-6). 이 경우에 Mn 과잉은 다른 원소인 Fe, Mg, Ca부족과 함께 나타나는 합병증으로 볼 수 있다. 이는 이들간의 길항작용 때문이라고 볼 수 있다. 주요 작물의 Mn 과잉증이 나타나는 한계 농도는 표 7-5와 같다.

그림 7-5. 고구마 잎의 망간 과잉증 (O'Sullivan)

그림 7-6. 딸기 '설향' Mn 과잉 (RDA)

표 7-5. 각종 식물의 줄기에 포함된 Mn 과잉 한계 농도

작물	Mn 함량 (mg/kg DW)	작물	Mn 함량 (mg/kg DW)
옥수수	200	목 화	750
비들기콩	300	고구마	1380
콩	600	해바라기	5300

(Marschner, 1995)

② 과잉이 일어나는 조건, 처방 및 대책

토양내에 수분이 많아 환원 상태가 되면, 4가 Mn이 2가 Mn으로 환원되며 유효태가 증가되고 흡수가 촉진되어서 과잉해가 나타난다. 특히 유기물이 많은 밭토양에서 습해를 받았을 때 Mn의 유효도가 높아지면서 이상 흡수가 일어나 과잉이 되기도 한다.

사과나무에서 Mn이 과잉되면 피층이 갈라지는 조피병이 발생하므로 토양에 석회를 뿌려서 Mn의 이동성을 낮추어서 방제한다.

부연설명

7-10. 사과나무의 조피병과 Mn 과다

사과나무의 경우 피층 내부가 갈라지는 조피병의 발생원인 중 하나가 Mn 과잉이다. 이 경우 잎에는 200~400ppm의 Mn이 함유되어 있고 피해가 심한 곳에서는 700ppm이나 포함되어 있다. 대체로 산성토나 배수 불량 과수원에서 많이 발생한다. 이 경우 토양에 석회를 뿌려 토양을 중성 내지 알칼리성화시키며 배수를 촉진시켜 Mn의 이동성을 낮춰서 흡수를 억제시킨다.

토양내
↓
토 양 환 원
↓
$Mn^{+4} \rightarrow Mn^{+2}$
↓
흡 수 촉 진
↓
과잉해 발생

7.1.3 아 연(Zn, zinc)

1) 화학적 성질

Zn의 원자량은 65.4이며, 토양과 식물체 내에서는 주로 Zn2+ 또는 Zn 결합체로 존재한다.

2) 토양내 아연

Zn을 포함하는 광물질의 풍화작용에 의해 Zn^{2+}가 용출되어 토양에 흡착되거나 유기물에 고정된다. Zn은 중성 또는 알칼리성 토양에서 가용성에 제약을 받아서 pH가 높은 토양, 특히 $CaCO_3$가 많은 토양에서는 Zn 용해도가 낮다. 왜냐하면 이들은 수용성인 $Zn(OH)_2$나 $ZnCO_3$를 형성치 않고 $CaCO_3$나 점토에 흡착되기 때문이다. 유기물에 흡착된 Zn은 가용성과 불가용성 두 가지 복합물을 만드는데 토양 중의 아미노산, 유기산 및 풀브산과 결합한 것은 가용성으로 60%를 차지하며, 부식산과 결합되면 불가용성 유기 복합물이 된다. 토양 용액에 포함된 Zn은 100~300ppm이다.

3) 아연의 흡수 및 이동

(1) 흡수형태

식물은 Zn^{2+} 또는 Zn 킬레이트 상태로 흡수하는데, 수용성인 이온 상태는 적은 양을 흡수하고 대부분 유기물과 결합된 Zn을 흡수한다.

Zn 흡수는 Cu에 의해 강력하게 억제되며, 그 외 Fe, Mn 같은 양이온과 P 같은 음이온과 길항관계가 있다. 특히 P를 많이 시비하면 Zn 결핍이 나타나기 쉽다.

(2) 식물체내 함량

식물체내의 Zn 함량은 식물의 종류에 따라 다른데(표 7-6), 20~100ppm이고 대체로 잎의 건물에 10~15ppm 이하면 결핍증을 나

표 7-6. 여러 작물의 엽중 Zn 함량(ppm/D.W)

작 물	결핍상태	낮은 상태	적정 상태	과잉 상태
사과나무	0~15	16~20	21~50	〉51
감 귤 류	0~15	16~25	26~80	80~250
옥수수	0~10	11~20	21~70	71~150
콩	0~10	11~20	21~70	71~150
토마토	0~10	11~20	21~120	〉120

(Boehl and Lindsay, 1969)

부연설명

7-11. Zn 함유 광물

암석권의 Zn 평균함량은 80ppm인데 토양에는 10~30ppm 정도 함유한 원광물 형태로 존재한다.
Zn은 Fe와 Mg를 함유한 흑색 일차 광물에 포함되어 있는데 대표적 광물은 철고토광물, 휘석, 각섬석, 흑운모 등이다. 이차 Zn 광물로는 황화아연(ZnS), 능아연석($ZnCO_3$), 홍아연광(ZnO) 등이 있다.

부연설명

7-12. 토양내 Zn의 수지

식물체는 연간 1ha의 토양에서 약 100~ 300g의 Zn을 흡수한다. 대체로 토양은 Zn을 충분히 공급한다. 그러나 규산질의 모재로 생성된 토양에서 Zn 공급이 낮을 수 있고 높은 pH나 많은 수확물을 얻을 경우에 토양내에서 결핍증을 나타낼 수 있다.

타낸다. 과잉증은 식물에 따라 다르며 대체로 200~400ppm 이상이면 나타난다.

(3) 이동

Zn은 대체로 능동적 흡수에 의해 식물체내로 들어오며 물관을 통해 움직인다. 늙은 잎에 있는 Zn은 이동이 잘 안 된다. 그래서 새로운 조직에 결핍증이 나타난다.

4) 식물체 내에서의 기능

① 단백질 대사작용에 관여한다. 그래서 Zn은 세포내 RNA수준과 ribosome 함량을 증가시킨다.

② 내성호르몬 auxin의 전구물질인 tryptophan합성에 관여하기 때문에 Zn 결핍시에 식물의 신장속도가 느리다.

③ 탄수화물 대사에 관여해 녹말 형성을 촉진한다.

④ 많은 효소계에서 효소와 기질이 결합하는 형태를 만든다.

5) 결핍 및 과잉증

(1) 결핍증

① 결핍증상

Zn이 부족하면 탄수화물과 단백질 생성이 잘 안되어 생장과 수량이 전체적으로 감소하고, 체내 auxin의 생성이 안되어 줄기의 신장이 좋지 않다. 대체로 결핍시 잎에서는 엽맥과 엽 맥 사이에 황백화 현상이 나타나는데 옥수수는 잎이 담록색 또는 황색으로 변한다. 이 증상은 햇빛이 강한 곳에서 잘 나타난다. 토마토에서는 잎이 황갈색으로 변하거나 식물과 잎의 크기가 작아지고 마디 사이가 짧아 로제트 현상을 보여 바이러스에 감염된것 처럼 보인다(그림 7-7). 잎 세포의 막투과성이 손상되어 세포 함유물이 세포 표면에 스며 나오므로 옥수수, 토마토 등의 잎에서 곰팡이가 자랄 수 있게 되어 병에 걸리기 쉽다.

그림 7-7. 토마토 Zn부족(Bergmann,1992)

콩과 완두에서는 꼬투리 내에 종자가 생기지 않고, 토마토의 뿌리는 뿌리털이 짧아지고 구부러진다. 토마토나 핵과류의 경우 Zn이 결핍되면 잎의 책상조직의 세포수가 줄어들고 세포의 이상신장이 일어난다. 사과, 체리, 포도에서는 생장점 부근의 마디가 짧아지고 작은 잎이 뭉쳐나와 바이러스 감염증과 같다.

주요 식물에 나타나는 Zn 결핍증은 다음 표 7-7과 같다.

(3) 이동

Cu는 식물체 내에서 이동이 잘 안 되며, Cu의 이동은 식물체내의 조건에 달려있다. 밀의 경우 Cu를 많이 공급하면 종자로의 이동이 이루어지나, 결핍시는 상대적으로 비이동성화 된다. Cu는 물관에서는 음이온 Cu 복합체로 이동한다. 특히 아미노산은 물관과 체관에서 Cu의 운반체 역할을 한다.

4) 식물체 내에서의 기능

(1) Cu는 광합성에 관여한다. Cu는 엽록체 단백질인 plastocyanin 성분 중 하나이고, 엽록소와 그 외 색소의 합성 또는 안정도에 기여한다.

(2) 산화효소 반응에 관여한다.

(3) Cu는 탄수화물, 지방 그리고 단백질 대사에 관여한다.

(4) Cu는 세포벽의 리그닌화에 관여하여 Cu가 부족한 고등식물에서는 해부학적 변이가 온다. 그 결과 젊은 잎의 변색, 줄기의 뒤틀림 현상이 나타난다. 특히 세포벽의 형성과 화학적 구성성분에 변화를 초래한다. 그래서 부족한 잎에서는 총 건물에서 세포벽물질이 차지하는 비율을 떨어뜨린다.

(5) Cu는 꽃가루 형성과 수정에 관여한다. 그래서 Cu가 부족하면 영양생장보다는 결실, 종자생산, 과실생성 등이 크게 나빠진다.

다음 표 7-8에서 보면 고추시험에서 포트당 0.5㎍의 Cu를 제공하면 최대수량을 나타내나 10㎍에서는 이미 독성을 나타내는 것을 볼 수 있는데, 이것으로 Cu의 요구량 폭이 매우 좁은 것을 알 수 있다.

(6) 질산환원효소와 콩과의 뿌리혹 발생에 간접적으로 관여한다. 따라서 Cu가 부족하면 뿌리혹박테리아에 의한 질소고정이 감소된다.

표 7-8. 고추(Red pepper)의 건물과 생장에 미치는 Cu의 효과

Cu 공급 (㎍/pot)	건물중(g/식물)			
	뿌리	잎과 줄기	눈과 꽃	과실
0	0.8	1.7	0.16	없음
0.5	1.6	3.3	0.28	없음
1	1.5	3.2	0.38	0.87
5	1.4	3	0.36	1.81
10	1.2	2	0.28	1.99

(Rahimi, 1970)

부연설명

7-16. Cu를 함유하는 효소

Cu를 함유하는 효소는 O_2의 두 개 산소원자를 모두 환원시키는 반응에 관여한다. 여기에 속하는 산화환원효소는 cytochrome oxidase를 비롯해서 ascorbic acid oxidase, polyphenol oxidase, laccase 등이나, 이들이 관여하는 페놀산화반응에서는 monophenol과 diphenol이 아래와 같은 반응순서에 따라 일어난다.

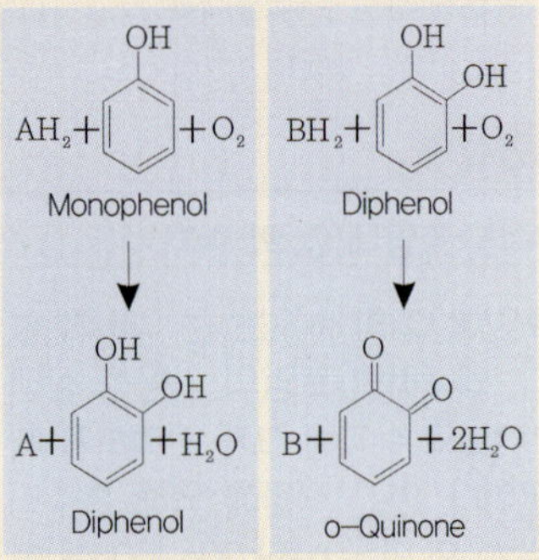

이것은 O_2가 원자상태로 쪼개지는 반응의 전형적인 특징이다. 한 개의 O 원자는 수산화 반응에, 다른 O 원자는 H_2O 생성에 쓰여진다. 이 과정의 최종산물인 o-quinone이 축적되면 중합반응이 일어나서 진한 갈색인 melanine 색소화합물이 형성되기도 한다. 이 효소와 기질은 과실류와 감자 등을 잘라놓았을 때 표면이 대기의 산소와 반응해서 갈색으로 변한다.

5) 결핍 및 과잉증

(1) 결핍증

① 결핍증상

Cu가 부족하면 수용성 탄수화물 함량이 감소하고, 광합성이 50% 가량 떨어진다. 또한 단백질 합성이 낮아진다. 그 외 질소대사와 관련해서 Cu가 부족하면 늙은 잎에서 어린잎으로 Cu가 전환되고 이때 잎의 노화가 일어난다. 이 경우에 N을 충분히 주면 Cu의 전이를 막아 식물의 노화를 억제시킬 수 있다.

결핍증은 식물의 종류, 식물의 기관, 질소공급 등에 따라 다르다. 화곡류에서는 분얼기 때에 많이 나타나는데 잎이 백색으로 변하고 잎 전체가 좁아진 채로 뒤틀린다. 마디생장이 억제되고 성장과 동시에 결핍이 심해지면 이삭도 생기지 않는다. 이삭이 형성된 경우에는 이삭의 발달이 잘되지 않는다. 과수의 경우는 가지 끝이 크게 영향을 받으며 작은 가지와 생장점이 죽어버리므로 여름가지 마름병이라고 한다. 과수류는 개화와 과실형성 등 생식생장에 영향을 가장 크게 받는다. 귤나무는 줄기가 공동이 생기면서 수액이 나온다(그림 7-8). 이와 같이 새로운 조직이 결핍되는 것은 Cu의 이동성이 낮기 때문이다.

그림 7-8. 귤나무 Cu 결핍(줄기가 공동이 생겨 생장위축이 오고 수액이 분출하며 잎과 긴 줄기가 뒤틀린다. Hippler, 등 2017)

② 결핍이 일어나는 조건

Cu 결핍은 대체로 나타나지 않으나 다음과 같은 경우에 나타날 수

7-17. 식물의 Cu 감수성

Cu 부족이 나타나기 쉬운 식물은 밀, 귀리, 시금치이고 중간은 양배추, 꽃양배추, 유채, 사탕무, 옥수수 등이고 콩, 감자는 Cu에 둔한 편이다.

있다.

- 원래 토양내 Cu가 부족한 곳
- 유기질이 많아서 토양내 Cu가 유기질에 고정되어 있는 곳
- 건조기에 Cu가 고정이 될 때
- 집약재배시 수확량이 많을 때
- 유기토양, 이탄토, 석회질토양, 점토함량이 높은 일부 토양
- 질소를 과다 시비하면 Cu 결핍증 가속화

③ 처방 및 대책

결핍증이 나타나면 황산동($CuSO_4 \cdot 5H_2O$) 0.2~0.4% 액을 잎에 뿌려준다. 밭작물은 토양을 분석해서 치환성 Cu의 함량이 0.5ppm 이하면 작물을 심기 전에 10a당 4㎏의 황산동을 물에 녹여 뿌리거나 용성인비에 혼합하여 고르게 뿌려준다. 그러나 10a당 황산동을 6~7㎏ 이상 시비하면 과잉해가 나오므로 주의한다. 그 외 무기 동제제, 동산화물, 완효성 동제제 함유 비료를 뿌려서 장기적으로 Cu 함량을 높일 수도 있다.

그림 7-9. 구리 과잉증: 윗잎 전체가 황화

(2) 과잉증

일반 토양에서 과잉증은 거의 볼 수 없으나, 동광산에서 갱내수가 유출되어 들어오거나 공장폐수가 혼입되는 곳 등에서는 나타날 수 있다. 그 외 장기간 Cu가 함유된 농약살포 (예, 포도원의 보르도액), 오염된 도시쓰레기의 재사용 등이 Cu 과잉을 초래한다. 대체로 잎의 건물에 20~30ppm 이상이면 과잉증을 나타내는데 Cu에 내성이 강한 식물(metallphytes)은 자연상태에서도 엽중에 100ppm의 Cu를 함유한다. Cu 과잉증은 Fe 결핍을 유도하여 상부잎이 백화된다(그림 7-9). Cu 과잉흡수는 지상부로 이동되기 전에 뿌리에 축적되어 새로운 측근의 신장을 나쁘게 하고 가는 뿌리의 끝이 뭉뚝하게 짧아지고 꽃이 죽게된다. 대체로 Cu를 과잉공급하면 약 60%의 Cu가 뿌리의 세포벽과 원형질막에 결합된다. 부족시 잎에는 황화 현상이 나타나는데 이는 고농도 Cu가 리피드의 황산화에 관여하며 세포막을 파괴시키기 때문이다. 이와 같은 뿌리 내 고농도의 Cu는 IAA의 합성을 감소시켜 주근에서 발생하는 측근의 발생을 억제시킨다.

대책으로 Fe를 엽면살포해서 합병증으로 나타나는 Fe 결핍을 막는다. 광산폐수나 공장폐수 유입지에서는 산성수와 함께 유입이 될 가능성이 높으므로 석회질 비료를 시비해서 pH를 5.5~6.5로 조정시키

다. B의 흡수는 토양내의 붕산 함량에 영향을 크게 받는 것이 아니라 근권온도, 생장속도 그리고 식물체내의 B 함량에 영향을 받는다. B의 농도는 0.2ppm 정도가 알맞으며, 그 이상 높은 농도에서는 식물의 생장이 억제된다.

(2) 식물체내 함량

B의 농도는 식물의 수술, 암술머리, 씨방 등에서 높으며, 여기서 발견되는 B 농도는 줄기에서 보다 두 배 가량 높다. 그러나 대부분의 B는 잎에 많고 줄기와 뿌리에는 적다. 대체로 총 B의 50%가 식물체내의 세포벽에서 발견된다. 반면에 액포, 엽록체, 세포내 소기관에서는 B 함량이 낮다.

B의 식물체내 함량은 식물에 따라 차이가 심한데, 쌍자엽 식물이 단자엽 식물보다 높다. 이와 같은 경향은 Ca의 경우와 유사하다. 대체로 볏과 곡류는 요구도가 낮고, 유채, 양배추, 무, 비트 등은 요구도가 높다(표 7-9). B 요구도가 높은 식물에서 결핍증세가 잘 나타난다.

표 7-9. 식물에 B의 함량(ppm/건물중)

식물명	B의 함량	식물명	B의 함량	식물명	B의 함량
보 리	2.3	완 두	21.7	시금치	10.4
귀 리	3.1	유 채	22.2	엔디브	13.1
옥수수	5	양귀비	94.7	당 근	25
감 자	13.9	비 트	75.6	양배추	37.1
콩	15.4	무	64.5	토마토	15

(3) 이동

식물체 내에서는 B가 비교적 비이동성이다. 식물의 아랫부분에서 위쪽으로 갈수록 B 함량은 감소한다. B는 주로 물관부를 통해 이동한다. 증산류에 따라 B가 이동한다는 것은 B 결핍이 생장점에서 제일 먼저 발생한다는 것을 시사하는 것이기도 하다. 일반적으로 B는 Ca처럼 체관부액에서는 이동되지 않거나 극히 제한적으로 이동된다. 그래서 새 잎에 B 결핍이 나타나도 늙은 잎에는 충분한 B가 존재한다. 이런 특성은 K와는 반대이다.

4) 식물체 내에서의 기능

(1) 세포벽 성분과 폴리히드록시 화합물을 형성하여 세포벽의 안정성을 높인다. B가 결핍되면 세포벽의 미세구조가 거칠어지

부연설명

7-21. 토양내 B의 수지(g B/ha/년)

공 급	
무기염류화	10~100
시 비	30~50
강우(바다근처)	10~30
손 실	
용 탈(습지)	20~100
수확물에 의한 흡수	50~500

며 박막층도 거의 찾아볼 수 없다. 특히 분열 조직에서는 B가 주로 영향을 주기 때문에 B는 꽃가루 발아와 꽃가루관 신장에 필수적이며, 꽃가루관의 안정성에도 기여한다. 따라서 부족하면 종자와 과실의 발달이 나쁘다.

(2) 뿌리 생장과 핵산대사에 관여한다. 토마토의 경우 B가 없는 배양액에 뿌리를 6 시간 이상 담가두면 길이생장이 멈춘다. 이는 B가 IAA의 활성과 관계가 있기 때문이다. 아울러 B가 없으면 DNA의 합성도 낮아진다. 그래서 이 두 가지 요인이 토마토 뿌리생장을 억제시킨다.

(3) 세포벽 합성에 관여한다. B가 부족한 식물은 세포벽이 극적으로 변화하여 줄기 뒤틀림, 줄기 코르크화, 줄기 공동화 등의 결핍증이 나타난다. B가 결핍되면 세포벽과 건물중에 대한 세포벽 물질의 비율이 높아진다. celery의 경우에 유조직 세포벽 두께는 B가 충분하면 1μm인데, B가 부족하면 4μm로 커진다.

(4) 페놀대사계, auxin 및 조직분화에 관여한다. B가 부족하면 페놀이 식물체내에 집적되며 auxin 함량이 증가되며 거기에 연관되어 형태적 이상 조직의 분화가 일어나게 된다.

(5) 세포막의 기능에 관여한다. B는 세포막의 보전과 기능을 유지시키는 역할을 하고 B가 충분하면 뿌리의 P 흡수가 촉진된다.

(6) 탄수화물과 단백질 대사에 관여한다. B는 당의 장단거리 이동에 중요한 역할을 하고 간접적으로 뿌리의 cytokinin 합성에 관여한다. B가 부족한 식물에서는 단백질 함량이 적고, 수용성 N의 함량이 높으며, 만일 이 경우에 B를 공급하면 수용성 N은 단백질 합성으로 이용되면서 빨리 없어진다.

5) 결핍 및 과잉증

(1) 결핍증

① 결핍증상

B가 결핍되면 새로운 조직으로 이동하지 못해 정아와 중심부의 세포액이 산성화되어 세포분열이 왕성한 곳이 검게 되고, 줄기 생장점 발육이 안되며, 줄기는 코르크화되고(그림 7-12) 하부에는 측지가 많이 발생하여 로제트화된다. 잎과 줄기는 쇠약하게 되고 꽃눈 형성과 꽃가루 생성이 나빠서 불임 종자가 된다(그림 7-13). 근채류는 뿌리속이 검게되며, 과수에서는 열매가 일부 괴사하는 증상을 보인다.

그림 7-12. B결핍,셀러리 엽병 코르크화 (OSU, 2015)

주요 원예식물의 B 부족에 따른 생리현상을 정리하면 표 7-10과 같다.

그림 7-13. 포도 B 결핍(착립 불량)

표 7-10. B의 결핍증

작물명	결핍증
유 채	잎의 황변, 엽병이 약해 낙엽증가, 종자형성 불량
토마토	생장점 흑변, 과실 군데군데 움푹 파이고 그 부분이 코르크화
오 이	새잎 생장정지 또는 기형화, 과일 잘록과
배 추	배추 엽병의 코르크화, 심부발생
셀러리	엽병의 갈변, 코르크화로 엽병 균열발생
무, 순무	뿌리 중앙이 암갈색, 흑갈색 줄 형성, 심하면 심부현상
당 근	잎의 적자색화, 중심엽의 황화 위축, 심부현상
근 대	잎의 황화, 엽병 내측에 검은 선 발생, 심하면 중심엽 고사
감자류	잎의 황화 위축, 절간이 짧아짐, 감자 맛이 나빠짐. 고구마 표면의 균열 및 잔뿌리 발생 증가
콩 류	심엽황화, 꼬투리 발생 감소, 임실율 저하
옥수수	종실비대기에 나타나며 잎의 황백화, 이삭 결실 불량
사 과	축과병, 홍옥과면 갈색화, 새잎이 가늘고 밀생
감 귤	잎의 총생, 새잎 신장억제, 돌밀감의 증가
포 도	B 결핍이 잘 나타남, 새순 고사, 잎의 기형화, 착립율 저하
배	과육의 해면상화
복숭아	가지가 마르고, 잔가지가 많음, 과실은 고무질 같이 됨
튤 립	화경이 굽어짐, 적색계 품종은 색이 엷음
카네이션	늙은 잎 끝의 황화, 꽃잎수 감소, 꽃눈고사, 꽃의 기형화
국 화	절간 억제, 엽맥간 황화 또는 적색반점 발생. 개화지연 및 꽃 크기감소.
포인세티아	마디생장 억제, 로제트화, 생장점 고사

② 결핍이 일어나는 조건

- 토양에 B 함량이 적은 경우
- 토양에 부식질이 적어 절대적인 B 함량이 낮은 경우
- 여름철 고온기에 건조가 계속되어 토양의 B가 불용화되어 토양으로부터의 B 공급이 심하게 감소되는 경우
- 토양에 Fe 또는 Al 산화물과 점토광물 함량이 높고, pH 값이 높으며 건조하여 B의 가용성이 감소된 경우

③ 처방 및 대책

끓는 물로 B를 추출하여 측정할 경우 사질토양에서는 최소한 0.4ppm, 점질토양에서는 0.6ppm을 함유하도록 해야 한다.

부연설명

7-22. 식물의 B 감수성

B에 강한 식물은 무, beet, 양배추, 당근, 순무, 사탕무, 목화 등이다. B 독성에 예민한 것은 복숭아, 포도, 강낭콩, 무화과이다. 반내성인 것은 보리, 완두, 옥수수, 감자, 담배, 토마토 등이다.

붕사나 붕산은 대부분 물에 잘 녹기 때문에 습한 토양 조건에서는 B의 용탈이 많게 된다. 특히 산성이면서 흡착력이 낮은 모래땅에서 심하다.

B 결핍이 발생하면 유채는 0.5~1.0%, 그 외 채소나 과수는 0.2~0.3%의 붕사액을 살포한다. 포도는 개화 전 10~15일경, 밀감과 사과는 5~6월경에 2~3회 뿌린다. 그 외 결핍 증상이 나타나는 곳에서는 증상이 가벼우면 10a당 0.5~1kg의 붕사를, 포도나 밀감원에서는 2kg 정도를, 그리고 사과밭에서는 3~4 kg을 뿌려준다. 붕산이나 붕사는 60~70℃의 뜨거운 물에 녹여서 사용한다.

그 외 근본적 대책으로는 계획적 B 시용, 퇴비나 생짚과 같은 유기물의 시용, 한발이나 습해가 나타나지 않게 하며, 석회질 비료를 너무 많이 주지 않아야 한다.

(2) 과잉증

B는 시용 적량의 폭이 좁아서 과잉의 해가 나타나기 쉽다. 그래서 적량을 시비해야 한다. 적량을 시비한 후 다음해 B에 민감한 식물을 심으면 안 된다. 대체로 B 과잉증은 식물의 종류에 따라 다르다. 대체로 볏과는 B 농도가 10ppm 이상, 배추과는 20~30ppm 이상에서 과잉해가 나타난다. 따라서 붕사는 많이 사용하면 안 된다. 과잉증은 엽신의 선단 가까운 곳에 부정형의 갈색 반점이 생긴다. 심하면 잎 가장자리가 갈변하는데, 이것은 마치 K 결핍증 같이 보이나 잎 가장자리에서 갈색의 정도가 심하다(그림 7-14)

토양내 B 함량이 40ppm 이상이 되면 식물은 고사한다. 양파는 B가 5ppm에서는 잘 자라나 50ppm에서는 생육이 거의 안되고 100ppm에서는 죽는다.

그림 7-14. 오이 B 과잉 (K 부족증과 유사)

콩류도 토양 중 농도가 7~8ppm 이상이 되면 발아 후 떡잎에 갈색 반점이 생기고 그 부위가 죽게 된다. 토양이 중성인 경우에는 해가 적으나, 산성이거나 토양 중의 B 농도가 높거나 하면 본 잎이 크지 않고 엽맥만이 약간 녹색을 남기고 잎은 황백색으로 된다. 감귤도 0.4~0.5ppm의 B가 함유된 물을 관수하면 잎 끝이 황화되고 잎의 뒷면에 반점이 생기고 심하면 고사한다. 사과에서는 B를 과다 시비하면 착색은 증가되나 낙과가 많아지고 저장성이 떨어진다. 포도에서는 열과 현상이 많아진다.

B가 많은 공장 폐수가 들어왔을 경우에는 관수를 통한 용탈을 기

한다. 그리고 도시 쓰레기에 B가 많을 수 있으므로 도시 쓰레기로 만든 퇴비를 쓰지 말아야 한다.

7.1.7 염소(Cl, chlorine)

1) 화학적 특성

비금속으로 원자량은 35.5이다. 토양과 식물체에 Cl^- 상태로 존재한다. Cl_2나 ClO_3^-는 식물체에 매우 해를 준다.

2) 토양내 Cl

Cl은 필수원소로 최근에 확인된 원소인데, 이는 Cl은 식물에 아주 적은 양이 필수적으로 필요하기 때문이다. 자연에서 Cl은 널리 분포되어 있고, 재순환도 빠르다. 토양에 있는 Cl은 광물에는 흡착되지 않으므로 가장 이동성이 큰 원소중의 하나이며 한편 배수가 잘 되는 조건에서는 쉽게 용탈되어 손실된다. 그러나 축적되는 경우도 있다. 토양에서는 대부분 무기형태로 존재한다. 토양내 수용성 Cl은 10~1000ppm 정도이며, 토양의 종류나 상태에 따라 함량의 차이가 커서 알칼리토양에서 많이 존재한다. 간척지나 바닷가 토양에서는 Cl^-가 많다. 대체로 습지 토양에서는 용탈이 잘되고 건조지에서는 집적이 이루어진다.

3) Cl의 흡수 및 이동

(1) 흡수형태

대부분의 식물은 Cl^- 상태로 뿌리에서 흡수하고, 공중뿌리를 가진 식물은 Cl^- 혹은 염소가스로도 흡수한다. 흡수량은 배지내 농도에 달려있다. Cl의 흡수는 온도와 대사억제제에 민감하다. 낮은 pH에서는 Cl 흡수가 촉진된다. 흡수된 Cl은 심플레스트 경로를 통해 물관부로 들어간다.

(2) 식물체내 함량

흡수된 Cl은 대부분 세포액에 용해된 상태로 존재한다. 그 함량은 다양하고, 대체로 식물 속에는 0.1~0.5%가 함유되어 있는데 이것은 식물이 자라는 토양내 Cl에 의해 크게 영향을 받는다. 수확의 한계 농도는 0.01ppm이다.

(3) 이동

염화물은 식물체에 축적되어 늙은 조직에서 새 조직으로 이동하

부연설명

7-23. Cl 함유 광물

토양내 분획물로써 0.1% 정도이며, 토양광물로는 Cl을 함유한 광물(chlorapatice)에서 풍화작용에 의해 용출된다.

부연설명

7-24. 토양내 Cl의 수지

Cl의 토양내 수지를 보면 많은 양이 용탈되지만 강우에 의해 년간 5~20kg Cl/ha가 공급된다. 아울러 염화칼륨 같은 칼륨질 비료를 통해 매년 충분히 공급된다.
연간 ha당 4~8kg의 Cl이 필요한데, 알칼리토양에는 충분한 양이 있기 때문에 전혀 문제가 없다.

부연설명

7-25. 식물의 Cl 감수성

Cl을 좋아하는 식물(beet, 시금치, celery, 양배추 등)은 0.1% 이상의 Cl이 생육에 필요하다. 그러나 Cl에 민감한 식물(감자, 토마토, 담배, 콩, 딸기류, 포도, 과수류, 화훼류 등)은 Cl이 많으면 생육이 억제된다. 과수류 중에는 키위가 Cl 요구도가 높다. 야자수도 Cl 요구도가 높은 식물 중의 하나이다.

물에서 나타난다. 최근에 연구에 의하면 Si는 오이, 토마토, 콩, 딸기 등에도 필수적이라는 설이 있다. 충분한 규산은 딸기 흰가루병 내성과 수량을 증진한다. 규산은 식물체 내에서 Zn의 생리적 이용도를 증가시킨다.

4) Si의 결핍증

Si가 없으면 오이, 토마토, 콩, 딸기에서 과일 수량, 잎의 변형, 위조, 조기노화, 꽃가루 활성저하, 착과 불량을 가져온다. 또한 벼의 도열병 내성이 저하된다(그림 7-17)

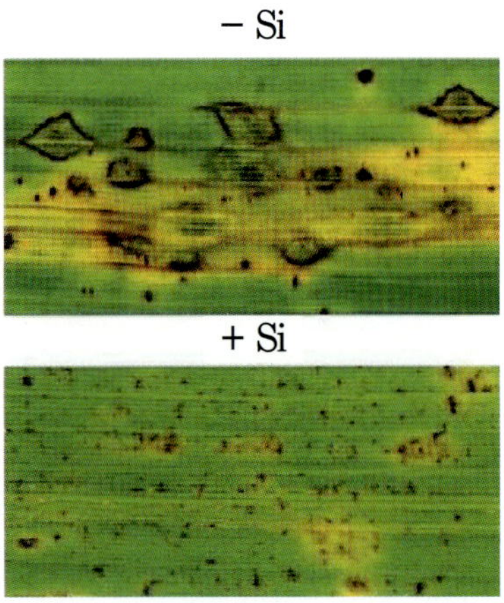

그림 7-17. 도열병균 접종 96 시간 후 규산시비에 따른 균발육 억제 효과(Darnott & Rodrigues, 2005)
(- Si: 무시비구, + Si: 시비구)

7.2.2 코발트(Co, cobalt)

1) 토양내 Co

토양내에 Co는 1~10ppm이 들어있으나 때때로 40ppm이 넘는 경우도 있다. 그러나 식물에는 건물에 0.02~0.5ppm이 함유되어 있다. 광물의 풍화작용에 의해 Co^{2+}가 방출되어 치환성 형태나 유기광물 복합체로 존재한다.

2) Co의 흡수 및 이동

토양에서 뿌리를 통해 흡수된 Co는 주로 증산류를 따라 이동하므로 잎 가장자리와 잎 끝에 몰려있다. 식물은 잎에서 Co를 흡수하나 이것은 비이동성이다.

Co는 다른 중금속과 같이 행동하여 Fe, Mn, Zn, Cu처럼 킬레이트 화합물을 형성하는 성질이 있다. Co가 많으면 다른 중금속의 흡수를 감소시키는데, 예를 들어 Co 과잉 흡수는 Fe 결핍을 유발시킨다.

3) 식물체 내에서의 기능

Co는 효소계에 작용하나, 현재 콩과 이외의 고등식물에는 필요하지 않다. 근류균에게 Co는 매우 중요한데, 이는 질소고정에 중요한 역할을 하기 때문이다.

4) Co의 결핍증

연간 수확에 따라 토양에서 감소되는 Co의 양은 3~30g/ha이다. Co 결핍을 나타내는 토양은 용탈이 심한 사질토, 산성화성암에서 생성된 토양, 석회질이 강한 토양 및 이탄토 등이다. 토양 pH가 중성 또는 알칼리성에서 Co가 결핍된다. 농경지의 Co 수준은 0.05~2ppm이며, 0.1ppm 이하면 결핍 가능성이 있다. Co 염을 1ha당 1~2kg 뿌려

부연설명

7-27. Co 함유 광물

Co는 화성암에 반드시 포함되어 있으며 그 함량은 최저 1ppm에서 최고 수백ppm 농도를 갖으며, 이 수준은 철고토광물의 Mg 분포와 비슷하다. 초염기성암인 듀나이트, 페리오디타이트, 사문석 등 Mg 함량이 많은 철고토광물에는 Co가 100~300ppm 함유되어 있다. 그러나 Fe 함량이 낮은 철고토광물인 화강암 같은 산성암에는 Co 수준이 1~10ppm 정도이다. 혈암에는 20~40ppm이 있으나 사암과 석회암에는 5ppm 이하이다.

주면 결핍현상이 교정된다. 참고로 Co의 필요량을 보면 표 7-11과 같다.

표 7-11. 필요 Co 함량(ppb)

구분	함량(ppb)	비고
콩과 식물의 배양액	0.01~0.1	Mo 필요량의 1/300 당량
콩과 식물의 잎 (뿌리혹박테리아 공급)	~0.7	
소나 양의 사료	~70	식물필요량의 100배. V. B12의 금속 성분으로 반추 동물 N 대사에 필수적
식물의 Co 함량	30~300	

5) Co의 과잉증

Co에 둔감한 식물로는 자이레에서 자라는 코발트꽃을 들 수 있는데, 건물당 500~800ppm의 Co를 갖는다.

Co의 과잉 독성은 Mn과 유사하여 과잉시 식물의 잎은 황백화 또는 괴사현상을 나타내며 가끔 시들어 버린다.

7.2.3 나트륨(Na, sodium)

1) 토양내 Na

Na는 지구표면에 2.8% 정도 포함되어 있는데 이 양은 K(2.6%)보다 많다. 온대지역의 토양에는 약 2.3~23ppm이 들어 있으며 그 양은 K와 유사하다.

2) Na의 흡수 및 이동

Na는 K와 크기(0.331nm)가 비슷하다. 그러나 대부분의 식물은 K를 선택적으로 많이 흡수한다. Na는 Ca흡수를 저해하나 K와 Mg흡수에는 작게 영향을 미친다.

3) 식물체 내에서의 기능

Na를 좋아하는 식물체 내에서 높은 농도의 Na는 생장을 촉진시키지만 다량원소같은 역할을 하는 것이 아니라 다만 삼투압 조절 등에 많이 필요한 것으로 알려져 있다. 즉, 세포 팽창과 식물체내 수분평형의 효과 때문이다.

Na는 K를 대체하는 성질이 있다. Na를 좋아하는 beet, 사탕무, 근대, 셀러리, 시금치, 면화 같은 식물에서는 K 비료를 충분히 시비할 때 Na를 추가 시비하면 수량은 그만큼 증가된다.

부연설명

7-28. Na 시비의 판단

다음과 같은 경우에 제한적으로 시비한다.

1. 식물이 Na를 필요로 하는 경우 또는 사탕무처럼 Na 대치 가능성이 큰 식물을 재배하는 경우
2. 토양내 K 또는 Na 어느 것이 낮거나 두 개 모두 토양내에 부족한 경우
3. 재배지역의 강우가 불규칙적이고 재배기간이 건조할 경우

그 외 수분 공급이 제한적일 때 Na는 식물의 물 수지 균형을 이루게 하는데, 이는 공변세포(구멍가세포)의 조절에 의한 것이다. 물이 감소되어 식물이 공변세포를 닫아야 할 때 Na와 K를 같이 시용하면 K 단용처리보다 공변세포가 빨리 닫힌다.

4) Na의 과잉증

Na 과잉증은 바닷가(바닷물이 침수되는)에서 많이 나타나는데, 관수에 의한 용탈이 가장 중요한 방제법이다.

7.2.4 셀레니움(Se, selenium)

1) 토양내 Se

셀레니움은 화학적 성질이 S와 유사하다. 셀레니움은 유황과 같이 2가(Selenide Se^{2-}), 4가(Selenite SeO_3^{2-}), 5가(Selenate SeO_4^{2-})의 산화물로 존재한다.

2) Se의 흡수 및 이동

Se는 보통 토양이나 배양액에서 selenate 형태로 흡수된다. Se와 S는 길항관계가 있다.

흑겨자식물이나 브로콜리 같은 십자화과 식물은 상당히 많은 양을 집적시켜서 많게는 수백 ㎍Se/g DW를 함유한다. 그러나 나머지 대부분 원예식물은 비축적성을 갖는다.

3) 식물체 내에서의 기능

Se는 식물체 내에서 S와 유사하게 아미노산 합성에 관여하며 식물에 들어간 Se는 dimethylselenide 상태로 휘발된다. 휘발되는 것은 식물에 따라 다른데 10μM selenate 배양액을 브로컬리와 양배추에 공급하면 엽면적 $1m^2$당 200~350㎍이 휘발된다. 그러나 beet, 상추, 양파는 $1m^2$당 15㎍만 휘발된다.

Se는 동물과 사람의 생리작용에도 중요하다. Se는 glutathione-peroxidase의 보조요인으로의 역할이 많다. 그래서 세포의 내부에서 자유이온이나 산화에 의한 세포막의 손상을 감소시키는 항산화제 역할을 한다. 이에 따른 항암작용의 역할도 알려져 있다.

7.2.5 알루미늄(Al, aluminium)

1) 토양내 Al

Al은 지구표면의 약 8%를 차지하는 원소이다. 토양내 Al은 pH가 5.5일 때 1ppm 이하인데 pH가 높아지면 더 감소한다. pH가 5.5 이하인 산성토양에서 Al의 용해도는 급속히 증가하며 양이온 치환장소의 절반 이상을 Al이 차지하게 된다.

2) Al의 흡수 및 이동

우리가 마시는 차의 잎에는 0.2~0.3%가 들어 있으며, 정상적인 생육에 필요하다.

3) 식물체 내에서의 기능

식물에 따라 Al 집적에 대한 내성이 다른데, 토양의 Al은 식물생장에 효과적으로 작용한다. 즉, 낮은 농도의 Al은 식물에 따라 생장을 좋게 할 수도 있으며, 이는 이들 식물이 Al 내성이 강하고 Al 흡수능력이 큰데 기인한다고 생각된다.

Al 농도가 낮으면 옥수수의 뿌리골무 크기를 촉진시키며, 그 결과 정부 생장점의 활력을 증진시킨다.

4) 결핍 및 과잉증

식물은 Al을 빨리 흡수할 수 있어 Al 독성이 생기며, 산성토양에서 잎이 암갈색으로 변하고 생장이 위축되고 줄기가 보라색으로 변하는 것은 잘 알려져 있다. 과잉증을 나타내는 식물체내 농도는 50~100ppm이다. Al이 많으면 P의 대사작용을 감소시킨다. Al 독성을 막기 위해서는 석회시용을 해서 토양을 교정해야 한다.

7.3 양분의 결핍증 및 과잉증 판별법

이상 식물에 필요한 각종 원소의 생리작용과 과부족시 나타나는 장해현상에 대하여 언급했지만 실제로 원인을 규명하는 것은 용이하지 않다. 왜냐하면, 양분의 과부족 여부를 판단하기 위해서는 양분 그 자체에 대한 분석뿐만 아니라 온도, 습도, 빛 등의 재배 환경 및 배지내의 수분 상태, 배수량, pH, EC 등 근권 환경에 대해서도 알아야 하기 때문이다. 물론, 양분 그 자체의 과부족 증상이 나타나는 특성을 알아야 하는데, 각 원소의 증상이 시작되는 부위의 위치라든가 증상의

부연설명

7-29. 식물체내의 Al 함

Al은 2~5ppm 정도의 농도에서 사탕무, 옥수수와 몇 가지 열대 콩의 생육을 촉진시킨다. 차는 Al 내성이 강한 식물로써 Al이 생육을 촉진시키는데, 이때 Al 농도는 27~173ppm 이다.

형태 등으로부터 단계적으로 판독해 가는 방법을 사용한다. 양분의 과부족을 쉽게 판별하는 방법은 표 7-12와 그림 7-18과 같다.

표 7-12. 양분 결핍 간이 판별법

분 류	증 상	결핍 원소
A	아랫잎부터 증상 발생, 증상 부위는 국부적이거나 전체	
B	식물 전체에서 증상 발생, 아랫잎이 마름, 잎이 연녹색 혹은 암녹색으로 변함	
C	식물은 연녹색, 아랫잎은 황변, 옅은 갈색으로 마름, 생육 후반기에 결핍되면 식물이 작고, 빈약	N
CC	식물은 암녹색(때때로 적색), 아랫잎이 때때로 황변, 녹색을 띤 갈색 혹은 검정색으로 마름	P
BB	증상이 국부적, 반점이 생기고, 황화되며 아랫잎에 죽은 조직에 의한 점이 생기기도 함, 아랫잎이 마르지는 않음	
C	잎이 반점 혹은 황화, 전형적으로 적색을 띰, 때때로 고사된 점이 나타남, 잎 끝과 엽연이 뒤틀리고 위로 오그라듬, 엽맥간 황화가 열매 주변잎과 줄기 중앙 부위에 많이 나타남	Mg
CC	잎에 반점이 생기거나 황화되는데, 괴사된 크고 작은 반점이 생김	
D	괴사 조직의 작은 반점이 아랫잎의 잎 끝과 엽맥 사이에 발생하고, 엽연에 좀더 현저하게 발생	K
DD	반점이 식물 전체에 생기고 빠르게 커짐, 엽맥간에 먼저 생기고 나중에는 엽맥에서도 발생, 잎이 두껍고, 마디 사이가 짧음	Zn
AA	어린잎이나 생장점부터 증상 발생, 증상은 국부적	
B	생장점 괴사, 어린잎이 뒤틀림	
C	정아의 어린잎이 구부러지고, 잎끝, 가장자리, 심하면 생장점고사, 팁번, 배꼽썩음 발생	Ca
CC	생장점 어린잎의 기부가 연녹색으로 된 후 파괴, 후에 잎이 뒤틀리고 생장점 괴사	B
BB	생장점은 일반적으로 살아 있음	
C	어린잎이 반점이나 현저한 황화 없이 위조, 심하면 줄기 윗부분이 휨	Cu
CC	어린잎이 시들지 않음	
D	괴사 반점은 없음, 어린잎이 황화, 주맥은 녹색, 황화가 아랫잎으로 진전	Fe
DD	어린잎과 엽맥이 황화됨	S
DDD	괴사 반점이 잎 전체에 발생, 가는 엽맥이 녹색이라 바둑판 무늬를 띰	Mn

양분의 과부족 증상을 다시 모식적으로 표시하면 그림 7-19와 같다. 양액재배의 경우에 불량 환경에 따라 이들 증상이 쉽게 나타나므로 잘 비교 관찰하여 대처해야 한다.

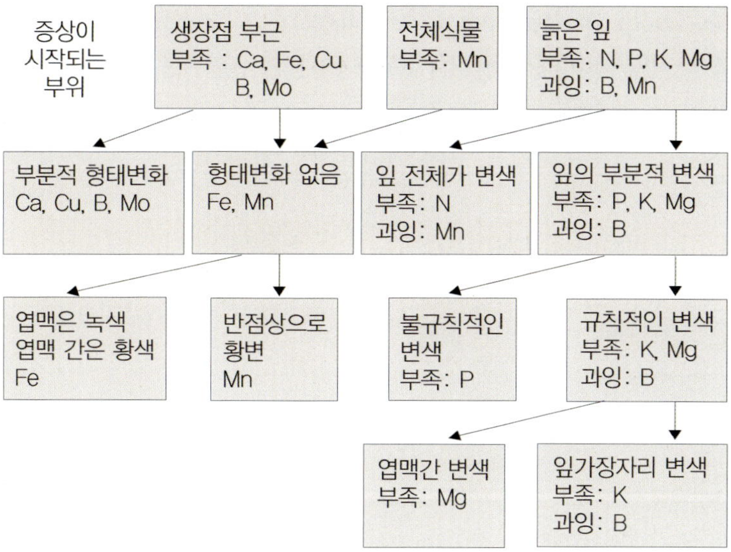

그림 7-18. 식물 부위와 증상에 따른 양분결핍 및 과잉증 판별법

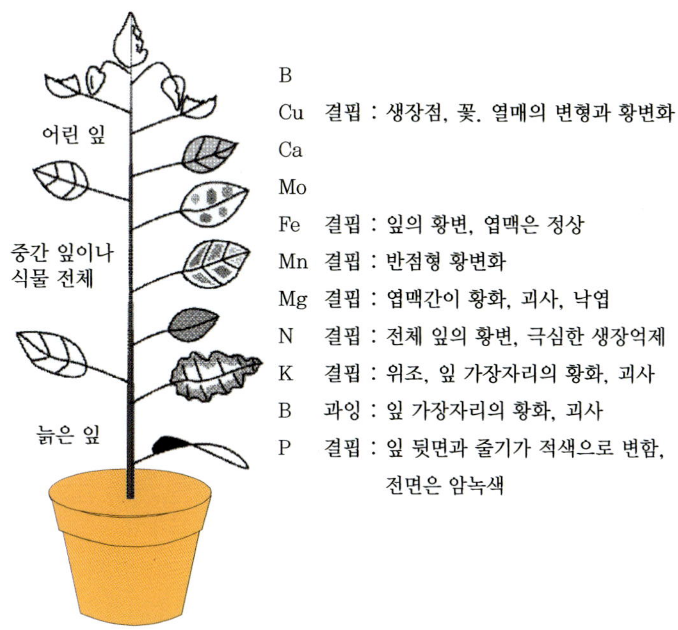

그림 7-19. 양분의 과부족증 모식도(Jansen 등, 1984)

7.4. 기타 동식물 영양 관련 원소

많은 고등식물에서는 연구를 통해 지금까지 16가지 영양소가 식물에 필요하다고 알려져 있다. 그러나 보다 많은 연구가 이루어지면 앞으로 식물에 필요한 원소는 더 많아질 가능성도 있다. 예를 들어,

Na, Co, Si. Al, V(vanadine) 등이 그것으로, 이들을 대기원소라고 말할 수 있을 것이다. 식물이나 동물의 영양에 관련된 원소들을 표시하면 표 7-13과 같다.

표 7-13. 각 원소의 식물과 동물에서의 역할

원소		식물내 함량 ppm/DW	식물에서의 역할		동물(인간)에서의 역할	
원소 기호	이름		몇 가지 식물에 유용	몇 가지 식물에 필요	필수적	필요하다는 추측
Li	리튬	0.1~5				
Be	베릴륨	〈0.1				
F	불소	0.1~10			○(?)	○
Na	나트륨	500~30,000	○(호염성식물)	○	○	
Al	알루미늄	20~50	○(?)(고사리)	○(차)		
Si	규소	1,000~10,000	○(구조류)	○(벼)		
Sc	스카디움	?				
Ti	티탄	2~100				
V	바나딘	0.05~1	○(조류)			○
Cr	크롬	0.1~1			○	
Co	코발트	0.03~0.5	○(질소결합)	○(콩과식물)	○(비타민 B_{12})	
Ni	니켈	0.1~2			○(?)	○
Ga	갈리움	〈0.1	○(버섯)			
Ge	게르마늄	〈0.1				
As	비소	0.1~0.5	○(조류)		○	
Se	셀렌	0.1	○			
Br	브롬	1~100			○(?)	
Rb	루비듐	10~100				
Sr	스트론튬	10~100				
I	요오드	0.1~2			○	

○ : 동·식물에 관련이 있음.
? : 역할이 의문시 됨

7.5 독성물질과 환경문제

식물에 유용하지만 많으면 환경을 오염시키는 물질들이 있는데, 이들은 일부 식물생산에 영향을 준다. 여기서는 토양에서 독성이 되고 있는 물질에 대해서 알아보기로 한다.

토양에 환경오염을 가져오는 독성물질로는 ① 중금속 및 독성 무기원소, ② 화학농약 성분, ③ 화학비료 성분 그리고 ④ 방사능물질 등이 있다. 이 가운데 식물영양학적 측면에서는 주로 중금속 및 독성 무기원소가 중요하다고 할 수 있다.

중금속에 의한 토양오염은 두 가지 측면에서 생각할 수 있는데 하나는 작물생육에 피해를 주는 것과 다른 하나는 작물생육에 피해를 주지 않지만 유해한 식료나 사료를 생산하는 것이다.

(1) 작물 생육에 장해를 주는 것

① 다른 요소의 결핍을 초래하는 것 : Al → P, Co → Fe

② 직접 식물세포를 해치는 것 : Cr, Ni, Zn, Mo, Pb, F, Se, Sr, V, As

(2) 유해한 식료나 사료를 생산하게 하는 것

Cd, Mo, As

중금속의 식물내 함유량과 작물의 피해를 보면 다음 표 7-14와 같다.

표 7-14. 각 원소의 독성

원소	토양내함량	식물내함량 (ppm)	작물피해증상	동물, 인간
알루미늄	8%	50~100	황백화, P 대사 장애	높은 농도에서 피해
비 소	5ppm	0.1~0.5	뿌리 썩음, 잎 황화	2ppm이상 피해
납	50~100ppm	0.1~10	잎의 황백화	
카드뮴	0.1~2ppm	0.05~1	뿌리신장억제, 황백화	물에 함유되면 독성
크 롬	10~100ppm	0.1~1	생장억제, 황백화	
니 켈	10~100ppm	0.1~2	50ppm 콩 피해	
수 은	0.05ppm	0.002	생육장해	식품허용치 0.05ppm이하
셀레니움	1~20ppb	0.1	생육장해, 잎 갈변	10ppm이상 동물에 피해
스트론튬		10~100	생육장해	조혈작용 이상

중금속의 식물체내 흡수를 억제하려면 토양 pH의 조절(산성에서 Mo 용해도 감소, 중성 알칼리성에서 Cu, Zn, Pb, Ni 등은 황화물로 되어 난용성이 됨), 길항관계의 이용(P ↔ Zn, Cd, Fe, Mn), 그 외 중금속 침전 작업(P ↔ Zn, Cd, Pb) 등을 한다. 그 외 토양의 객토나 복토, 유기물 사용 등을 통해 식물에 중금속 수를 극소화시킨다.

아울러 중금속 물질의 토양 유입을 적극적으로 감소시키는 정책이 필요하다. 그러기 위해서는 출처불명의 유기물, 특히 발효 쓰레기 등의 사용에 주의해야 한다.

제8장 영양과 원예식물의 품질

식물에 필요한 영양분을 시비라는 형태로 제공하면 우리는 수확물을 얻는다. 그러나 그 수확물이 인간에 필요한 어떤 유익한 물질을 가졌는가는 매우 중요하다.

최근에 와서 국민의 생활수준 향상에 따라 원예식물의 수량보다는 품질에 더 많은 관심을 갖게 되었다. 그러면, 품질이란 무엇인가. Kramer 와 Twigg(1970)에 의하면 품질은 '생산물에 대해 구입하는 사람의 만족도'로 표시하고 있다. 또는 품질은 '원예산물의 경우에는 우수한 정도'라고 정의할 수 있다.

품질을 판정하는데는 구입자의 나이, 직업, 생활습성, 지역, 나라에 따라 다르다. 예를 들어 우리가 먹는 고추도 기성세대들은 매운 것을 고품질로 여기고 좋아하나, 패스트푸드에 물든 젊은 세대는 피망같이 달고 맵지 않은 고추를 선호한다.

따라서 품질은 '최종 소비자의 판단'에 따라 그 척도가 달라지게 된다. 특히 원예산물은 그 종류가 다양해서 고품질이라는 정의를 내리기에 아주 곤란하다. 그래서 채소, 화훼, 과수로 나누어 원예산물의 품질특성을 알아보고, 품질향상에 미치는 무기염류의 영향을 알아보기로 한다.

8.1 채소의 품질

채소의 품질 구성성분은 기호특성, 영양특성, 안전성, 생체조절 기능특성, 유통특성, 가공특성에 따라 각각 항목에서 품질의 우수성을 언급할 수 있다.

주요 채소의 품질구성 요소와 항목을 보면 표 8-1과 같다.

표 8-1. 채소의 품질 구성 요소

품질 구성 요소	항 목
기호특성	형상, 색, 맛, 향기, 육질
영양특성	주요성분 (탄수화물, 단백질 등), 미량성분 (비타민, 미네랄), 특수성분 (당, 유기산)
안전성	부착농약성분, 축적유해성분 (중금속 등), 부착유해성분
생체조성물질	건강보전 (비타민 등), 발병예방
유통특성	편이성, 수송성, 보장성
가공특성	용도별로 알맞은 특성

8.2 과실의 품질

과실의 품질구성 요인은 외부적으로 크기, 과형, 색, 외상 등에 판단의 초점이 있고, 영양적 특성 안전성, 유통특성, 가공특성 등을 통한 품질의 판단이 이루어진다(표 8-2).

표 8-2. 과수의 품질 구성 요소

품질 구성 요소	항 목
기호특성	형상, 색, 맛, 향기, 껍질의 특성, 육질의 특성
영양특성	주요 성분, 미량요소 특수성분
안전성	허용되지 않은 농약 성분 유무
유통특성	편이성, 수송성, 보장성
가공특성	용도에 따라 다름

8.3 화훼류의 품질

화훼류는 절화와 분화가 품질의 기준이 다르다.

절화의 품질 평가는 과거와 현재 또한 앞으로의 평가가 차이가 있을 수 있다. 이는 품종의 변화가 매우 크기 때문이다. 주로 보는 것으로 외적으로 나타난 품질만 고려하는데 줄기의 길이, 잎의 건강정도, 꽃의 색과 크기 등이다. 즉, 외관적인 모양으로 화훼류의 품질을 판단한다. 왜냐하면, 화훼류는 시각적 판단이 중요하기 때문이다. 그래서 화훼류는 ① 외관적 요소, ② 내적 요소(기호적인 요소), ③ 사회적 요소로 나누는데 사회적 요소는 시대의 유행이나 경제적 상황에 따라 다르다.

분화의 품질은 개인적인 취미생활용 분화품질과 상품적 측면의 품질로써 생각할 수 있다. 개인적인 측면에서의 품질은 자기가 즐겨 찾는 식물에 국한되나, 상품적 측면에서는 화분의 크기, 잎의 형태, 색이 좋고 나쁨, 전체적인 균형이 중요하다.

8.4 시비와 품질

원예식물의 품질구성 요소에 대하여 살펴보았듯이 품질요인이 다양한 만큼 시비에 따라 원예식물의 품질요인의 변화 또한 다양하다.

대체로 시비에 따른 품질향상은 4단계로 나눌 수 있다.

첫째 양분이 부족상태에서 시비에 따라 품질을 향상시키는 단계,
둘째 알맞은 영양상태에서 시비에 의해 품질이 좋아지는 단계,
셋째 알맞은 단계에서 사치적인 단계로의 시비를 통한 품질의 향상,
넷째 과잉시비에 따른 품질의 악화단계이다.

이 네 가지 단계 중 첫째 단계에서 품질의 향상이 가장 크게 나타난다. 이 경우에는 외적인 크기나 내적인 품질 (영양, 맛 등)이 향상된다. 둘째는 알맞은 단계에서는 외적크기는 변하지 않고 대체로 내적인 구성성분의 향상이 아루어진다. 사치적 단계에서 한 두 가지 성분이 많아지는데 예컨대 질산염 같은 내적 품질항목이 나빠진다. 마지막 단계에서는 수량의 감소와 함께 과잉현상을 나타낸다.

이와 같이 시비와 품질관계에서 무조건 시비량을 증가시킨다고 품질이 좋아지는 것은 아니다.

그러면 비료성분에 따른 주요 품질변화 요인을 알아보기로 한다.

8.4.1 다량원소의 시비와 품질

1) 질소 시비와 품질

질소는 식물생산과 외적 품질에 가장 크게 영향을 미치는 성분이다. 주로 영향을 주는 성분으로는 다음 네 가지가 있다.

① 단백질의 함량과 종류: 조단백질, 순단백질 함량 증가
② 그 외 가치 있는 성분 (N함유 물질): 아미드, 아민의 증가
③ 품질을 악화시키는 물질 성분 (예; nitrate)

먼저 N 시비에 따라 단백질에 관련한 조단백질, 단백질, 알부민, 필수 아미노산 등을 증가시킨다. 그러나 과다시용시는 식

물체 내에 아마이드, 질산염 등의 함량을 증가시킨다.

④ N 시비는 적당한 범위 내에 시비하면 가치 있는 성분인 카로틴, 엽록소, 비타민 B1, 비타민 C 등을 증가시킨다. 그러나 별로 유익하지 않은 옥살산 또는 시안산 (볏과 사료) 등도 증가시킨다.

또한, 적당한 시비범주를 넘으면 상품의 저장성이나 내병성이 약해져서 병의 피해를 입어 외적상품성이 나빠진다.

2) 인산 시비와 품질

인산질 비료는 외형적인 품질에 크게 영향을 미치지 않으나 부족할 때는 식물 생리적 작용에 억제현상을 보인다. 대체로 질소와 같이 인산시비로 3가지 성분에 영향을 미친다.

① 인산함량과 인산관련 성분의 상승
② 기타 주요 가치 있는 성분의 증가
③ 독성물질의 함량 영향

P 시비를 많이 하면, 식물체내 인산의 함량이 증가하며 인산을 함유한 각종 화합물이나 효소의 함량이 증가한다. 즉 감자에 P를 많이 주면 감자의 P 함량을 증가시키고 녹말 함량을 증가시킨다.

P 시비는 식물체 내의 조단백질 함량, 전분 및 당분, 비타민 B_1의 함량을 증가시킨다. 콩에서는 필수아미노산의 함량 증진에 효과가 있다. 인산은 시금치에서 많으면 문제시되는 옥살산의 함량을 감소시켜서 품질을 좋게 한다.

인산을 알맞게 시비하면 수확량, 상품성 그리고 식물체 영양기관 및 종자 중에 유용한 함유물의 증진을 기할 수 있다.

3) 칼륨 시비와 품질

N과 P 시비는 수량증가에 크게 영향을 미쳐서 외적인 품질을 향상시키는데 비해 K는 주로 각종 내적인 품질을 크게 향상시키다.

먼저 K 시비는 광합성을 촉진시켜서 탄수화물 함량을 증가시키는데 그 결과 당, 전분, 조섬유 등의 함량이 증가된다.

알맞은 시비 범위에서 각종 비타민 함량을 증가시키나, 시비량이 과다하면 비타민 함량이 떨어진다. K의 시비는 시금치 등의 옥살산의 함량을 떨어뜨리나 과다시비하면 다시 상승시킨다.

K는 저장성을 향상시키고, 감자에서는 감자 색을 검게 하는 멜라닌 합성을 낮게 하여 품질을 좋게 한다. 또한 부족시는 오이의 경우에 곤봉과가 되는데 알맞은 시비는 오이의 외적모양을 좋게 한다.

4) Ca 시비와 품질

Ca는 외형적 품질로써 식물조직을 단단하게 하여 저장성과 씹는 맛을 좋게 한다. 아울러 토마토 등에서 배꼽썩음병, 사과에서 고무병 등의 생리적 병을 방제시킴으로써 상품성을 극단적으로 상승시킨다. 아울러 각종 엽근채류의 심부병 등을 막을 수 있는 이점이 있다. 시금치에는 옥살산과 결합하여 calcium oxalate를 형성해서 옥살산을 불용화 시키므로 인체내의 흡수를 저하시켜 결석을 예방한다.

5) Mg 시비와 품질

Mg는 엽록소의 구성성분으로 엽채류의 상품성을 증가시키며 카로틴과 탄수화물의 함량을 높인다.

6) S 시비와 품질

S는 여러 가지 생리작용에 관여하나 특히 S를 함유한 아미노산 시스틴, 메티오닌의 함량을 높이며, 배추류, 파 식물의 매운 맛을 증가시킨다. 그러나 너무 과다한 S 시비는 각종 채소의 맛을 나쁘게 한다.

8.4.4 미량원소의 시비와 품질

1) B는 수량에는 큰 관계가 없으나 각종 생리작용에 관여해서 근채류 내부의 흑변화, 엽채류 줄기의 갈변화 등을 방지하여 상품성과 채소의 신선도를 증진시킨다.
2) Fe는 식물의 생육에는 영향을 크게 미치지 않으나 충분한 Fe의 식물체내 함량은 인간의 Fe 공급에 크게 기여한다.
3) Mn은 사료에 중요한 역할을 할뿐만 아니라 알맞은 공급은 비타민(카로틴, 비타민 C)의 함량을 상승시킨다.
4) Cu 시비는 식물체내 Cu 함량을 높여 사료가치를 증진시키게 할뿐만 아니라 단백질 함량이나 품질을 좋게 하고, 과실의 품질을 향상시킨다. 물론 많은 구리 함량은 생육억제를 통한 수량 감소가 온다.
5) Mo는 콩과식물의 생육에 중요하고 부족하면 꽃양배추의 잎이 기형화되고 수량이 떨어지기 때문에 어느 정도 필요하며, 알맞

은 공급은 각종 엽채류의 품질을 향상시킨다.

이상 제시한 성분이외에도 미량원소들은 토양-식물-인간의 연계에서 각종 유익한 품질향상 요인이 되고 있다. 그러나 과다한 미량원소의 공급은 식물뿐만 아니라 환경파괴를 가져오고 결국 인간에 집적되어 건강을 나쁘게 할 수도 있다. 따라서 토양 분석을 통한 알맞은 시비가 무엇보다 품질 향상에 중요하다.

8.4.5 무기염류와 인간의 건강

지금까지 우리는 무기염류가 식물의 생육에 미치는 역할에 대해 주로 연구해 왔다. 그러나 화훼식물을 제외하고 과수나 채소는 결국 인간이 이를 이용하게 된다. 그래서 우리는 1일 인간이 필요한 무기염류의 양을 살펴보는 것도 식물영양을 이해하는데 도움이 된다고 본다.

인간에 필요한 중요물질은 50여 가지이며, 여기에 에너지원을 섭취해야 한다. 대체로 사람은 8-9가지의 아미노산이 필요한데 이들이 포함된 단백질을 몸무게 1kg에 1g 정도 매일 섭취해야 한다. 그리고 3가지 지방산이 필요한데 이는 매일 약 7g 정도가 필요하다. 비타민은 15 종류가 필요하고 그 외 20여 가지의 무기염류가 필요하다.

그 외 유용한 물질로는 맛을 내는 물질, 조섬유, 각종 항생물질 등이다. 이들을 합리적으로 취할 때 우리는 건강을 유지시키며 복된 생활을 할 수 있다. 참고로 주요 무기염류(N, S제외)의 1일 필요량을 보면 다음 표 8-3과 같다. 매일 필요량의 적당한 섭취가 건강에 좋다.

표 8-3. 인간에 필요한 각종 무기염류의 1일 필요량과 주요 역할

원 소	필 요 량	체 내 역 할
P	1.5g	뼈 형성
Cl	7-15g	신장기능, 체내 염 유지
Na	7-15g	신장기능, 체내 염 유지
K	2g	생장, 생식
Ca	0.8g	뼈 형성, 근육계
Mg	0.3g	심장계, 수면
Fe	10mg	빈혈 방지
Zn	10mg	생장, 상처 치료, 머리털 생장
Mn	2mg	생장, 생식
Cu	2mg	빈혈 방지, 뼈 형성, 생식, 색소
I	0.2mg	갑상선 기능

제9장 비료의 기초

이 장에서는 식물영양학을 이해하는데 필요한 비료관련 사항을 기술하였다. 따라서, 비료에 대하여 깊이 알고자 하는 경우에는 비료 전문 서적을 참고하기 바란다.

농업이 발달함에 따라 단위면적당 재배식물의 수가 증가하고, 계속적인 경작으로 토양 내 양분의 균형(nutrient balance), 즉 양분의 공급과 소비의 균형이 깨지게 되었다. 토양 내 양분의 균형에 관여하는 공급과 손실에 관한 요인은 다음과 같다.

① 토양양분의 공급(soil nutrient gains): 풍화 및 무기화, 비료의 시용, 질소고정, 강우, 대기

② 토양양분의 손실(soil nutrient loss): 작물의 흡수, 용탈, 휘산, 침식

이와 같은 양분의 불균형은 비료의 시용으로 극복해야 하며, 비료의 종류, 시비량, 시비방법 및 시비시기 등을 고려하여 적절히 시용함으로써 효과적으로 고품질의 작물을 생산할 수 있다.

9.1 비료의 정의와 역사

9.1.1 비료의 정의

비료는 식물이 잘 자랄 수 있도록 인위적으로 식물에 공급하는 물질로, 토양에 제공해 주는 각종 양분 원소뿐 아니라, 직접 식물의 지상부에 뿌리는 엽면살포제나 양액재배에 사용하는 배양액도 비료에 속한다. 또 질소, 인산 등의 일반적인 비료성분은 전혀 함유하지 않으나 토양의 화학적 성질을 개선해서 식물의 생육을 양호하게 하는 물질, 즉 석회 자재 등도 비료로 취급된다. 단 토양개량제는 일반 비료와 구별하여 비료라고 하지 않는다.

그림 9-1. 비료 4 요소

식물의 생육에 필수 불가결한 영양원소는 16종류이지만, 이 중에서 실제로 비료로 이용되고 있는 것은 질소, 인, 칼륨, 마그네슘, 규소, 망간, 붕소 등의 원소로 한정되어 있다. 농작물을 재배하는 경우, 일반적인 토양에서는 질소, 인산, 칼륨이 결핍되기 쉽기 때문에 시비의 효과가 크다. 따라서, 이들 3성분을 비료의 3요소라 하며, 석회를 포함시켜 비료의 4요소라고 하는 경우도 있다(그림 9-1). 이 외의 원소로는 마그네슘, 망간, 붕소, 규소가 주성분으로 취급된다. 단, 구리, 철,

아연, 몰리브덴 등은 미량요소로 취급된다.

9.1.2 비료의 역사

각종 비료의 개량 그리고 새로운 비료 물질의 생산은 관련 화학 및 제조 분야의 발달에 따라 급속하게 변화되어 오늘에 이르고 있다. 최근 세계적으로 원예 산업이 급속히 발전되면서 부가가치가 높은 새로운 영양 물질 또는 완효성 비료가 생산되어 판매되고 있다.

세계적으로 비료의 약 85%가 현재 한국, 미국, 유럽, 러시아, 일본 등 선진공업국에서 소비되고 있고, 세계인구의 약 80%가 살고 있는 개발도상국에서는 약 15% 가량을 소비할 뿐이다. 최근 유기농업에 대한 관심이 높아지고는 있으나, 앞으로 인구증가의 경향과도 관련하여 농업생산에 있어 비료의 중요성은 변하지 않을 것이며, 세계 식량 생산을 증대시키기 위해서도 비료의 생산을 증대시킬 필요가 있다.

상세한 비료의 역사는 부록 2, 우리나라 비료산업의 현황은 부록 3에 수록하였다.

9.2 비료의 성분과 성질

9.2.1 비료의 성분

일반적으로 비료에는 두 가지 이상의 성분이나 물질이 함께 들어 있는데, 이러한 비료의 성분은 크게 유효성분과 유해성분으로 나눌 수 있으며, 유효성분은 주성분과 부성분으로 나뉜다(표 9-1).

1) 유효성분

(1) 주성분

주성분은 비료 중에서 주가 되는 성분으로, 예를 들어 황산암모늄(유안)의 암모늄태 질소를 일컫는다. 비료를 칭하는 데에는 여러 가지 방법이 있는데, 질소질 비료 등으로 칭하는 것은 주성분을 비료 명으로 사용하는 경우에 속한다.

(2) 부성분

부성분이란 주성분과 결합된 상태이거나, 제조 중 섞이는 성분으로, 비료는 많은 부성분을 포함하고 있다. 예를 들어, 유기질 비료에서는 미량요소의 효과를 들 수 있다. 이들 부성분은 작물의 생육 등에 영향을 미치므로 각 성분의 비효(비료의 효과)를 평가할 때 이를 고려할 시비할 필요가 있다.

표 9-1. 비료의 주성분과 부성분

비료명	주성분	부성분	부성분의 기능
유안	질소	황산	토양을 산성화시킴
석회질소	질소	석회	토양산도를 교정
용과린	인	마그네슘, 규소	양분
용성인비	인	마그네슘, 규소	양분

부연설명

9-1. 입상요소비료의 유해성분

입상요소비료에는 조립(造粒)과정 중 biuret이 생성되게 되는데, biuret성 질소가 1%를 초과하게 되면 식물생육에 해가 나타나므로 이를 제한하고 있다.

부연설명

9-2. 흡습성의 강도

질산암모늄>요소>염화암모늄>황산암모늄>염화칼륨>황산칼륨

2) 유해성분

부성분 가운데 작물생육에 해가 되는 성분을 유해성분이라 하며, 존재여부 혹은 함유량을 고려한다.

9.2.2 비료의 물리화학적 성질 및 반응

1) 비료의 물리적 성질

(1) 흡습성

화학비료는 염류이기 때문에 수분을 흡수하는 흡습성을 가진다. 흡습성은 비료의 종류에 따라 다른데, 질산암모늄이 가장 강하다.

(2) 비료의 형태

비료의 형태로는 고체와 액체가 있다(표 9-2). 고체 비료는 입자가 작을수록 토양입자와의 접촉면이 커서 흡착도 잘 되고 흡수도 잘된다. 액체 비료는 고체 비료보다 식물에 흡수가 잘 되기 때문에 추비용으로 사용된다.

표 9-2. 비료 형태별 종류

비료 형태	종류
고체	분말, 입상
액체	제4종 복합비료, 암모니아수, 인분뇨

2) 비료의 반응

비료의 효과는 비료의 성분, 형태, 함유량 이외에 반응에 의해 강한 영향을 받으므로 반응 특성을 아는 것이 중요하다.

비료의 반응에는 화학적 반응과 생리적 반응이 있다.

(1) 화학적 반응

화학적 반응이란, 비료를 토양에 시비하거나 물에 용해시켰을 때 비료자체의 성질에 따라 토양산도가 달라지는 것을 말한다. 예를 들어

인산암모늄은 유리산을 함유하고 있기 때문에 분명히 화학적 산성이며, 시비하면 토양산도가 낮아진다(그림 9-3). 이처럼 반응에 의하여 산성, 중성, 알칼리성(염기성)비료로 나뉘며, 그 정도에도 강약이 있다(표 9-3). 비료를 배합하는 경우에는 산성 토양에는 알칼리성 비료, 중성에 가까운 토양에는 산성 비료가 효과적이다.

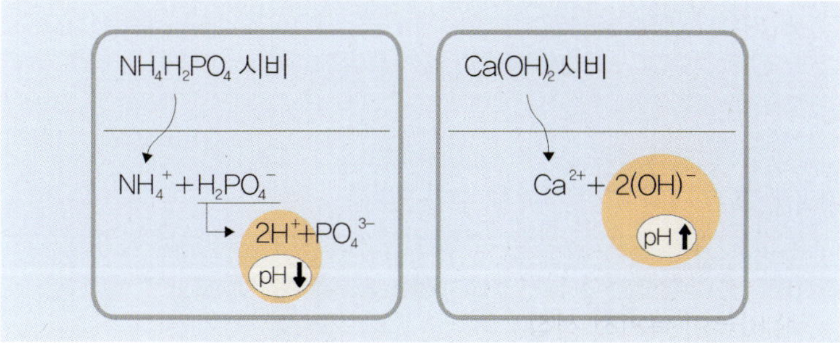

그림 9-2. 비료의 화학적 반응

표 9-3. 화학적 반응에 따른 비료 분류

화학적 반응	비료의 종류
산성비료	유안, 인안, 과석, 중과석
중성비료	염화칼륨, 요소, 염화암모늄, 질산암모늄, 황산칼륨, 칠레초석
알칼리성비료	석회질 비료, 석회질소, 용성인비, 소성인비(인분뇨), 부숙분

(2) 생리적 반응

비료는 작물에 의한 비료성분의 흡수나 토양의 염기치환 등의 작용에 의해 토양반응에 영향을 미치는데, 이러한 반응을 비료의 생리적 반응이라 하고, 반응에 따라 생리적 산성비료·생리적 알칼리성(염기성) 비료로 구분하고, 토양반응에 영향을 주지 않는 비료를 생리적 중성비료라 한다. 즉, 비료 자체의 성질 때문이 아니라 비료를 토양에 시용하고 작물을 재배하면 토양에는 작물로 흡수가 안된 부성분이 남고, 이들이 산성이나 알칼리성을 나타내게 되는데, 이것을 생리적 반응이라 말한다(그림 9-3). 예를 들어 황산칼륨을 시용하면, 칼륨은 작물에 흡수되거나 토양에 흡착된다. 황산은 칼륨에 비해 흡수량이 적으므로 토양에 잔류한다. 따라서 토양이 산성화되므로 이들을 생리적 산성비료라 한다.

부연설명

9-3. 화학적 반응

① 산성비료
$(NH_4)_2SO_4$(유안)
$\rightarrow 2NH_4^+ + SO_4^{2-}$
② 알칼리성비료
$Ca(OH)_2$(소석회) $+ 2H^+$
$\rightarrow Ca^{2+} + H_2O$
③ 중성비료
KCl(염화칼륨) $\rightarrow K^+ + Cl^-$

부연설명

9-4. 생리적 반응

1. 생리적 산성 비료: 유안
$(NH_4)_2SO_4$을 시용하면, 암모늄은 작물에 흡수되거나 토양에 흡착된다. 흡착되는 경우에는 양이온치환에 의하여 석회와 같은 염기가 토양용액으로 나오고, 비료의 부성분인 황산과 반응하여 황산석회가 되어 지하로 용탈되기 쉬워진다. 따라서 토양 중에 염기가 감소함과 동시에 황산이 토양에 잔류한다. 또 암모늄은 토양미생물에 의해 질산으로 되어, 작물에 잘 흡수되는데, 토양을 산성화시킨다. 즉, 유안을 시용하면 토양이 산성화된다.
2. 생리적 알칼리성 비료: 질산소다
$NaNO_3$(질산소다)는 화학적으로 중성이나 NO_3의 흡수속도가 빨라서 Na가 토양에 많이 남는다. 그리고 뿌리에서 OH^-가 많이 나와서 토양 pH가 올라간다.

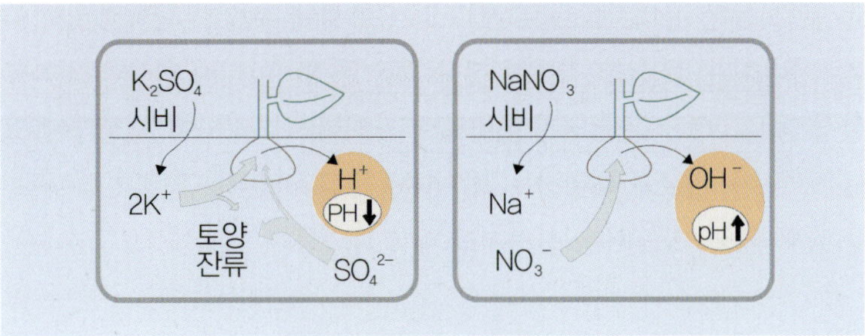

그림 9-3. 비료의 생리적 반응

식물 뿌리의 양분 흡수 결과에 따라 나타나는 생리반응에 의하여 비료를 표 9-4와 같이 분류할 수가 있다.

표 9-4. 생리적 반응에 따른 비료 분류

생리적 반응	종 류
산성비료	유안, 과석유안, 황산칼륨, 염화칼륨, 염화암모늄,
	쌀겨, 녹비 등
중성비료	요소, 질산암모늄, 질산칼륨
알칼리성비료	석회질소, 칠레초석, 용인, 소인, 석회질 비료, 퇴비, 초목회 등

부연설명

9-5. 유기질비료의 생리적 반응

유기질 비료의 반응은 종류 및 시기에 따라 다르다.

① 깻묵, 녹비: 분해초기에는 유기산이 생겨서 산성, 후기에 암모늄이 생성되고 유기산이 분해되면 점차 알칼리성
② 생선: 질소가 많이 들어있어서 처음부터 암모늄이 생겨 알칼리성
③ 퇴비: 분해가 시작될 때는 약알칼리성, 그 후에는 거의 중성
④ 두엄: 약 알칼리성
⑤ 탄수화물이 많은 것은 산성, 단백질이 많은 것은 알칼리성

일반적으로 화학비료는 생리적 산성비료가 많다. 복합비료의 주체인 화성비료의 대부분은 산성비료이다. 자급비료는 알칼리성인 것이 많다.

유기질 비료는 화학적 조성이 복잡하고, 비료가 물에 녹지 않으므로 반응도 복잡하다. 토양 중에서의 분해도 비료의 종류나 시기에 따라 다르다. 일반적으로 유기질 비료 중 동물질의 것은 알칼리성, 식물질의 것은 산성 반응을 나타낸다.

따라서, 식물의 필요성분과 토양의 산도변화 등에 대처하면서 비료를 효과적으로 시용하기 위해서는 비료의 반응을 잘 이해하여 손실이 적고, 효율이 높은 시용 방법을 생각해야 한다.

9.3 비료의 분류

현재 사용되고 있는 비료는 상당히 종류가 많으며, 형태, 생산수단, 주성분, 조성 등의 관점에서 분류하고 있다(표 9-5).

표 9-5. 비료의 분류

분류의 기준	명칭 및 적용	
형태	고체: 입상(화성비료), 분상(배합비료, 유안), 성형비료(알 모양, 고형비료) 액체: 액상비료(수산화암모늄, 액비 등)	
성분 함량	고농도 비료, 저농도 비료	
생산수단	화학공업적 수단	화학비료 판매비료(금비) 화성비료 판매비료(금비) 배합비료 판매비료(금비) 천연비료 판매비료(금비), 천연의 것과 이것을 가공한 것(깻묵, 구아노, 칠레초석 등)
	자가생산	자급비료(퇴비, 녹비, 인분뇨 등)
구입 경로	판매비료(금비), 자급비료(경제비료)	
원료 급원	유기계	동물질 비료, 식물질 비료, 유기화합물 비료(요소 등)
	무기계	무기질 비료(유안, 과석, 황산칼륨 등), 무기화합물 비료
제조 과정	단비, 복비(배합비료, 화성비료)	
규격	보통비료, 특수비료	
주성분	단비비료(단비)	질소질비료(유안, 초안, 요소), 인산질비료(과석, 용과린) 칼리질비료(황산칼륨, 염화칼륨), 석회질비료(소석회, 생석회) 특수성분비료(규산질, 고토비료), 미량요소비료(망간비료)
	복합비료(복비)	3요소 중 2성분 이상을 포함하는 비료 화성비료, 배합비료 등
부성분	황산근 비료(황산염 또는 황산근을 포함하는 비료) 무황산근 비료(황산근을 포함하지 않는 비료)	
비효 발현	속효성비료(유안, 과석, 황산칼륨 등 일반적으로 수용성 비료) 완효성비료(IBDU, oxamide 등 느리게 비효가 나타나는 비료) 지효성비료(유기질 비료 등 일정기간 후에 비효가 나타나는 비료)	
비효 형식	직접, 간접, 자극 비료	
반응	화학적 반응	수용액에서의 반응에 따라, 산성비료, 중성비료, 알칼리성비료
	생리적 반응	토양에서의 반응에 따라, 산성비료, 중성비료, 알칼리성비료
시용 시기	기비(밑거름), 추비(덧거름)	

제10장 무기질 비료

10.1 질소질 비료 (nitrogen fertilizers)

질소는 비료 중 가장 많이 공급하는 양분으로, 작물생산을 증대시키는데 가장 중요하다.

10.1.1 질소질 비료의 형태 및 특성

질소질 비료로 시비되고 있는 질소의 화학형태는 크게 무기태와 유기태로 나뉜다. 무기태에는 암모늄태, 질산태 질소가 있다. 작물에 의하여 흡수되는 주된 형태는 암모늄이온 및 질산이온이다. 또, 유기태에는 요소태, cyanamide태 및 단백질(유기질 비료 중에 있는 질소형태) 등이 있다. 요소와 cyanamide에 들어있는 질소는 유기태에 속하나, 무기물로부터 합성된 간단한 유기화합물이다. 단백질형태의 질소는 유기질 비료의 주성분이며, 무기태 질소가 속효성인데 비해 완효성 혹은 지효성이다.

질소질 비료 종류와 함량(%)을 보면 표 10-1과 같다.

표 10-1. 주요 질소질 비료의 종류

질소질 비료명	별명	영명	화학적 조성	% N
황산암모늄	硫安	ammonium sulphate	$(NH_4)_2SO_4$	21
인산암모늄	燐安	ammonium phosphate	$(NH_4)_2HPO_4$	
염화암모늄	鹽安	ammonium chloride	NH_4Cl	26
수산화암모늄	安水	ammonium water	NH_4OH	
탄산암모늄		ammonium carbonate	$(NH_4)_2CO_3$	
요소		urea	$(NH_2)_2CO$	46
질산암모늄	窒安	ammonium nitrate	NH_4NO_3	35
니트로쵸크		nitrochalk	$NH_4NO_3 + CaCO_3$	21
질산칼슘	석회질소	calcium cyanamide	$CaCN_2$	21
질산나트륨	칠레초석	sodium nitrate	$NaNO_3$	16

1) 속효성 질소질 비료

(1) 암모늄태 질소질 비료(ammonium fertilizers)

① **성질**: 수용성이며, 속효성이다. 토양입자에 잘 흡착된다(217mg/건토 100g).

② **비료종류**: 황산암모늄, 염화암모늄, 인산암모늄, 부숙퇴비, 암모니아수

③ **흡수**: 작물에 그대로 흡수되거나 질산태로 된 후 흡수된다. 질산염의 경우보다 단백질 및 건물생산량이 많다.

④ **시용**: 알칼리성 비료와 섞거나 고온이면 NH3 가스가 나오므로(휘산) 섞지 말고 시차를 두고 시비한다.

(2) 질산태 질소질 비료(nitrate fertilizers)

① 우리 나라에서는 일반 토양재배에서는 사용하지 않는다.

② **성질**: 수용성이며, 속효성이다. 토양에 흡착되지 않아서 유실되기 쉬워 추비용으로 사용된다. 환원상태에서 탈질 된다.

③ **비료종류**: 칠레초석, 질산암모늄

④ **흡수**: 그대로 흡수된다. 유실되기 쉬우므로 나누어 시비하는 것이 좋다.

⑤ **시용**: 시용량이 많으면 작물생육에 해가 된다. 환원작용을 받으면 아질산, 아핵화질소, 유리질소로 환원된다.

(3) Amide태 질소질 비료(amide fertilizers) – **요소비료**(urea)

① 질소질 비료 중 가장 많이 사용된다. 질소질 비료 중 질소함량이 45% 이상으로 가장 높다(유안보다 2.2배 진하다).

② **성질**: 비교적 속효성이며 수용성, 유기태이다.

③ **흡수**: 미생물(urease)에 의해 암모늄, 질산으로 분해된 후 흡수된다. 그대로는 별로 흡수되지 않는다. 엽면시비의 경우 그대로 흡수된다.

④ **시용**: $O=C-(NH_2)_2 + H_2O \rightarrow 2NH_3 + CO_2$

⑤ 가격이 저렴하고, 무색이다.

⑥ 흡습성이 크기 때문에 다른 비료와 배합하지 않는다. 특히 초안, 과석, 중과석과의 배합은 절대 피한다.

⑦ 온실 내에 석회비료와 동시에 시용하면 반응하여 NH_3 가스가

부연설명

10–1. 황산암모늄, $(NH_4)_2SO_4$

① 수용성, 속효성
② 중성염이지만 생리적 산성비료
③ 질소 20% 이상
④ 기비, 추비 다 좋으나, 전량 기비로 주면 도장한다.
⑤ 시비시 흙과 잘 섞어준다.
⑥ 유안의 소비는 매년 요소에 의해 감소하고 있다.

부연설명

10–2. 질산암모늄 NH_4NO_3

① 추비용, 생리적 중성비료, 질산 32% 이상, 흡습성이 가장 크다.
② 질산암모늄은 폭발성이 있으므로 주의해야 한다.
③ 니트로쵸크: 질산암모늄을 취급이 안전하도록 석회와 혼합

부연설명

10–3. cyanamide태 질소 = $CaCN_2$

① 수용성, 완효성
② 토양에 잘 흡착
③ $CN_2 \rightarrow urea \rightarrow NH_3$
④ 기비로 사용
⑤ 분해과정 중에 유해물이 나오므로 식물을 심기전 2주전에 시용하는 것이 안전.
⑥ 유해성을 이용하여 제초, 살충, 토양소독에 이용

발생하여 식물에 크게 해를 주므로 주의한다. 요소비료를 시비한 후 흙으로 덮어주어서 직사광선에 의해 분해되지 않도록 한다. 온실 내에서는 관수후 토양에 습기가 있을 때 시비하는 것이 좋다.

⑧ 시비후 3~4일 지난 다음 관수한다.

⑨ 다른 질소질 비료에 비해서 유실이 적은 편이다(부식물, 점토와 수소결합).

⑩ 종자와 섞어서 사용하면 안되며, 뿌리나 씨앗에 닿지 않게 한다.

부연설명

10-4. 완효성 질소질 비료의 구분

완효성 질소질 비료는 비효가 어떻게 발현되는가에 따라 화학적 가수분해형과 미생물분해형 혹은 토양조건에 의해 복합형으로 나뉜다. 일반적으로 가수분해형은 산성에서는 분해가 빠르나 토양조건에 따른 비효의 영향이 적고 조립효과(造粒效果)가 있다. 미생물분해형은 저온에 의해 무기화 속도가 지연되며, 토양종류, 토양조건에 의해 비효의 발현시기가 변하거나 계속 시비할 경우 분해가 촉진되어 완효성 질소질 비료의 효과가 감소하는 현상이 있다.

2) 완효성 질소질 비료(slow releasing N fertilizers)

질소질 비료는 거의 대부분이 수용성이기 때문에 비효가 빨리 나타나며, 과잉 시비하면 작물이 과다하게 흡수하여 경엽의 과번무, 도복 등의 현상이 일어나기 쉽다. 또한 작물에 흡수되는 이외에 용탈, 유실 및 휘산에 의한 손실이 커서, 일반적으로 흡수 이용률은 50~60%에 지나지 않는다. 특히 비가 많은 우리 나라에서는 손실이 크다. 따라서, 작물의 생육에 따라 비료성분이 용해되든지 분해되는 지속성을 갖는 동시에, 토양 중의 질화작용이나 유실이 적은 완효성 비료가 선호된다. 완효성 비료의 장점은 다음과 같다.

부연설명

10-5. 주요 완효성 질소질 비료의 성질과 비효상의 특성

비 료	제조 원료	질소 (%)	용해도 (g/100g물)	특 성
ureaform aldehyde 가공 요소비료(UF)	요소 + formaldehyde	42.41 41.16 40.51 40.21	2.18 0.14 0.01 흔적	주로 미생물분해, 조립효과가 있음. methylene 요소의 중합도에 따라 비효가 다르다.
isobutylaldehyde 축합요소(IBDU)	요소 + isobutylaldehyde	32.16	0.1~0.01	주로 화학적 가수분해, 조립효과가 크다.
acetaldehyde 축합요소(CDU)	요소 + acetaldehyde	32.54	0.12	미생물 및 가수분해, 조립효과가 크며, 논보다 밭토양에서 무기화속도가 크다.
guanylurea (GU)	dicyandiamide + 인산 혹은 황산	28 33.17	4 5.5	미생물분해, 담수환원 토양에서 무기화속도가 크다. 토양흡착성이 있다.
oxamide	암모니아 + 옥살산	31.81	0.02	주로 미생물분해. 조립효과 있다.

※ 지금까지 비효시험을 실시한 유기화합물은 300 이상이지만, 이상의 비료 이외에 실용성이 있는 것으로는 urea-Z, glycoluril 등을 들 수 있다.

① 시비성분의 손실을 경감하고, 시용효율을 높인다.
② 항상 적정수준의 비료가 있기 때문에 생산성이 높아진다.
③ 질소나 칼륨과 같은 원소의 과다흡수를 방지함으로써 고농도 장해를 막고, 건전한 생육을 유지, 증진시킨다.
④ 인, 칼륨과 같은 시용 성분이 토양에 흡착, 고정되지 않아 무기화가 방지된다.

부연설명

10-6. 완효성 질소질 비료의 분류

① 질소는 직접 흡수되는 형태이지만 난용성인 것
예) MAP (인산-암모늄-마그네슘)
② 물에 난용성이며 분해후 흡수되는 것
예) ureaform, CDU, IBDU
③ 수용성이나 느리게 분해되는 것
예) guanyl urea

10.1.2 질소질 비료의 시비(nitrogen fertilizer application)

① 질소 시비는 토양조건, 작물의 종류, 재배형태(노지 또는 시설) 및 작물의 영양상태에 따라 달리한다.
② 토양 유기물로부터 무기태의 질소가 많이 공급되는 경우, 또는 토양에 전작물 재배시 남은 가용성 질소가 많을 경우에는 질소 시비를 적게 한다.
③ 식물이 왕성한 영양생장을 할 때는 충분히 시비해야 하는데, 시비가 과다하면 작물에 과잉장해가 나타날 수 있으며, 또한, 곰팡이에 의한 병발생이 많아질 수 있다.
④ 대부분의 포장재배의 경우 질산태 질소냐 암모늄태 질소냐에 의한 차이는 크지 않다. 그러나, 시금치에서는 암모늄태 질소를 주는 것이 좋다.
⑤ 질소질 비료는 일반적으로 용탈이 잘 되기 때문에 생육하는 기간 중에 추비로 공급한다. 필요한 비료를 한 번에 다 시비하지 않고 여러 번에 나누어서 시비해야 한다. 그러므로 일부 분화식물에서는 가격은 비싸지만 완효성 비료의 효과가 크다.
⑥ 중성토양에서 생리적 산성 질소질 비료의 시비는 산도를 교정시켜 일부 미량원소의 자연공급을 증가시킬 수 있는 장점이 있다.

부연설명

10-7. IBDU의 제조법

요소는 isobutylaldehyde를 황산과 혼합하면서 반응시키면
$2\ NH_2CONH_2 + (CH_3)_2CHCHO =$
$(CH_3)_2CH \cdot CH(NHCONH_2)_2 + H_2O$
로 되어 IBDU가 생성된다.

10.2 인산질 비료(phosphate fertilizers)

10.2.1 인산질 비료의 형태 및 특성

1) 인산질 비료의 형태와 성질

인산질 비료는 무기태와 유기태로 크게 구분되는데, 무기태 인산질 비료는 수용성 인산, 가용성 인산, 구용성 인산, 불용성 인산으로 구별된다. 주요 인산질 비료의 특성은 표 10-2와 같다.

(1) 무기태 비료: 물이나 묽은 산에 대한 용해도에 따라 분류

① 수용성 비료

성질: 물에 녹는 것으로, 가장 비효가 빠르게 나타난다.

흡수: 토양에 흡수 고정됨. 인산1석회가 주로 식물에 흡수됨

비료종류: 과석, 중과석, 인안(복비), 복합인비

시용: 초기생육에 좋음. 액비로도 가능. 유기물과의 병용이 좋음. 유식물, 한랭지 등에 좋음. 염기성비료와 혼용하면 난용성임.

② 가용성 비료

성질: 물과 구연산 암모늄 용액(Peterman용액, pH 9.6)에 녹는 것으로, 비효가 빠르게 나타난다. 일부는 완효성이다.

비료종류: 과석, 중과석

흡수: 토양 중의 유기산이나 근산에 녹아 흡수됨.

시용: 기비용

③ 구용성(枸溶性) 비료

성질: 2% 구연산용액(citric acid, pH 2.1)에 녹는 것으로, 완효성이다.

비료종류: 용인(熔成燐肥), 소인(燒燐), 복합인비, 침전인산석회, 부산인비, 가공인비

흡수: 토양 중의 탄산이나 뿌리에서 생성된 근산(根酸)에 녹아서 작물에 천천히 흡수되는 완효성이다.

시용: 기비용. 추비는 안됨. 분말이 미세한 것이 좋음

④ 불용성 비료

성질: 녹지 않는 것으로, 비효는 극히 늦다.

비료종류: 인광석, 회류(灰類), 골분

흡수: 물이나 근산에 불용이며 그대로는 흡수 안됨

시용: 녹비와 같은 유기질 비료와 겸용해서 흡수되기 쉬운 형태로 하면 좋음.

(2) 유기태 비료

성질: 지효성

비료종류: 쌀겨, 어분, 깻묵

흡수: 토양 중에서 서서히 분해되어 효과를 나타냄.

시용: 시용 전에 분해시켜서 무기 인산으로 변화시킴.

2) 주요 인산질 비료의 화학조성 및 특성

(1) 과린산석회(過石, super phosphate)

① 주성분: $CaH_4(PO_4)_2$(인산1석회), $CaHPO_4$(인산2석회), H_3PO_4(올소인산), $CaSO_4 \cdot 2H_2O$(석고)

② 특성: 회백색이며, 약산성이나 생리적 중성으로 토양 pH는 변하지 않는다. 주성분은 수용성 인산이므로 속효성이다.

(2) 중과린산석회 (중과석, TSP: triple super phosphate)

① 주성분: 과석과 같은 조성이나 $CaSO_4 \cdot 2H_2O$(석고)가 적다.

② 특성: 회색이다. 비효는 과석과 비슷해 속효성이다.

(3) 용성인비(熔成燐肥, 용성마그네슘인비, 용인, fused phosphate)

① 주성분: 1 $CaO \cdot 8\ MgO \cdot P_2O_5 \cdot nSiO_2$의 고용체 혹은 이것에 B_2O_3, MnO를 포함시킨 것

② 특성: 용성인비에는 여러 종류가 있는데 용해법(融解法)으로 제조되는 것은 모두 포함된다. 물에는 녹지 않고 2%의 구연산에 녹으며, 가장 대표적인 용성인비는 용성고토인비로써 Ca나 Mg도 들어있다. 화학적 특성은 약알칼리성이다. 용과린은 용성고토인비에 과린산 석회를 합한 것이다.

부연설명

10-8. 기타 인산질 비료의 조성

① 고토과린산: $MgHPO_4$, $CaHPO_4$, $MgH_4(PO_4)_2$, $CaH_4(PO_4)_2$, $Ca_3(PO_4)_2$, $Mg_3(PO_4)_2$, $CaSO_4 \cdot 2H_2O \cdot SiO_2$

② 소성인비(소인): α-$Ca_3(PO_4)_2$

③ 부산인산질 비료: $CaHPO_4$, $CaH_4(PO_4)_2$, $Ca_3(PO_4)_2$

④ 인산암모늄(인안): (인산2암모늄:DAP)

⑤ 고토인안: $MgNH_4PO_4$(인산마그네슘암모늄)

⑥ 유인안: $NH_4H_2PO_4$, $(NH_4)_2SO_4$

⑦ 인초안칼륨: $CaHP_4NH_4NO_3$, KNO_3 $[Ca(NO_3)_2]$

⑧ 염가린안: NH_4Cl, $NH_4H_2PO_4$, KCl

표 10-2. 주요 인산질 비료의 종류

비료명	영명	분자식	용해도	P_2O_5 함량
과린산석회	superphosphate	$Ca(H_2PO_4)_2 + CaSO_4$	수용성	18~22
중과린산석회	triple superphosphate	$Ca(H_2PO_4)_2$	수용성	46~47
인산1암모늄	monoammonium phosphate	$NH_4H_2PO_4$	수용성	48~50
인산2암모늄	diammonium phosphate	$(NH_4)_2HPO_4$	수용성	54
용성고토인비	fused Mg phosphate	Ca-Mg phosphate	구용성	20

10.2.2 인산질 비료의 시비

① 인산질 비료의 비효는 좋은 토양구조와 알맞은 토양산도에서 가장 좋다. 인산질 비료로는 보통 과린산염(H_2PO_4)을 사용하는데 calcite($CaCO_3$)가 많은 알칼리토양에서는 과린산과 탄산칼슘이 반응해서 $Ca_3(PO_4)_2$를 만들어 버리므로 유효인산이 적어진다.

② 인산질 비료는 뿌리에 가깝게 시비해야 이용률이 높다. 특히, P 성분이 토양 중에 낮고 강우량이 적은 곳, 재식거리가 넓을 때, 토양 속의 P가 불용화 경향이 높은 곳, 초기시비를 적게 했을 때, 식물의 뿌리가 깊게 뻗을 때, 생육기간이 짧은 식물을 심었을 때, 식물체 근처에 시비해야 한다.

③ 중금속에 오염된 토양에 인산질 비료를 많이 시비하면 중금속이 불용화되므로 공장폐수 등 오염지역에는 인산질 비료를 많이 시용한다.

④ 토양산도에 따라 달리 시비한다. P시비는 토양 내 pH와 배지의 종류에 따라 달리한다. 수용성 인산질 비료는 중성토양에서 효과적이다. 비수용성 인산질 비료는 산성토양에 알맞다. 수용성 인산질 비료는 입상으로 공급하고, 비수용성 인산질 비료는 분제로 시비하는 것이 좋다. 과린산석회는 약산성~중성토양에 가장 알맞고, 토마스인비는 약산성~산성토양에 알맞다.

⑤ 토양구조 개선을 위해서는 과린산석회나 황산칼슘을 사용한다.

⑥ 엽면살포는 거의 효과가 없다.

⑦ 토양에서 P의 용탈은 농업적 측면에서 크게 중요하지 않으며, 오히려 국내 토양에서는 집적이 많다. 따라서 토양분석 후 시비하는 것이 바람직하다.

10.3 칼리질 비료(potassium fertilizers)

10.3.1 칼리질 비료의 형태 및 특성

1) 칼리질 비료의 형태와 성질

칼리질 비료를 크게 나누면, 무기태와 유기태 칼륨으로 나눌 수 있다.

(1) 무기태 칼륨

무기태 칼륨은 주로 수용성이다.

① 수용성 비료

성질: 물에 녹기 쉽고 모두 속효성으로 작물에 잘 흡수된다.

비료종류: 염화칼륨, 황산칼륨, 질산칼륨, 초목회

흡수: 작물에 즉시 이용됨. 토양에 흡착됨.

시용: 염화염과 황산염은 산성화시키며, 염화염은 염도를 증가시

키므로 주의해야 한다. 기비·추비에 적합. 액비로 이용가능. 산성 부식질토양·사질토양에서는 분시하는 것이 좋다.

② 불용성 비료

성질: 녹지 않는 것으로, 비효는 극히 늦다.

비료종류: 초목회의 일부, 칼륨석영조면암·해록석 등의 칼륨함유 광물

흡수: 그대로는 효과가 적다. 규산염으로 존재한다.

시용: 그대로는 비료로 되기 어렵다.

(2) 유기태 칼륨

성질: 지속적인 속효성으로, 퇴구비, 녹비 중의 칼륨은 거의 수용성이다.

비료종류: 퇴구비, 녹비, 깻묵, 쌀겨

흡수: 깻묵·쌀겨 등은 토양 중에서 분해된 후 비효를 나타내어 수용성 칼륨과 비슷하다.

시용: 퇴구비 중의 칼륨은 수용성이므로 퇴적 중 유실에 주의한다. 기비용 비료에 준 한다.

2) 주요 칼리질 비료의 화학조성 및 특성

(1) 황산칼륨 (황가, K_2SO_4, potassium sulphate)

① 백색, 수용성

② 생리적 산성비료이지만 KCl보다는 약하다.

③ 43% K (52% K_2O) 정도를 함유하고, Cl이 없으며, S는 17% 함유한다.

④ 제조단가가 KCl보다 비싸다.

(2) 염화칼륨 (염가, KCl, potassium chloride)

① 가장 널리 사용되며 저렴한 비료

② 백색, 화학적으로는 중성이나 생리적으로는 산성

③ 50% K (60% K_2O) 정도를 함유한다.

④ 수용성

⑤ 기비, 추비 겸용 (모래땅에서는 추비 필요)

⑥ 요소, 석회 등과 혼용할 때에는 곧 시비하여야 한다.

10.3.2 칼리질 비료의 시비

1) 작물에 따른 선호 비료 형태

① 염화칼륨(KCl)에는 염소가 함유되어 있어 염생식물에 적합하다.

② 염소를 싫어하는 작물에는 황산칼륨을 시용하는 것이 좋다.

2) 칼리질 비료의 시비

① 식물의 종류에 따라 염소 또는 황 함유 비료를 잘 선택해서 시비하고, 노지에서는 시설에서보다 많이 시비한다. 그러나 과다시비가 안되게 주의한다.

② 시설 내에서는 염류집적이 적은 K_2SO_4나 KNO_3를 시비하는 것이 좋다.

③ 칼리질 비료는 보통 전면시비하며, 유효칼륨이 적거나 칼륨의 토양고정이 강한 토양에는 대부분의 비료는 시비후 치환성 형태로 존재하므로, 질소질 비료보다는 토양유실이 적다.

④ 토양고정이 강한 토양에는 칼리질 비료의 고정을 감소시키기 위해서 작물을 심기 직전에 시비하고 후에 표토에 추비하여 관수시 녹아서 서서히 공급되도록 하는 것이 바람직하다. 토양고정이 강한 토양에는 과다장해가 적으므로 기비로 주로 시용한다.

⑤ 식토와 같이 토양입자가 작은 토양에서는 수직이동이 원활하지 않으므로 보다 깊게 시비하는 것이 좋다.

⑥ 인산과 마찬가지로 칼륨도 거친 토성의 토양(heavy textured soil)에서는 용탈이 극히 안되므로 가을에 시비하여 봄에 식물이 이용할 수 있게 한다.

3) 주의

① 사질토양, 유기질토양, 고령토에서는 칼륨의 유실이 많다.

② 유실이 잘 되는 토양에는 분시(分施)하는 것이 바람직하다.

10.4 석회질 비료

석회질 비료는 일반적으로 칼슘을 공급하기 위해서보다는 토양산도를 교정하기 위해서 많이 사용되고 있다.

부연설명

10-9. 칼리질 비료의 선호도에 따른 작물분류

① 염소 선호 작물(natrophilic crops): 양배추 등
② 염소 혐오 작물(chlorophobic crops): 포도, 유실수, 감자, 토마토, 딸기, 오이, 양파 등

부연설명

10-10. 기타 석회질 비료

1. 고토석회비료
Ca-Mg계 비료가 광의의 고토석회비료이며, 좁은 뜻으로는 고토소석회(苦土消石灰)를 말한다. 이것은 백운석으로부터 제조된 것으로 구용성 Mg의 함량이 3.5% 이상인 석회질 비료이다. 백운석은 석회석보다 약산에 용해되는 속도가 느리다. 제법에 따라 백운석 원석을 분쇄한 고토탄산칼슘, 백운석을 태운 고토생석회, 고토생석회를 소화(消化)한 고토소석회 등의 종류가 있다.
2. 석고($CaSO_4$)
석고는 중성비료로 토양구조를 증진시키고 염류토양에 좋으나 토양개량용 비료는 아니다.

10.4.1 석회질 비료(liming materials)

석회질 비료로는 생석회(CaO), 소석회($Ca(OH)_2$), 탄산칼슘(석회석, $CaCO_3$)이 대표적이지만, 그 외에 고토석회, 부산석회 및 석회나 고토 이외의 유효규산을 함유하고 있는 광재 등도 있다(표 10-3). 유효규산이 적은 토양에서의 벼 생육을 촉진하고, 도열병의 예방 등에 유효한 것으로 알려져 있다.

표 10-3. 석회질 비료의 종류

종 류	영 명	화학명	화학식	중화역가
석회석	chalk or lime stone	Ca carbonate	$CaCO_3$	50% CaO
소석회	slaked lime	Ca hydroxide	$Ca(OH)_2$	70% CaO
생석회	burnt lime	Ca oxide	CaO	85% CaO

* 석회질 비료의 시용 효과는 토양을 중화시키는 능력에 달려있으며, 중화역가는 CaO의 효과에 대한 상대값으로 나타낸다.

석회질 비료의 주성분은 알칼리 성분이므로, 토양의 산도를 교정하는데 유효한 알칼리의 정도로 표시한다[1/2 규정의 염산에 녹는 석회(CaO) 및 고토(MgO)의 함량].

석회질 비료의 형태, 비효, 특성은 표 10-4와 같다.

표 10-4. 석회질 비료의 형태 및 특성

형태		산화석회 CaO	수산화석회 $Ca(OH)_2$	탄산석회 $CaCO_3$	부산석회 주로 $CaSiO_2$
비료	국명	생석회	소석회, 고토석회	탄산석회	규산석회
	영명	burnt lime	slaked lime	chalk, lime stone	
	화학명	Ca oxide	Ca hydroxide	Ca carbonate	
비효		속효성	속효성	소석회보다 완효성	완효성
성질		알칼리분이 80%로, 작용이 가장 강함.	오래 방치하면 CO_2를 흡수하여 탄산석회로 변함.	소석회에 비해 작용이 온화. 주로 산성토양교정용으로 이용됨.	작용이 온화. 석회와 함께 규산의 이용도가 높음.
주의사항		물과 작용시키면 발열하면서 소석회로 변함. 토양소독과 제초에도 유효.	생석회와 마찬가지로 토양소독, 제초에 효과 있음.	방치하여도 변화없음. 작물에 대한 약해가 없음.	규산을 포함하기 때문에 벼 증수효과가 큼. 연용의 해는 없음.

여러 형태의 석회비료 중에 석회질소와 용성인비는 석회 성분 뿐만 아니라 고토(Mg)를 함유하고 있어 비효가 크다.

부연설명

10-11. 석회질 비료의 효과

1. Ca^{2+}의 공급
2. 토양 pH의 증가
① 가용성 Al을 불용화 시킨다.
② 인산의 유효도는 토양 pH가 높아짐에 따라 증가한다.

10.4.2 석회시용 및 토양반응

1) 석회의 토양반응

CaO 와 $Ca(OH)_2$는 용해도가 높기 때문에 $CaCO_3$ 보다 빨리 반응한다.

석회의 토양중 변화와 효과는 그림 10-1 및 2와 같다.

(1) CaO 와 $Ca(OH)_2$

$CaO + H_2O \rightarrow Ca(OH)_2$

$Ca(OH)_2 + 2H^+ \rightarrow Ca^{2+} + H_2O$

순반응: $CaO + 2H^+ \rightarrow Ca^{2+} + H_2O$

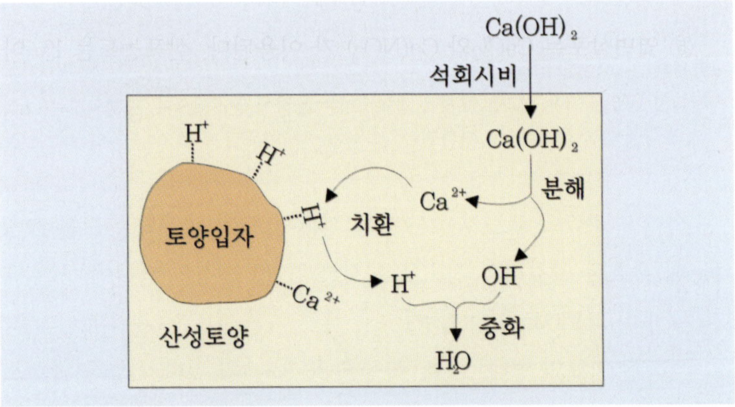

그림 10-1. 석회 시용의 토양중화 원리

(2) $CaCO_3$

$CaCO_3 + 2H^+ \rightarrow Ca^{2+} + H_2O + CO_2$

CO_2가 있으면 $CaCO_3$.가 빨리 용해된다.

$CaCO_3 + CO_2 + H_2O \rightarrow Ca(HCO_3)_2$

$Ca(HCO_3)_2 + 2H^+ \rightarrow Ca^{2+} + 2H_2O + 2CO_2$

순반응: $CaCO_3 + 2H^+ \rightarrow Ca^{2+} + H_2O + CO_2$

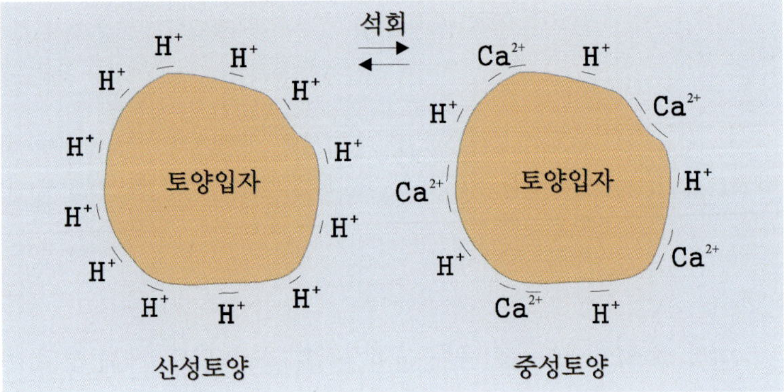

그림 10-2. 산성토양에 대한 석회 시용의 효과

2) 석회질 비료의 시비

① 석회질 비료의 용해속도는 비료의 입자크기에 비례하며, 작을수록 빨리 녹는다.

② 시용량은 토양 pH(actual acidity)뿐만 아니라 토양입자에 흡착되어 있는 수소이온 농도(potential acidity)에 의존한다.

③ 일반적으로 석회 시용은 3~5년 주기로 ha당 CaO를 3~4t 시용한다.

④ 석회 시용시 암모늄태 질소를 함유하고 있는 비료와 혼용해서는 안 된다. 혼용하면 토양 pH가 올라가서 비료 내의 암모늄태 질소가 암모니아 가스로 되어 휘산된다.

⑤ 엽면살포는 $CaCl_2$와 $Ca(NO_3)_2$가 이용된다. 살포농도는 1% 이하이다.

10.5 고토 비료 (Mg 비료)

예전에는 다른 비료의 불순물로 마그네슘이 함유되어 별도로 시비하지 않았다. 그러나, 비료의 순도가 높아짐에 따라 고토비료의 시용이 중요하게 되었으며, 특히, 사탕무, 감자, 유실수, 시설원예작물 등에서 중요하다.

용탈이 많이 된 부식산 토양이나 석회가 많은 사질토양에서는 결핍이 일어나기 쉽다.

10.5.1 고토비료의 형태 및 특성

1) 고토비료의 형태 및 성질

아직 생산과 소비는 많지 않다. 종류는 표 10-5와 같다.

① 마그네슘은 탄산염, 산화물 혹은 황산염의 형태로 공급된다.

② 일반적으로 황산염 형태가 탄산염 형태보다 비효가 빠르게 나타나나 가격이 비싸다.

2) 황산고토비료(황산마그네슘 비료)

우리나라의 공정규격에는 황산고토비료가 있으며, 수용성 Mg의 함량이 14%이상이어야 한다. 황산고토비료의 주요성분은 $MgSO_4 \cdot nH_2O$로 표시되며, 고토비료 중 유일한 수용성 속효성 비료로, 생육기간이 긴 벼, 보리나 채소류 등에 비효가 높고 엽면살포 효과도 있다.

부연설명

10-12. 기타 고토 비료

1. 수산화고토비료[$Mg(OH)_2MgO$]
구용성고토를 주성분으로 한 지효성의 알칼리성 비료이다. 일반작물에서는 기비로 시용한다. 알칼리성이므로 암모늄태 질소나 가용성 인산과 혼용하면 안 된다.

2. 부식산고토비료
이 비료는 부식산암모늄비료, 부식산혼합인비, 부식산칼리질 비료 등과 유사한 것으로, 비료성분에서 고토의 효과 이외에 부식산의 토양개량효과, 비효촉진효과를 이용하는 비료이다. 즉, ①발근촉진, ②인산의 토양 흡착고정 방지, ③점토입자와 복합체 형성에 의한 양이온교환용량 증대, ④토양미생물의 번식촉진, ⑤칼슘의 분산촉진에 의한 토양반응완화 등이다.

부족한 지역에서는 유산망간, 염화망간을 2~3kg/10a 수준으로 기비로 주고, 매년 약간씩만 추가로 시용하면 된다. 대체로 생리적 산성 질소질 비료를 많이 시용하면 Mn의 흡수가 증가된다

10.7.2 붕소질 비료(boron fertilizers)

붕소는 미량요소로 소량이 필요하나, 일반적으로 토양에 충분히 포함되어있다. 토양의 pH가 6~6.5 또는 알칼리성으로 되거나, 토양이 심하게 건조할 때에는 작물에 흡수되기 어려워서 결핍증상을 보인다. 붕소비료에는 붕산염 비료와 붕산비료가 있다. 붕소는 단자엽 식물보다 쌍자엽 식물에 많이 요구된다.

1) 붕사비료(borax)

영명으로는 sodium tetraborate decahydrate이라 하고, 주성분은 $Na_2B_4O_7 \cdot 10H_2O$인 것으로, 가장 많이 사용된다. 붕소비료 중에서 수용성 붕소가 가장 적으므로 기비로 시용한다.

2) 붕산비료(boric acid):

수용성 붕소(H_3BO_3)가 주성분이며 알칼리성을 나타낸다. 작물에는 흡수되지만 토양에는 흡착되지 않는다. 일반적으로, 토양에 기비로 시용하나, 엽면살포에 의한 효과도 인정되고 있다.

3) 붕소비료의 시용

붕소의 결핍증상은 건조기에 많다. 특히, 사질계 토양에서 pH가 높을 때 많다. 붕소비료의 시비시 어려운 점은 식물에 따라 요구도가 다르다는 점이다. 그러므로 작물에 따라 적정시비가 필요하며, 윤작시 특히 이를 고려해야 한다. 왜냐하면 전작물에 알맞은 시비도 후작물에서는 적절하지 않을 수 있기 때문이다. 붕소를 많이 요구하는 식물은 비트, 스웨덴 순무, 꽃양배추, 셀러리, 콜라비, 유채, 콩과식물 등이다. 그리고 화곡류와 외떡잎 사료작물은 이들 보다 1/6~1/8 정도를 요구한다. 붕사(B 35%)를 10a당 1-1.5kg을 기비로 뿌린다.

10.7.3 철 비료(iron fertilizers)

토양 내에는 식물이 요구하는 것보다 철이 월등히 많다. 철은 산성에서 용해도가 높고, 중성이나 알칼리성에서 난용성이기 때문에 산성에서 유효성이 크다. 따라서, 토양의 산도가 적당하지 않으면 철이

결핍되기 쉬우므로, 철 비료를 주는 것보다는 토양 내에 존재하는 철의 용해도를 높이는 것이 중요하다.

철의 결핍이 염려되는 곳에는 킬레이트철(Fe chelates)을 시비하는 것이 좋다. 무기철염을 토양에 시용하는 것은 효과가 거의 없는데, 이는 시용 즉시 산화물로 되어 불용화되기 때문이다.

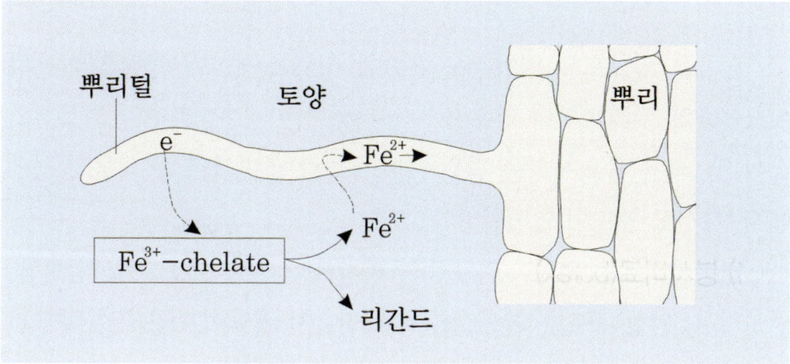

그림 10-4. 킬레이트철의 흡수원리

킬레이트철을 사용할 때에는 표 10-6에서와 같이 유효 토양산도를 고려한다. EDTA(Fe 13%)는 10a당 기비로 0.5-5kg을 시비한다. Fe-EDDHA가 Fe-EDTA 보다 안정된다.

표 10-6. 킬레이트철의 종류

종 류	물 질 명	유효 pH	기 타
NTA	니트릴로트리아세틱산(nitrilotriacetic acid)	1~3	
EDTA	에틸렌 디아민 테트라 아세틱산 (ethylene-diamine-tetra-acetic acid)	1~6	빛이 조사되면 불활성
DTPA	디에틸렌 트리아민 펜타아세틱산 (diethylene-triamine-pentaacetic acid)	2~7	빛이 조사되면 불활성
EDDHA	에틸렌 디아민 디하이드록시페닐 아세틱산 (ethylene-diamine-dihydroxyphenyl-acetic acid)	2~9	고가, 핑크색

10.8 규산질 비료

규산질 비료는 식물의 세포막을 튼튼하게 하며, 내도복성(耐倒伏性)을 증가시키기 때문에 식물이 건전하게 생육하며, 내병성·내충성이 생기므로 병해충에 대한 저항력이 강해지고, 생육이 양호해서 수량이 증대된다. 그러나 보리, 토마토, 무, 양파, 배추 등을 포함한 식물에는 규산의 시비 유무가 생육에 큰 차이를 보이지 않는다.

규산질 비료는 알칼리성이므로 산성토양의 교정에도 이용된다. 규산질 비료는 광재(鑛滓)라고 불리는 금속공업에서의 부산물로, 일반적으로 규산석회를 주성분으로 하고, 그 외에 고토, 망간, 철 등을 함유하고 있다.

10.9 엽면시비 비료

식물은 잎으로도 영양분을 흡수할 수 있는데, 이 성질을 이용하여, 식물의 뿌리로부터 양분흡수가 저해되는 경우, 과수나 화목류와 같이 맛, 색을 중요시하는 경우, 채소류처럼 엽면적이 큰 식물의 경우에 0.5%정도 농도의 엽면시비가 효과가 있다.

엽면살포에는 망간, 붕소 등의 미량요소 외에 요소, 인산암모늄, 인산칼륨, 인산나트륨, 질산칼륨 등을 함유한 것들이 이용되고 있다.

10.10 농약 등이 혼입된 비료

비료에 대한 이물질의 혼입은 금지되어 있다. 그러나, 예외규정으로 농약의 혼입은 허가되어 있다. 지금까지 인정되어 있는 미량요소인 철, 구리, 아연, 몰리브덴은 효과발현 촉진제로, 석고는 농도 조성의 균일성 촉진제로 사용되고 있다.

(1) 농약혼합비료

보통비료에 농약혼입이 인정된 후, 제초나 해충구제를 겸한 농약혼입비료가 시판되기에 이르렀다. 여러 가지 농약혼입비료가 사용되어 왔으나, 수질오염, 잔류독성 문제가 있어 대부분 정리되었고, 현재 비료에 혼합해도 되는 농약은 제초제인 테트라피온, 살충제인 피리엠과 칼탑, 살균제인 이소란, 식물생장 조절제인 유니코나졸 P의 5가지

표 10-7. 농약혼합비료(pesticide-mixed fertilizers)

종류	제조방법	농약성분	용도
피리엠(피리다펜치온)혼합 화성비료	화성비료의 제조공정중에 피리엠 살충제를 혼입	피리엠 1.0%	멸구약
칼탑혼합 화성비료	화성비료에 칼탑 살충제를 피복	칼탑 1.0%	혹명·이화명나방약
이소란(이소프로치오란)혼합 비료	화성비료에 이소란 살균제를 피복	이소란 5.0%	도열병약
uniconazole P 혼합화성비료	화성비료에 유니코나졸(식물생장 조절제)을 피복	uniconazole P 0.025%	식물생장조절

(1991년 일본비료요람)

이다(표 10-7). 그러나, 앞으로 새로운 농약의 개발에 따라 변동될 것으로 예상된다.

(2) 질산화성 억제제

암모늄태 질소는 작물에 흡수가 잘 될 뿐만 아니라 토양에도 잘 흡착된다. 토양 중에서는 미생물에 의해 질산태 질소로 변하여 작물에 급속도로 흡수되는데, 질산태 질소는 토양에서는 흡착되지 않고 지하로 유실되는 경우가 많다. 따라서, 질산화성 억제제를 암모늄태 질소에 첨가하여 속효성인 비료를 완효성으로 하면, 유실을 방지할 수 있다.

보통, 화성·배합비료에 혼합하여 시용하는 경우에, 작물에는 해를 주지 않으면서 질산화성 작용을 억제하는 것으로 다음의 억제제가 있다(표 10-8 참조).

표 10-8. 질산화성 억제제

재료명	약어	복합비료 중에 혼입되는 비율
2-amino-4-chloro-6-methylpyrimidine	AM	복합비료에 약 0.4%
2-mercaptobenzothiazole dicyandiamide	MBT	복합비료의 질소에 대해서 MBT 질소 1% 복합비료의 질소에 대해서 dicyandiamide성 질소 10%
2-sulfanilamidethiazole	ST	복합비료에 약 0.3~0.5%, 요소에 약 1%
guanylthiourea	ASU	복합비료에 약 0.5%
4-amino-1,2,4-triazole-HCl	ATC	복합비료에 0.1~0.5%
N-2,5-dichloro-phenyl succinamide	DCS	요소에 1%, 질산암모늄에 0.5%, 복합비료에 약 0.3%

10.11 복합비료

복합비료란 비료의 3요소인 질소, 인산, 칼륨 중에서 2성분 이상을 함유하는 다성분 비료의 총칭이다. 이것은 여러 가지 종류의 비료를 단순히 혼합하든지, 화학적으로 조작하여 제조한 보통비료(유기질비료, 미량요소만을 함유하는 것은 포함시키지 않는다)를 일컫는 것으로 비료 중에서 가장 많이 이용되고 있다.

복합비료는 질산화성 억제제, 고결방지제 등 각종 재료를 사용한 것, 보비(保肥) 원료로써 이탄 등을 사용한 것, 흡착비료로써 bentonite(예, 고령토) 등의 재료를 사용한 것, 비료성분의 용출을 조절하기 위해서 입자의 구경을 변화시키든지, 표면을 수지나 유황 등으로 피복한 것, 현탁 상태의 것 등 여러 가지가 연구, 개발되어 다양화되어 왔다. 공정규격으로는 제조방법, 형태 등에 따라, 화성비료, 성형

복합비료, 흡착 복합비료, 피복 복합비료, 부산 복합비료, 액상 복합비료, 배합비료 및 가정원예용 복합비료의 8종류로 나뉘어있다. 이들 복합비료의 종류는 1만 가지를 넘는다. 복합비료는 작물의 종류, 기후, 토양의 성질 등에 적응하도록 만들어진 것이 많다.

10.11.1 복합비료의 종류

1) 화성비료(化成肥料, compound fertilizer)

비료 3요소(질소, 인산, 칼륨) 중 2성분 이상의 합계가 10% 이상인 것으로, 입상(granule) 혹은 pellet 모양으로 된 것을 말한다. 화성비료 중 3요소의 합계가 30% 이상의 것을 고도화성비료, 30% 미만의 것을 보통화성(저도화성)비료라 한다.

2) 액상 복합비료

비료 3요소 중 2성분 이상의 합계가 8% 이상인 것으로, 현탁상의 것도 포함된다. 액체의 것은 엽면살포용, 현탁이나 paste상의 것은 시비용 비료로 사용되며, 엽면살포용의 것에는 미량요소를 함유하는 것이 있다.

3) 배합비료

비료 3요소 중 2성분 이상의 합계가 10% 이상이며, 여러 종류의 원료비료들을 단순히 혼합하여 제조한 것(화성비료의 배합도 포함)으로, 주로 유기질 비료를 원료로 사용한다.

4) 가정원예용 복합비료

비료 3요소 중 2성분 이상의 합계가 0.2% 이상인 복합비료 중에서 가정원예용이라고 표시된 것으로, 일반적으로 화분과 같은 작은 용기를 이용한 관상용 화목 및 가정채소의 재배에 사용된다. 화훼용 비료는 중금속 등의 함유량에 크게 구애받지 않으나, 가정채소용 비료는 인체에 해로운 성분의 함량이 엄격하게 규제되어야 한다.

10.11.2 복합비료의 특성

복합비료는 시비회수가 적은 점, 취급이 용이한 점, 토양이나 작물에 알맞은 시비가 가능한 점 등이 장점이며, 농작업의 생력화가 진전됨에 따라 비중이 증대되고 있다. 그 이유로는 다음과 같은 복합비료의 특성이 작용하기 때문이다.

① 고성분, 다성분화에 따라 수송, 보관, 시비노력이 생력화된다.
② 물리적 성상이 좋고, 흡습과 고결 방지대책이 되어 있다.
③ 각종 비료성분이 조합되어 있어 공존효과가 있다.
④ 시비의 균일성이 보장되고 부성분이 적어 토양에 나쁜 영향을 적게 준다.
⑤ 비효의 조절(속효, 완효, 지효성)과 지속성이 있다.
⑥ 농가에서의 취급이 용이하다. 지역별, 토양별, 작물별 선별이 용이하다.

부연설명

11-2. 구아노(guano)

구아노(海鳥糞)에는 질소질 구아노와 인산질 구아노가 있는데, 질소질 구아노는 고온건조한 지역에서 질소화합물이 남아서 생긴 것으로 페루 등에서 생산된다. 이것은 질소, 인산이 풍부하고 칼륨 등의 성분이 함유되어 있어 비료로 이용된다.
인산질 구아노는 강우량이 많은 남방지역에서 산호초에 퇴적된 것으로, 질소분이 비에 의해 유실되고, 인산성분은 불용성인 인산3석회와 인산2석회 형태로 존재한다. 인산질 구아노가 오래된 것은 구아노질 인광석으로 과석의 원료로 된다.

쇄한 것으로, 대부분 증기로 찐 다음 분말로 한 것이 인산질 비료로 이용되고 있다. 골분은 기후조건에 따라 비효가 다른데, 고온다우한 기후에서 비효가 높으며, 질소 2.0% 이상, 인산 17.0% 이상, 질소와 인산의 합계가 21.0% 이상이다. 그 외 석회 29%, 유기물인 지방 15%, 골질이 함유되어 있다. 골분의 주성분은 골질과 불용성의 무기인산3석회[Ca3(PO4)2]이며, 골질은 암모늄으로 된 후 질산으로 변화한다. 이 때 유기산, 탄산가스 등이 생성되어 인산3석회를 용해성으로 만들므로, 질소가 많을수록 인산의 분해도 빠르고 비효도 높게 된다.

골분의 질소, 인산은 모두 물에 녹지 않고, 토양에서 분해된 후에 작물에 흡수되므로 유실의 염려가 없으며, 지효성으로 인산의 흡착고정도 적어, 다년생 작물에 적합하다.

4) 기타 유기성 폐기물

슬러지에는 사용 전에 중금속 등을 분석하여 사용할 수가 있는 섬유슬러지. 식품가공 슬러지, 주정오이가 있다. 그외 사용이 어려운 우유가공슬러지, 제약공장 슬러지, 제지가공슬러지, 장유슬러지가 있는데 이들은 사용하지 않는게 좋다.

11.3 자급 비료(self-supplied fertilizer)

자급비료는 농가에서 원료를 자급하여 스스로 만드는 비료로, 퇴비, 구비, 녹비, 계분, 초목회 등이 있다.

1) 퇴비(堆肥, compost)

퇴비는 퇴적하는 재료나 방법 등에 따라 다음과 같이 분류된다.

① **보통퇴비**: 짚, 낙엽 등을 퇴적하는 경우, 유안이나 석회질소를 첨가하여 만드는 것으로 양질의 퇴비가 얻어진다. 주로 유안퇴비와 석회질소 퇴비로 나뉜다.

② **특수퇴비**: 짚, 낙엽 등의 퇴비재료에 미생물을 첨가하여 퇴적한 것이다.

퇴비는 짚, 낙엽 등 퇴비재료에 충분한 수분을 가하여 부패, 발효시킨 것으로, 발효의 최적수분은 70% 정도이다. 유기물은 토양부식의 공급원으로 중요한 것이지만 퇴비로 만들어 사용하는 이유는 퇴적재료의 유기물을 그대로 사용하면 분해될 때 가용성 질소를 흡수 이용하여 작물이 질소기아를 일으키기 때문이다. 나아가 분해에 의해 탄산가스, 메탄 등을 발생시켜 뿌리에 장해를 일으키는 경우가 있으므로, 미리 퇴비재료를 발효시킨 후 사용하는 것이 좋다. 퇴비는 발효시 70℃ 전후의 온도가 1주일 정도 계속되므로 병해충을 없애는 기능도 한다.

퇴비성분의 대부분은 불용성으로, 그 상태로는 작물에 금방 흡수되지 않는다.

작물이 흡수하는 형태는 일반적으로 수용성이나 교질성이므로 재료를 발효시킴으로써 수용성, 가급태로 변화되어 용이하게 이용되게 된다. 퇴비는 토양 중에서 미생물에 의해 부식으로 분해되므로 퇴비의 효과로는 다음과 같은 것을 들 수 있다.

① 토양에 의한 흡비력의 증가

② 토양의 보수성을 좋게 함

③ 토양미생물의 증가

④ 토양의 고결을 방지하고, 경운하기 쉬운 구조로 개선하는데 기여

⑤ 토양의 완충능력을 증대시킴.

그 외 토양의 온도를 높이는 효과 등이 있다.

2) 녹비(綠肥, green manure)

녹색식물을 살아있는 그대로 비료로 시용하는 경우에 이것을 녹비라 한다. 녹비는 자급비료 중에서 가장 경제적이며 유용하다. 녹비에 함유된 질소는 속효성으로 유안의 비효와 거의 같다. 녹비 중의 인산, 칼륨의 비효는 높다.

비효가 비교적 높은 이유

① 녹비작물의 뿌리에 공생하는 뿌리혹박테리아가 공기중의 유리질소를 고정하여 경엽 중에 축적하는 능력을 가지고 있다.

② 녹비작물은 일반작물보다 심근성으로 양분흡수 능력이 강해 지하 깊은 곳의 양분을 흡수하여 표층에 집적시킨다.

③ 뿌리는 경토의 심층까지 신장하여 단단해진 하층토를 파쇄시키므로, 깊은 토양의 개량과 부식의 공급에 일익을 담당한다.

④ 녹비는 분해가 빠르며, 유기물이 많아 토양에 부식을 보급하는 역할을 하므로, 토양의 이학적 성질을 개량하여 지력을 증진시킨다.

⑤ 녹비작물은 경엽의 생육이 왕성하고, 단기간에 다량의 수확을

부연설명

11-3. 녹비시용의 예 – 자운영의 시용

자운영을 시용하면 논에서 급격히 분해되어 토양이 환원적으로 되어 메탄가스가 발생하여 뿌리의 생육, 양분흡수를 저해하기 때문에 초기의 생육에 해가 되는 경우가 있으므로 일찍이 시용할 필요가 있다

얻을 수가 있어, 잡초의 번무를 방지하고, 그의 경엽은 유연하여 부패분해가 적당하므로 비료로는 극히 안전하다고 할 수 있다.

녹비작물은 다른 작물과 그 성질이 달라 윤작에 적절하며, 가축의 사료로도 이용된다. 이러한 녹비의 활용에 의해 토성이 개량되고, 지력의 유지와 생산력의 증진이 가능해진다.

3) 계분(鷄糞, poultry manure)

계분의 성분함량은 사료 등에 의하여 다르나, 신선한 것에는 질소 1.6%, 인산 1.7%, 칼륨 0.8% 정도가 포함되어 있으며, 질소성분의 약 60%는 요산태이다. 이 질소는 수분이 많고 온도가 높을수록 암모늄태로 빠르게 변하고 나아가 질산태로 된다. 이 변화의 일부는 상당히 빠르게 진행되며, 일반적으로 질소의 절반은 속효성을 나타내고, 나머지 절반은 극히 분해가 느리다. 건조 계분을 만드는 경우에는 통풍이 좋은 곳에서 음건하는 것이 좋으며, 마른 계분은 잔 것일수록 비효가 속효성으로 되는데, 시용 전에 오수(汚水), 목욕물 등을 혼합하여 액비로 하면 한층 더 속효성으로 된다. 이른봄에 추비로 시용하는 경우, 퇴적 발효시켜서 계분 중의 질소를 암모늄태로 변화시킨 후 시용하는 것이 좋으며, 특히 온실에서 시용할 경우에는 반드시 암모니아를 휘발시키고 사용한다. 기비로 시용하는 경우에는 종자나 뿌리에 닿으면 해를 입으므로 그루사이에 하든지 파종 1주전에 시용하는 것이 바람직하다.

계분 중의 인산성분은 비교적 지효성이므로 과석을 겸용하는 것이 좋다. 또 계분은 채소, 과수 및 화목류에 적합하며, 비료가 유실되기 쉬운 사질토양에도 적합한 비료이다.

11.4 유기성 폐기물의 비료화

1) 유기성 폐기물의 종류와 이용

예로부터 산업폐기물(혹은 부산물)을 비료로 이용해온 것은 새삼 말할 필요도 없다. 즉, 식물기름찌꺼기(유채기름찌꺼기, 콩기름찌꺼기), 어비류는 원래 폐기물로 생각되어 왔다. 화학비료에서도 유안은 합성유안이 주였으나 현재는 다른 산업에서 부산되는 것이 많아져서, 제철관계의 공장에서 나오는 광재가 이용되게 되었다. 이처럼 화학공업의 발전과 도시화의 진행에 의해 생기는 폐기물 등을 유효하게 이용하기 위한 비료화가 시도되어 왔다.

유기성 폐기물은 일반(도시, 생활) 및 산업폐기물 중 유기물 함유량이 많은 것을 말하며, 논밭의 작물 잔토(殘土), 가정의 부엌쓰레기, 가축분뇨, 배수, 폐재, 수피, 톱밥, 오니(汚泥) 등이다. 이들의 총량은 증대되고 있으며, 매립, 소각처분도 점점 어려워지고 있어 경제적, 환경보전적, 생자원적 면에서, 각종 처리에 의한 비료화 경향이 진전되어 오고 있다. 이중에서 건조균체 비료, 가공가금(家禽) 분비료, 오니비료, 도시쓰레기 퇴비 등이 비료 혹은 퇴비화 자재로 활용되고 있다. 이외에 많은 부산 비료가 있다(표 11-2). 산업폐기물에는 무기성 폐기물도 있으나 대부분은 유기성 폐기물이다.

표 11-2. 산업폐기물과 비료화의 예

산업별	폐기물	비료
농업	수확잔류물, 미이용물	퇴비, 쌀겨, 깻묵
축산	배설물, 깃털	계분, 구비
임업	수피, 톱밥	수피퇴비
수산	불량어체, 찌꺼기	유기질 비료
식품산업	혈액, 뼈, 발굽, 뿔	유기질 비료
	폐수의 오니	건조균체 비료, 부산유기질 비료
발효공업	발효잔액	부산 복합 비료
	핵산추출찌꺼기, 폐수의 오니	건조균체 비료
	발효폐액	부산식물질 비료
유지공업	깻묵	유기질 비료
펄프 제지공업	펄프폐액	리그닌마그네슘
	오니	건조균체 비료
섬유공업	낙면 견방 번데기쓰레기	유기질 비료
	양모세정폐액	부산칼리질 비료
금속정련	광재	규산질 비료
		광재망간등
화학공업	폐산 알칼리 석회	각종 비료
	오니	오니 비료
하수 똥오줌	인분뇨	인분뇨처리물
처리	오니	오니 비료
쓰레기처리	가정쓰레기	도시쓰레기 퇴비

2) 리사이클 효과

자연계에서는 끊임없이 물질이 순환되고 있으며, 이를 자연생태계의 순환이라 한다. 농업은 원래 이 생태계 중에서 재배를 통하여 생산물을 수확하는 것으로, 기온이 상승하는 봄에 파종하고 가을에 수확한다. 그리고 수확물의 일부는 다음 재배를 위해서 이용되었다. 즉, 빛, 흙, 물, 공기 등의 자연의 혜택을 받아서 반복되는 순환산업이었다. 물론 인력을 사용하여 생산물을 수확하기 때문에 자연 생태계는 파괴되지만, 전답으로부터 수확한 양분에 대해서는 비료양분을 보충하여 생태계를 복원, 보존하는데 노력하고 있다.

현대농업에서 비료자원과 농업생산성에 대해서 보면, 질소의 급원이 풍부하고, 부산물의 이용도 용이한 상태이다. 그러나, 인산이나 칼륨자원은 한정되어 있다. 1975년 통계에 의하면 채굴가능한 인광석의 매장량은 약 250억톤으로 추정되고 있다. 1999년 말에는 인구가 60억을 넘었으므로, 1인당 인산소비량을 약 16kg이라 하면 인광석 자원의 이용년수는 80년 정도이다. 즉, 인산자원도 화석연료와 마찬가지로 고갈될 위험성을 가지고 있다. 따라서 자원의 이용년수를 연장시키기 위해서도 비료요소의 재순환, 재이용을 촉진할 필요가 있다.

현재 주요작물이 단위수량(100kg)을 생산하기 위해서 흡수하는 질소, 인산, 칼륨의 추정량을 표 11-3에 나타냈다. 한편, 생산된 작물은 인간 혹은 가축에 의하여 이용되어 배설된다. 이 배설된 3요소의 양을 인간 및 가축의 배설량(N, P_2O_5, K_2O)을 기준으로 추정에 더하여 표에 나타냈다. 이것이 모두 경작지에 환원된다면 작물의 흡수량을 상회하는 시용량에 상당한다. 그러나, 시용에는 많은 노력과 여러 가지 손실을 수반하므로 단지 재순환만으로 토지생산성을 높게 유지하는 것은 어렵지만, 화학비료의 대폭적인 절감은 가능하다고 사료된다.

표 11-3. 작물에 의한 양분흡수량과 배설물에 의한 양분량

화학비료 소비량		N (만톤)	P_2O_5 (만톤)	K_2O (만톤)
		100.6	72.8	59.6
작 물	곡류 (수량 1,170.3×10^4톤)	30.7	12.3	29.1
	감자류 (수량 501.7×10^4톤)	2.3	0.8	3.4
	콩류 (수량 45.1×10^4톤)	2.4	0.8	2
	합계	35.4	13.9	34.5
배설물	인간 (인구 12,233.5×10^4)	37.7	6.9	17.1
	소 (두수 468.2×10^4)	16.9	14.7	23.2
	돼지 (두수 1,186.6×10^4)	11.3	4.5	10.1
	닭 (마리수 34,362.2×10^4)	11.9	11.9	7.9
	기타 (마리수 8.9×10^4)	1.9	1.7	3.1
	합계	79.7	39.7	61.9

(1991년 일본농림수산통계, 후생성, 농림수산성 자료)

비료자원이 비약한 한국과 일본에서는 인산, 칼륨자원의 전량을 수입하고 있는 상태이다. 또한 배설물이나 폐기물의 처리를 위해서 많은 경비를 지출하고 있거나, 혹은 처리가 불충분하기 때문에 비료성분이 유출되어 하천이나 호수 등을 부영양화 시키거나 환경공해문제를 일으키고 있다. 도시화의 진행과 하수도의 보급은 이러한 경향에 한층 박차를 가하고 있다고 볼 수 있다. 따라서 농촌에서 도시로 수확물과 함께 영양성분이 일방적으로 유입되는 것을 바꾸어 순환되도록 하는 시스템을 개발함으로써, 비료의 소요량을 절약함과 동시에 환경보전에도 공헌할 수 있을 것으로 사료된다.

11.5 토양개량 자재

토양의 물리화학적 및 생물학적 성질을 개선하는 것을 토양개량자재라 한다. 지력은 토양의 성질에 유래하는 농지의 생산력으로 정의할 수 있으며, 식물의 재배에 도움이 되게 토양의 성질을 변화시키기 위해서 토지에 시용되는 것(비료의 경우, 토양의 화학적 변화를 목적으로 토지에 시용되는 것)을 토양개량 자재라 지칭한다. 특히 품질표시가 필요한 것은 법령에 의해 그 종류를 정하고, 종류별로 표시기준이 정해져 있다. 토양개량 자재의 분류는 표 11-4와 같다.

표 11-4. 토양개량 자재의 분류표

종류		주요 기능	주요자재명
유기질	동식물질 계통	물리성,화학성,생물성 개량	피트모스, 니트로후민산질자재*
		〃	가축의 분 및 처리물**
		〃	지렁이분
		〃	(수피)퇴비**
		〃	퇴비**
		〃	오니비료**
		화학성 개량	조개분말**, 게분말***
		미생물성 개량	퇴비부숙촉진재(미생물)
	고분자 계통	물리성 개량	합성고분자계통 자재(유기화합물)
무기질	광물질 계통	물리성 화학성 개량	벤토나이트**, 제올라이트(천연물)
		물리성 개량	소성버미큘라이트, 펄라이트(열처리물)
		화학성 개량	후라이앗슈**, 석고, 광재, 철함유물**
	보통비료	화학성 개량	인산질 비료
		〃	규산질 비료, 망간질 비료
		〃	마그네슘 비료
		〃	석회질 비료

* 보통 비료
** 특수 비료 혹은 경작지토양 대책자재에 속하는 것
*** 수산동물질 비료 분말(보통 비료인 유기질 비료의 일종)

11.5.1 지력의 유지와 증진

우리 나라의 경작지토양 중 대부분은 모재의 성질이 불량하여 일반적으로 생산력이 낮으며, 기후가 온난다우하기 때문에 시용성분이 유실되기 쉬워 지력이 저하되기 쉽다. 따라서 예로부터 퇴비, 구비 등의 유기물의 농지환원을 중심으로 한 토양 만들기가 중요시되어 왔다. 그러나, 최근 농가인구의 고령화에 따른 노동력의 저하, 농업의 국제화 등 모든 정세가 변화함에 따라 유기물 시용량의 저하, 작토의 천층화(淺層化), 지력의 저하가 진행되고 있다. 이에 따라 토양 만들기의 중요성을 재인식함과 동시에 토양진단에 의한 토양개량이 중요하게 되었다. 그 결과 각종 토양개량 자재가 많이 이용되게 되었는데, 이들의 성질은 다음과 같이 분류할 수 있다.

① 토양의 입단구조, 통기성, 투수성, 치밀도(경도) 등의 물리적 성질 개선 자재
② 토양의 보비력 등의 화학적 성질 개선 자재
③ 토양의 미생물 환경 등의 생물학적 성질 개선 자재

11.5.2 유기질계통의 자재

여기에서 취급하는 유기질계통의 자재는 동식물계통의 것으로, 고분자계통은 뒤에 기술한다. 유기질계통의 것은 peatmoss, 니트로후민산질 자재를 위시하여, 수피퇴비, 오니비료 등 종류가 많다. 토양개량의 효과는 토양의 경운 용이성, 조성, 완충작용, 보수성, 통기성 등을 개선함과 동시에 양이온치환 용량을 증대시켜, 염기 및 양분의 유지력, 공급력을 증대시키고 미생물 활성을 높이는 것이다.

11.5.3 무기질계통의 자재

무기질 계통의 토양개량 자재는 bentonite, 제올라이트, vermiculite, perlite 등이다. 주성분은 규산, 알루미나이며, 그 외 염기가 풍부한 것이 사용되고 있다. 토양의 개량효과로는 토양산성의 완화, 양분 및 수분에 대한 흡착성, 치환성의 증가 등을 들 수 있다.

11.5.4 합성고분자 자재

고분자 자재의 품질에 대해서는 폴리비닐알콜 계통과 폴리에틸렌이민 계통의 것에 대해서 품질이 규격화되어 있다. 이들은 토양의 입단형성을 촉진하고, 보수성을 증가시킴과 동시에 통기성, 배수성 등

토양의 물리성 개선에 기여한다.

11.5.5 미생물 자재

미생물 자재는 세균, 방선균 등의 유용미생물을 배양기질이나 이탄 등의 물질에 흡착, 혼합 등의 처리를 하여 부가시킨 것을 말한다. 효과를 나타내는 주요 균체나 효소를 보면 세균, 방선균, 사상균(불완전균, 담자균), 효소, 클로렐라 등의 녹조류 등 다양하다. 산소요구도에 따라 호기성균과 혐기성균이 있으며, 특정기능을 가진 균으로써는 분해균(셀룰로즈, 펙틴, 지질, 고무질, 리그닌 등을 분해), 질소고정균(질화균, 탈질균, azotobacter 등), 질소대사균(뿌리혹박테리아 등), 유산균, 유황세균, 광합성세균, 호열(好熱)세균 등이 있으며, 병해충대책으로는 선충포식균, 트리코델마균이 이용되는 경우도 있다. 최근, 미생물 자재의 사용이 활발하며, 뿌리혹박테리아는 예로부터 이용되어 왔다. 보통의 밭에서는 뿌리혹박테리아의 접종은 필요 없으나, 개간지나 오래도록 콩과 작물을 재배하지 않았던 밭에서는 뿌리혹박테리아를 접종하지 않으면 생육과 수량이 충분치 않은 경우도 있다.

그런데, 미생물 자재를 시용하는 목적 또는 기대효과는 퇴비의 부숙화 촉진, 토양 시용에 의한 병충해의 경감 등이지만, 최근에는 연작장해의 경감 또는 없애기 위해서 많이 사용된다. 그러나 이 자재는 시용 효과가 보편적이지 못한 경우가 많으며, 품질적 조건과 시용 조건 등 실용화되기에는 기본적으로 풀어야 할 문제가 많다. 퇴비의 부숙촉진용 미생물 자재는 토양개량 자재에 포함시키지 않는 경우가 많다.

부연설명

11-4. 질소고정세균

1. 아조토박터(Azotobacter)
Azotobacteraceae과에 속하는 세균의 1속으로 질소고정을 하는 편성호기성(偏性好氣性) 세균이다. 자연계에서는 토양이나 수중에 널리 분포하며, 자유형의 질소고정생물로서 중요한 역할을 하고 있지만 일반적으로 산성 쪽에서는 생육이 어렵다.
2. 뿌리혹박테리아(根瘤菌)
Rhizobium속 콩과식물의 뿌리에 침입하여 뿌리혹을 만드는 호기성 세균의 1군으로 기생해서 뿌리혹을 형성한 상태에서는 현저한 질소고정을 한다. 암모늄염 등을 질소원으로 하였을 때는 콩과식물 외에서도 성장할 수 있어 순수분리되고 있다. 또 콩과 이외의 식물(오리나무·독나무 등)의 뿌리에 기생하여 뿌리혹을 만들고 질소고정을 하는 Frankia속 방선균도, 광의의 뿌리혹박테리아라고 할 수 있다

11.6 최근의 비료 동향

최근, 농산물의 종류가 다양해지고 수량도 증가추세에 있다. 이는 시비의 합리화, 재배기술의 진보와 함께 화학비료의 질적 개량, 완효성 비료와 피복비료 등의 연구개발이 이루어져 비효의 지속성에 따른 비효효율의 증대와 시비노력의 경감 등이 나타나고 있기 때문이다. 앞으로도 다음과 같은 비료의 진보가 농산물의 생산증대와 품질향상에 기여할 것으로 사료된다.

11.6.1 미생물 비료

미생물 비료(세균 비료)는 접종 비료라고도 한다. 직접 작물의 생

육을 좋게 하는 비료성분을 함유하고 있는 것이 아니라 세균을 주체로 하는 비료로, 간접적으로 효과를 나타내는 성질을 가지고 있다. 콩과식물의 뿌리혹박테리아는 공기중의 유리질소를 흡수 동화하는 작용이 있다. 이것은 뿌리혹에서 생활하는 뿌리혹박테리아에 의한 것이다. 또 토양 중에는 유리질소를 집적하는 세균 즉 azotobacter가 생육한다. 따라서, 이러한 균을 순수 배양하여 그대로 혹은 적당한 물질에 혼합 흡수시켜 이용할 수 있다.

일반적으로 콩과식물의 뿌리혹박테리아를 배양한 다음, 이 균을 빛에 노출시키지 않고 콩과식물의 종자에 혼합시켜 파종한다. 콩과식물을 재배하지 않았던 토양이나 뿌리혹박테리아가 없는 토양에 이것을 시용하면 효과가 크다. 이 균은 중성부근을 좋아하므로 산성토양에서는 미리 석회 등의 처리를 해두는 것이 좋다.

11.6.2 화학적 조정물질(식물호르몬)

지금까지 확정된 식물호르몬은 auxin, cytokinin, gibberellin, ethylene, ABA 등의 5종류이며 이들의 효과는 다양하다. 예를 들어 과실의 경우, auxin은 과실의 생장을 촉진하며, ethylene은 과실의 성숙을 촉진한다. 잎의 경우에는, auxin은 잎의 노화를 억제하고, ethylene은 잎의 노화를 촉진한다. 이들 2종류의 호르몬만을 활용하더라도 과실의 생장, 성숙을 앞당기고, 엽채류나 골풀(등심초)의 품질을 향상시킬 수 있다. 이들 식물호르몬의 전구물질은 auxin에서는 tryptophan이며, ethylene에서는 메치오닌으로, 모두 일반적인 아미노산이다. 따라서, 이러한 아미노산을 비료나 엽면살포제에 첨가하면 좋을 것으로 생각되나 연구가 더 진행되어야 할 것이다. Gibberellin은 일반적으로 식물의 초장을 신장시키는 외에 휴면타파 효과도 있으며, auxin과 달리 절간신장 촉진이나 무종자 과실(포도 등) 형성 등에 응용되고 있다. 이외 많은 식물호르몬이 검출되고 있는데, 연구가 진전됨에 따라 무기영양분과 함께 이용될 것으로 사료된다.

제12장 비료의 효과와 시비방법

12.1 비료의 효과 및 평가

12.1.1 비료의 효과

비료의 효과를 비효(肥效)라고도 한다. 즉, 시비성분이 작물에 흡수되어 증수를 가져오는 효과를 말한다. 또한, 수확물의 품질을 좋게 하는 효과 및 토양의 이화학성 개선에 의한 간접적인 증수효과 등도 이에 속한다.

12.1.2 비료의 평가

비료는 농업생산을 올리기 위한 농업용 자재이므로, 농업적 입장에서의 비효와 상업적 입장에서의 가격과의 2가지 측면을 고려하여 평가되어야 한다. 비료의 가격은 수요와 공급과의 관계에 의해 결정된다. 비료의 생산비, 수송비 등에 의하여도 좌우되므로 비효의 평가와 반드시 일치한다고는 할 수 없다. 농가에서 생산자재중 비료가 차지하는 비율은 약 10% 정도이다. 비료의 농업적 평가는 다음의 요인에 의하여 평가된다.

1) 비효율(증수율)

같은 성분을 가진 2종 이상의 비료에 대한 재배시험(동일식물, 동일토양)을 통하여 생육, 수량 및 품질에 기여하는 정도로 판정된다. 즉, 표준비료(일반적으로 질소로는 유안, 인산으로는 과석, 칼륨으로는 황산칼륨이나 염화칼륨을 사용)를 100으로 하고 다른 비료의 수량을 비교 값으로 표시하는데, 이를 비효율 또는 증수율이라 한다. 그러나, 비효는 식물의 종류, 토양, 시비법, 시용시기 등에 의해 다르므로, 많은 비효시험을 통하여 종합적으로 평가해야 한다.

어느 N 비료의 증수율=

$$\frac{(\text{어느 } N \text{ 비료의 수량})-(N \text{ 결핍구의 수량})}{(\text{표준 } N \text{ 비료의 수량})-(N \text{ 결핍구의 수량})} \times 100$$

부연설명

12-1. 비료의 이용률

토양, 시비법, 시비량, 비료의 종류, 성분의 화학적 형태, 환경 등에 따라 비료의 이용률이 다르다. 통상, 질소(N)의 이용률은 30~50% 정도, 인산(P_2O_5) 5~20% 정도, 칼륨(K_2O) 40~60% 정도이다.

2) 비료의 이용률(흡수율, availability)

토양에 시용한 비료의 성분은 일부분만이 흡수 이용된다. 즉, 토양에 시용된 비료성분은 물리화학적 및 생물학적 요인에 의하여 식물이 흡수할 수 없게 되어 실제로 식물이 흡수 이용하는 것은 시용분의 일부분에 지나지 않는다. 비료의 이용률은 시용한 비료성분 가운데 식물에 흡수된 양의 비율로, 흡수율이라고도 하며, 일반적으로 이용률이 높은 비료가 비효가 높다고 평가한다.

예) 질소(N)의 이용률은 다음의 식을 이용하여 재배시험의 결과로부터 산출할 수 있다.

N 이용률=

$$\frac{\text{식물의 } N \text{ 흡수량} - N \text{ 무시용구에서의 } N \text{ 흡수량}}{N \text{ 시용량}} \times 100$$

3) 비료의 잔존효과

인산이나 규산질 비료는 1작만으로는 완전히 흡수되지 않고 2작 이후에도 그의 잔존효과가 기대된다. 이와 같은 경우에는 연작에 의한 생육, 수량 등을 검토하여 잔존효과를 평가할 필요가 있다.

12.2 비료의 사용법

12.2.1 비료의 반응

비료의 효과는 비료의 성분, 형태, 함유량 이외에 반응에 의해 강한 영향을 받으므로 반응특성을 아는 것이 중요하다.

비료는 반응에 따라 산성·중성·알칼리성(염기성)으로 나뉘며, 그 정도에도 강약이 있으므로 비료를 배합하는 경우에는 산성·알칼리성 비료를, 중성에 가까운 토양에는 산성 비료가 효과적이다.

비료의 시용효과를 충분히 올리기 위해, 혹은 농가가 독자적으로 배합하는 경우에는 단비배합의 가능여부에 대하여 이해가 필요한데, 이들을 표시하면 표 12-1과 같다.

배합비료를 사용하면, 식물에 필요한 비료성분인 질소, 인산, 칼륨의 3성분을 함유한 화학비료를 별도로 시용하는 것보다 훨씬 편리하다. 그러나, 비료를 배합하는데 주의하지 않으면 성분의 손실, 불용화가 일어나며, 나아가 물리적 성상이 불량하게 되므로 주의해야 한다.

$$CaH_4(PO_4)_2(\text{과석}) + 2CaCO_3 \\ \downarrow \\ Ca_3(PO_4)_2(\downarrow) + 2H_2O + 2CO_2$$

표 12-1. 비료의 배합 가능여부

비료의 종류	①	②	③	④	⑤	⑥	⑦	⑧	⑨	⑩
① 유안 염안 과석 중과석 황산망간 황산고토 복합비료(산성)		×	○	△	▲	×	○	○	○	○
② 석회질소 혼합질소질비료 중탄산칼륨	×		△	×	○	○	○	×	○	○
③ 요소(입상) 우레아포름	○	△		△	△	△	○	○	○	△
④ 질산암모늄	△	×	△		×	×	△	△	△	×
⑤ 용인 소인 골분류 염기성복합비료	▲	○	△	×		○	○	△	○	○
⑥ 소석회 생석회 수산화고토 탄산석회 탄산고토 규산석회 초목회	×	○	△	×	○		○	×	○	○
⑦ 황산칼륨 염화칼륨 조제칼륨염 황산칼륨고토 고즙(苦汁)칼륨염	○	○	○	△	○	○		○	○	○
⑧ 고토과린산 혼합인비(용과린 중소린)	○	×	○	△	△	×	○		○	○
⑨ 붕산비료 붕산염비료 IB질소 CDU 구아닐요소	○	○	○	△	○	○	○	○		○
⑩ 어비 식물깻묵 기타의 유기질비료 퇴구비(완숙)	○	○	△	×	○	○	○	○	○	

1. 종축의 숫자는 횡축의 같은 번호와 같은 비료임.
2. 같은 조내의 비료는 서로 배합하여도 좋음.
3. ○ 배합하여도 좋음.
   △ 배합하여도 성분에 변화는 없으나 취급하기 어려워지므로 주의를 요함.
   ▲ 배합하면 성분이 변화하므로 요주의. 염기성비료는 1:1 이하로 할 것.
4. × 배합하여는 안됨.
5. ⑩의 식물깻묵과 ④의 질산암모늄과는 혼합하면 안됨.

이외에도 농업의 생산성을 높인다는 측면에서 보면, 시비를 용이하게 하기 위한 고농도 입상화, 완효성 질소질 비료의 이용에 의한 추비의 생략, 시비의 기계화에 적합한 비료의 형태 등 시비노력의 절감도 비효와 함께 비료를 평가하는 요인으로 고려해야 한다.

12.2.2 성분의 휘산과 불용화에 의한 손실

암모늄태 질소를 함유하는 비료(유안, 염안 등)와 화학적 알칼리 비료(석회질비료, 용인 등)를 배합하면 암모니아 가스가 생겨 휘산한다.

$$(NH_4)_2SO_4 + CaO \rightarrow 2NH_3(\uparrow) + CaSO_4 + H_2O$$

수용성 인산을 함유하고 있는 비료(과석, 중과석 등)에 석회, 철, 알루미늄을 함유하는 비료를 배합하면 인산과 반응하여 유효인산이 감소(불용화)한다.

유기질 비료에 질산계통의 비료를 배합하면 질산환원 세균에 의해 질산태 질소는 유리질소로 환원되어 가스로 되어 소실된다.

질산태 비료(칠레질석, 질안 등)와 화학적 산성비료(과석 등)를 배합하면 유리질산(무수질산, N_2O_5)이 생성되고, 가스로 되어 휘산한다.

$$2NaNO_3(\text{칠레초석}) + CaH_4(PO_4)_2$$
$$\downarrow$$
$$N_2O_5(\uparrow) + CaH_2(PO_4)_2 + H_2O$$

부연설명

12-2. 토양의 지력

식물이 발아후 수확기까지 흡수 이용하는 양분 중 토양에 의한 것은 이른바 지력에 유래한 것으로, 벼에서는 흡수질소의 약 60%, 인산·칼륨의 약 90%는 토양에서 유래한다. 보리의 경우에는 질소의 약 30%, 인산·칼륨의 약 60%는 토양에서 유래한다. 이를 보면 벼의 경우가 토양에 유래하는 양분의 비율이 높은 것을 알 수 있다. 옛날부터 "벼는 흙으로 키우고, 보리는 비료로 만든다"는 말은 이러한 까닭에서 나온 말이다.

12.2.3 물리적 성상의 불량화

석회를 함유하는 비료(과석, 석회질비료 등)와 염소, 질산을 함유하는 비료를 혼합하면 흡습성이 강한 염화칼슘, 질산칼슘이 생겨 시용하기 어려워진다.

석회를 함유하는 비료와 황산근을 함유하는 비료(유안, 과석 등)를 혼합하면 석고가 생기므로 딱딱해져서 취급이 어려워진다.

대부분의 화학비료는 수용성·속효성이므로 비효를 지속시키기 위해서는 유기질비료를 배합함으로써 화학비료의 결점을 보충할 수 있다.

그림 12-1. 최소율의 법칙 (가장 부족한 양분에 따라 물의 양 즉 수량이 좌우됨)

12.3 시비법에 대한 사고

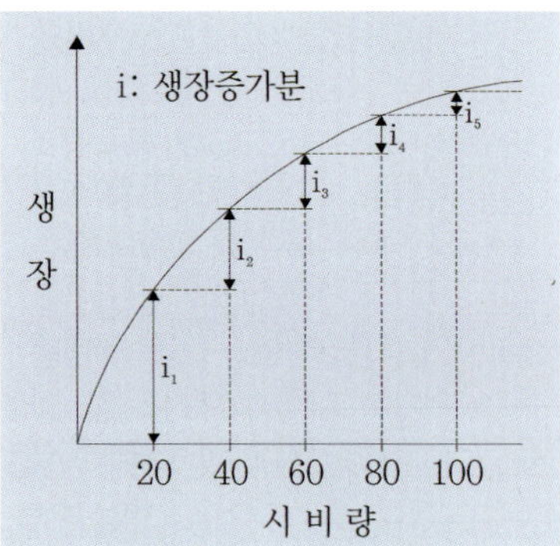

그림 12-2. 보수점감의 법칙

비료를 사용할 때에는 시용시기, 비료종류, 시비방법에 대한 지식이 필요하다.

식물 고유의 양분흡수 특성을 고려하여 합리적으로 시비하여야 한다. 일반적으로 식물에 의한 비료의 이용률은 벼에서는 질소 30~60%, 인산 5~20%, 칼륨 40~60% 정도이며, 보리에서는 질소 50~60%, 인산 5~20%, 칼륨 40~60% 정도로 100% 이용되는 것은 없다. 시비량을 결정할 때에는 관행 시비량을 기준으로 하는 것이 안전하며, 토양의 상태를 보고 적정 시비량을 사용해야 한다. 최근, 토양진단에 의하여 부족한 성분만을 고려하여 시비량을 결정하는 경우가 증가하고 있다.

식물이 흡수 이용하는 비료양분은 재배법, 식물의 종류, 재배시기 등에 따라 다르다. 따라서, 식물을 재배하는 경우 토양의 지력을 알고, 시용한 비료양분이 토양 중에서 변화하여 불용화되지 않도록 고려한다든지, 유실되지 않도록 주의하고, 가장 경제적으로 시용하기 위해 비료에 관한 기본적인 원리인 최소율의 법칙과 보수점감(報酬漸減)의 법칙을 잊어서는 안 된다(그림 12-1, 12-2).

최소율의 법칙은 독일 기센대학의 리비히가 제창한 학설로 13개 영양소를 식물에 제공하는데 한 개 요소가 부족하면 그 영양소에 의하여 생산량이 좌우된다는 이론이다. 물통의 판을 이루는 것이 양분이라면 가장 부족한 양분의 판길이만큼 만 물통에 물(수량)을 채울 수가 있다는 이론이다.

그러나 근래와서는 작물재배에 필요한 모든 요인 즉 온도, 습도, 관수량, 광량, 그리고 각종 비료요소 가운데 한가지 요인이 충족이 안 되면 가장 문제가 되는 요인에 의하여 작물 수량이 결정된다고 보다 포괄적인 의미로 사용된다.

보수점감의 법칙은 우리가 다루는 토지의 생산성에 관한 법칙을 말한다. 투자에 따라 생산량이 점차 증가할 수 있는 공업의 경우와는 달리, 토지의 경우 모든 생산 요소량이 일정할 때 어느 한 요소량을 점차 증가해 가면, 그에 따라 얻어지는 보수인 수확량이 처음에는 점차 증가하지만, 어느 정도에 도달하면 일정해지고 그 한계를 넘으면 다시 점차 감소한다는 법칙이다. 이는 적절한 시비가 중요하다는 의미를 가지며 과다한 시비는 수량과 품질을 낮추게 된다는 것을 의미한다.

12.4 비료의 소요량 측정

비료의 소요량은 토양, 기상조건 및 식물에 따라서 다를 뿐만 아니라 비료의 생산사정, 농산물의 가격 및 농업경영의 방식 등의 사회적인 조건에 따라서도 달라지므로 이것을 결정하는 것은 쉬운 일이 아니나 보통 사용되는 기준을 구하는 방법은 다음과 같다.

12.4.1 관행에 따르는 방법

지역에 따라서 농가가 여러 해의 경험을 통하여 대략 정해진 시비량이 있으므로 이를 기초로 하여 조정하는 것이다. 이 방법은 정확한 것은 아니나 좋은 참고 자료가 된다.

12.4.2 시비기준을 이용하는 방법

현재 우리나라에서는 중앙과 지방의 여러 시험기관에서 식물별 및 지역별로 적량시험을 통하여 결정한 시비기준이 있으므로 이를 이용하는 것이다. 그러나 이 추천량이 항상 어느 곳에서나 완전한 것은 아니며, 이를 기준으로 하여 각 농가 사정에 따라 조절하여야 한다.

12.4.3 3요소 적량시험에 의하는 방법

3요소 적량시험을 현지에서 실시하여 최적량을 결정하는 방법이므로 가장 합리적이라 할 수 있다. 그러나 농가가 독자적으로 할 수 없는 일이어서 현재 전문적인 시험기관에서 지역을 선정하여 실시하므로 그를 기준으로 하면 될 것이다.

12.4.4 식물의 소요 성분량으로 산출하는 방법

식물의 종류 또는 품종이 새로운 것이거나, 이제껏 관행 시비량이 분명하지 않거나, 간척지나 개간지와 같이 새로이 경작을 하게 되는 지역에서는 양분의 소요량으로 시비량을 계산할 수 있다.

이를 위해 사용되는 식은 다음과 같다.

$$\text{시비량} = \frac{\text{양분흡수량} - \text{양분의 천연공급량}}{\text{비료의 이용률}} \times 100$$

양분흡수량은 수확물에 들어 있는 각 양분의 양으로, 토양 및 비료로부터 흡수된 양분의 총량이다. 정확하게는 화학분석으로 산출되나 비료성분의 흡수와 수량표를 이용하여 간편하게 식물의 단위량을 생산하는데 필요한 성분량을 정하게 된다.

양분의 천연공급량은 비료 이외의 것에서 공급되는 양분량으로 주로 토양과 관개용수로부터 공급되는 것이다. 각 양분의 무비료 재배구에서의 총 흡수량이나 각 무비료의 수량으로부터 양분흡수량에서와 같이 구한다.

그러나 위의 4가지 시비량 결정방법은 어느 것이나 완전한 것은 아니므로 실제로는 식물의 생육상태를 관찰하여 어느 정도 가감할 필요가 있다.

부 록

부록 1. 원예식물 영양학의 역사

식물 영양학의 발전 과정은 Fink(1976)에 의하면 대체로 다음과 같이 여섯 단계로 나뉜다(표 1-1).

표 1-1. 식물 영양학의 발전 과정

단계	시기	발전과정
1	고대~중세	식물 생장에 대한 추리의 시대
2	1500~1750	생장의 원리를 구명하는 시대
3	1770~1819	화학적, 생리적으로 식물영양의 기초가 시작
4	1825~1840	농화학의 기초 정립 단계
5	1840~1900	식물영양학 도약 단계
6	1900~현재	농화학에서 식물영양학이 분과되어 독립적으로 발전

첫 번째 단계(고대~중세): 식물 생장에 대한 추리의 시대

이는 고대에서 중세에 이르는 시기로써 대표적인 학자로는 아리스토텔레스(Aristotle, B.C. 350)를 들 수 있다. 그는 부식설(유기물설)을 주장했는데 식물은 토양 부식물에서 뿌리를 통해 양분을 흡수하며 죽게 되면 다시 부식물로 돌아간다는 부식물의 윤환설로 요약할 수 있다. 이와 같은 고대의 부식설은 중세까지 의심 없이 주장되어 왔으며 대부분의 사람이 받아 들였다.

두 번째 단계(1500~1750): 생장의 원리를 구명하는 시대

고대 이래로 중세까지 오면서 식물의 생장에 대한 많은 의심을 갖게 되어 식물영양에 관한 연구를 많이 하게 되었다. 그러나 이 시기까지는 화학적인 기초가 없이 학설이 만들어졌다.

부연설명

1-1. 식물영양학의 발전과정 – 두 번째 단계

벨지움의 Jan van Helmont(1648)는 200 파운드의 흙을 넣은 포트에 5 파운드의 버드나무를 심고, 먼지가 들어가지 않도록 한 다음, 5년 동안 빗물만으로 가꾸었다. 그 동안 흙의 무게는 57g(2 온스)이 줄어든 데 비해 식물체의 무게는 73kg(160 파운드)이 늘어난 것을 보고, 버드나무 생장에 중요한 역할을 하는 것은 물이라고 생각했다. 그의 가설은 첫 번째 고전적 영양 생장학적인 연구에 기초를 둔 것이었다. Glauber(1656)는 생장의 기초는 질산이라고 했다. 영국의 John Woodward는 1699년 여러 가지 종류의 흙을 넣은 물에서 박하를 재배한 결과, 순수한 물보다 정원의 흙으로 흙탕물을 만들어 공급했을 경우 식물의 생육이 촉진되는 현상을 관찰하고, 토양에서 물로 녹아 나온 어떤 물질들이 식물생육에 기여한다고 결론지었다. 즉, 식물 생장은 토양 물질이 결정한다고 했다. Woodward 이후 유럽의 식물생리학자들은 많은 사실을 정립했다. Hales(1727)는 공기 역시 식물 생육에 중요하다고 주장하였다. 그 후 Tull(1731)은 식물에는 많은 원소가 필요하지만 지금까지는 물, 흙, 질산 그리고 공기 등 어떤 것이 가장 결정적인 원소인지는 알 수 없다고 했다.

세 번째 단계(1770~1810년): 식물 영양의 기초가 시작된 시대

화학적, 생리적으로 식물 영양의 기초적인 많은 것이 밝혀졌다. 즉, 18세기말에 식물의 가스교환(낮에는 산소(O_2)를 배출하고 밤에는 탄산가스(CO_2)를 배출하는 현상)이 발견되었으며, 나아가 호흡 작용과 광합성 작용을 확인하였다. 이와 같은 지식은 과학자뿐만 아니라, 농민들에게도 실제적으로 이용되었다.

부연설명

1-2. 식물영양학의 발전과정 - 세 번째 단계

Scheele(1770)는 '식물은 탄산가스를 배출한다'고 했으며, 1792년 영국의 Joseph Priestley(1775)는 생육상 실험을 통해서 식물은 이산화탄소를 흡수하고 산소를 배출한다는 것을 밝혔다. Jean Ingen- Housz는 2년후 Priestley의 실험을 발전시켜 빛이 있으면 생육상에 있는 식물이 이산화탄소를 모두 산소로 바꾸는 것을 발견했다. 식물이 없을 때는 이러한 변화가 나타나지 않으며, 빛이 강할수록 더 빨리 변화하는 것도 발견했다. 1804년 Nicolas De Saussure는 탄소 동화작용의 정량적 해석을 제시했다. 그는 '식물은 탄산가스와 물이 필요하며, 그 외 토양으로부터 영양분이 필요하다' 라고 주장하여 호흡 작용과 광합성 작용을 확인하였다. 그러나, 이 시기까지도 '부식설'은 큰 의미를 가졌다. Thaer (1809)는 '유기물만이 유일한 식물의 양분이며 염은 하나의 촉진적 물질에 불과하다' 라고 했으며 오늘날의 개념으로는 너무 황당한 가설을 제시하였다.

네 번째 단계(1825~1840년): 농화학의 기초가 정립된 단계

이 기간은 불과 15년밖에 되지 않으나 이 시기는 식물의 가스교환이 발견된 이후의 시기로 이때서야 비로소 무기염류의 역할이 명확하게 밝혀졌다. 학자들은 무기영양설을 제시했으며, 그로 인해 부식설은 다시 재검증을 받게 된 시기가 바로 이 짧은 기간이다. 이 시기의 포장 시험의 선구자는 프랑스의 Jean Baptiste Boussingault (1802~1887)로 Sorbonne대학의 교수시절(1836~1839)에 정확한 영양 시험의 방법을 제시했고, 그 후 엘사스(Elsaß)지방의 자기 농장에서 수많은 포장 실험을 통해 한 시기 재배기간에 사용한 비료와 생산된 작물체를 분석하여 수지표를 작성했다. 모래, 석영, 숯과 같은 비활성 매질에 여러 가지 조합의 토양구성 물질이 혼합된 물에서 식물들은 재배한 후, 식물이 흡수한 성분 원소 가운데 비료에서 공급된 분량과 공기, 빗물, 토양에서 공급된 분량을 계산하여 식물은 무기 양분만을 공급하여도 생육이 가능하며 탄소, 산소, 수소는 공기와 물에서 얻고, 질소 등의 무기물은 흙에서 얻는다고 결론지었다. 그는 식물생육에 좋은 무기양분 조성도 규명하는 등 발전에 크게 기여하였다. 따라서 많은 이들은 그가 농화학을 기초한 사람이라고 부르기도 한다. 그러나 그때까지 존재했던 부식설은 독일 Gißen대학의 화학 교수였던 Liebig(1803~1873)가 1840년 그의 유명한 저서 'Die Chemie in ihrer Anwendung auf Agrikultur und Physiologie' (농학과 생리학에 대한 화학의 응용)에서 무기영양설을 주장함으로써 비로소 완전히 부정되게 되었다. 그의 무기영양설을 간추려 보면 다음과 같다.

① 무기 원소는 식물에 있어 필수적인 구성 성분이다.

② 식물에 필요한 10대 원소(C, O, H, N, P, S, K, Ca, Mg, Fe) 들은 토양의 염으로부터 유래된다(C, O, H는 제외).

③ 식물 종류에 따라 양분 필요량이 다르다.

④ 많은 토양은 영양분이 부족하며, 인간이 인조 비료를 가지고 그들을 교정할 수 있다.

⑤ 부식질은 영양 성분으로 식물에 필수적인 것이 아니고, 다만, 양분 운반체로써 의미가 있다.

다섯 번째 단계(1840~1900): 일부 식물 영양학의 연구 중흥기

이 기간은 짧았으나 많은 과학자들에 의해 무기영양설이 완성의 단계에 접어들었다. 독일 Leipzig의 Knop(1817~1891)과 Bonn의 Sachs(1832~1897)는 각각 수경재배를 통해 식물에 필요한 원소의 정확한 조사를 수행했다. 이들에 의해 식물 생육에 필요한 원소의 종류와 양이 명확하게 결정되어 몰(mol) 농도비로 배양액의 조성을 발표한 것이 100년이 지난 오늘날에도 기본적으로 사용되고 있다. Sachs(1860)는 철(Fe)이 식물에 필수적인 원소라는 것도 발견했다. 질산화 작용과 질소고정도 이 시기에 증명되었다.

여섯 번째 단계(1900~현재): 농화학에서 식물 영양학이 분과, 독립된 시기

이때, Hoagland(1919)는 수경재배의 분석을 보다 개선시켰으며, 많은 학자들에 의해 무기영양설은 좀더 세분화되었다. 따라서 이 시기에는 지금까지 알려졌던 것보다 많은 원소들이 식물영양에 필수적인 것으로 밝혀졌다. 이 시기에 식물영양에 대한 기초를 보다 착실히 연구한 학자들은 Tottingham(1914), Shive(1915), Trelease(1933),

부연설명

1-3. 식물 영양학의 발전 과정 – 다섯 번째 단계

와그너 포트를 고안해서 유명한 Wagner(1843~1930)는 포트에서 비료 시험을 수행하였으며, 토마스인비를 소개했다. 1850년에 Way는 토양의 흡수능력을 발견했으며, 그에 따라 수용성 비료 응용을 가능케 하였다. 1877년에는 Schloesing과 Müntz가 토양 세균학을 연구하게 됐으며 질산화 작용이 질소순환에 매우 중요한 과정임을 발견하였다. 계속해서 질소의 자연계 순환에 관심을 갖고 연구가 진행되다가 Hellriegel과 Willfahrt(1886)는 콩과식물의 뿌리혹박테리아에 의해 질소가 고정되는 것을 증명하였다. Wollny(1878)는 물리적인 토양 특성이 식물 영양학적으로 매우 중요한 것을 주장하였다.

표 1-2. 미량 원소의 발견 역사

미량원소	발견년도	발견자
Fe (철)	1860	von Sachs (독일)
Mn (망간)	1922	McHargue (미국)
B (붕소)	1923	Warington (영국)
Zn (아연)	1926	Sommer와 Lipman (미국)
Cu (구리)	1931	Lipman과 MacKinnon (미국)
Mo (몰리브덴)	1939	Arnon과 Stout (미국)
Cl (염소)	1954	Broyer등 (미국)

Arnon(1938) 그리고 Robbins(1946) 등이다. 특히 1930년대 캘리포니아 대학의 Gericke는 수경재배의 상업적 생산 연구를 가능케 했으며 이것이 2차 세계대전 중에 태평양에서 미공군을 위해 채소를 생산하면서 식물영양학의 원예적 이용이 실용화되었다. 1930년대 이후에는 식물에 필요한 미량 원소의 발견이 주로 미국에서 이루어지게 되었다(표 1-2).

식물영양학의 초기 연구는 주로 밀, 보리가 대상 작물이었으나 차츰 경제 작물인 유채, 해바라기, 감자 등에 대해 연구를 하게 되었다. 원예식물에 대한 적용은 1900년대 들어서 농학에서 원예학이 분파 되면서 각국에서 원예학과와 여기에 관련된 학회가 생기면서 연구에 박차를 가하게 되었다. 따라서 원예식물 영양학이 언제부터 시작되었는가는 지금까지 명확히 구분할 수 없다.

다만 독일에서는 Penningsfeld가 화훼식물 영양학을 1962년 저술하였고, 네델란드에서는 Sonnevelt가 온실작물 영양학을 2009년에 저술하였다. 미국은 90년대 들어서 Storey(1999, Texas A & M)등이 원예작물 영양학을 저술한 이후 미국의 대학과 주립 연구소에서 원예작물의 영양에 대한 단편적인 책이 발간되었다.

동양에서는 일본, 중국 등에서 단편적인 보고서는 발표하였으나 저술은 거의 없다.

국내에서는 본서가 2016년 처음 원예식물 영양학으로 국내에서 발간되어 이 분야에 효시가 되고 있다.

부록 2. 비료의 역사

비료의 생산이 오늘에 이르기까지는 대체로 세 단계를 거쳐왔다.

1) 첫번째 단계(고대~1800년까지): 경험적 기초에 의해 비료를 생산했던 시기

인간의 농경역사가 시작되면서부터 사용한 자연산 비료를 이용해 토양의 비옥도를 유지하던 시기이다. 대체로 동물의 배설물, 녹비, 인분, 목회(木灰), 석회, 석고, 이회암(泥灰岩) 등이 그 대상이 되었다. 이들은 경험적으로 사용되었으며 지침서가 없어서 너무 많거나 또는 적게 시비됨에 따라 단위 면적당 수확량은 매우 낮았다.

2) 두번째 단계(1830~1920년): 근대적 비료 물질의 개발 단계

1830년부터 산발적으로 상업적인 비료 판매가 이루어졌으며, 본격적으로는 1880년(1ha당 약 5kg을 시비)부터 시작되었다. 이 시기의 비료 도입 단계를 보면 표 2-1과 같다.

부연설명

2-1. 화학공업이전의 비료의 변천

농경시대의 시작은 약 10,000년에서 12,000년전으로 추정되며, 가축의 사육을 동반한 농업이 발달하면서 동물의 분뇨나 인분뇨 등이 이용되었다. 이러한 분(糞)은 영어의 'manure', 독일어의 'Düng', 프랑스어의 'manoeuvre'와 같이 세계 어느 곳에서나 가축의 배설물을 의미하고 있다.

우리 나라에서도 예전부터 각종 유기물이 자급비료로 이용되어왔다. 즉, 인분뇨, 퇴비, 녹비류, 식물의 재 등이 중심이었으며, 생선비료(魚肥), 식물성 깻묵류, 술지게미 등도 사용되었다.

표 2-1. 근대적 비료의 도입

년도	비 료 명 과 생 산	생산지	기타
1830	질산거름 (천연)	칠레	영국(수입국)
1840	구아노 (천연새똥)	페루	영국(수입국)
1843	인산1칼슘 (최초의 인조비료)	영국	
1860	소금광산(암염)에서 K비료 채취 (천연)	독일	
1879	철광 산업으로부터 토마스인비 제조	영국	
1903	공기 중 질소로부터 질산 제조	노르웨이	Lichtbogen법
1905	공기 중의 질소로부터 황산암모늄 합성 (최초의 질소질 비료)	독일	
1913	공기 중 질소로부터 암모니아 합성	독일	Haber-Bosch법
1916	Rhenania인비 생산	독일	Rhenania공장의 생산
1921	암모니아로부터 요소합성	독일	
1927	삼요소 복합비료 생산	독일	
1929	NH_4NO_3+$CaCO_3$가 주요 질소질 비료가 됨		

천연유기질 비료에 의존하던 작물생산량은 19세기 중엽 화학비료공업의 발달에 의해 인공무기질 비료가 생산되기 시작하면서 크게 증가하게 되었다.

3) 세 번째 단계(1920년 이후): 비료 소비의 확대 시대

1900년대부터 1920년대까지는 비료의 이용량이 많지 않았으나 20년대부터 70년대까지 50년 동안 시비량은 엄청나게 증가하였다. 질소의 경우 20년대는 ha당 10kg정도를 시비했으나 70년대는 평균 90kg을 시비하게 되어 수량도 증가되었다. 볏짚, 외양간 두엄 같은 유기질 비료의 사용량 증가도 수량 증가에 도움이 되었다. 대체로 시비량의 증가로 수확량은 50~60% 증가됐으며 나머지는 육종, 병충해 방제의 합리화가 큰 역할을 했다. 대체로 1800년부터 1950년 사이에 순수 수량 증가는 2~3배, 총 수량은 약 5배에 달했다. 이와 같은 비료의 역할에 따라 세계적인 '굶주림과의 전쟁'이 효과를 보았다. 2차 대전 이후 안정기에 접어든 1960년대부터 원예산업이 발전되면서 원예용 비료가 다양하게 개발되어 포트작물용 완효성 비료가 실용화되고 각종 영양물질이 혼합된 인조상토가 보급되면서 보다 고도의 원예용 비료가 생산 유통되고 있다.

부연설명

2-2. 화학공업이후의 비료의 변천

1840년 독일에서 골분에 황산을 작용시키면 비료(과린산석회)로써의 효과가 증진된다는 사실이 발견된 후, 1843년에 Lawes(영국, 1814~1900), Gilbert(1827~ 1901) 등이 과린산석회 공장을 건설한 것이 공업화의 최초로 인정되고 있다.

1895년에는 카바이드에서 석회질소의 제조가 시작됨으로써 석회질소법에 의한 황산암모늄(유안)의 제조도 등장했다. 그러나, 합성유안의 제조는 1913년 Haber-Bosch법에 의하여 완성되었으며, 이것을 계기로 오늘날과 같은 화학비료의 전성시대를 맞이하게 되었다. 암모니아는 산화하면 질산이 되는데, 이것은 화약제조의 중요한 원료가 되기 때문에 제1차 세계대전을 계기로 각국은 군사적 목적에서 이를 보호, 육성하는데 힘을 쏟았다.

부록 3. 우리나라 비료산업의 발전과 동향

우리나라는 예로부터 가축이 적어 인분뇨가 비료의 대부분을 이루어왔다. 우리나라에서 비료를 공업적으로 처음 생산한 것은 1910년경에 부산에서 인분뇨를 모아 암모니아를 얻었고, 이를 황산에 흡수시켜 황산암모늄을 제조한 것이다(연 생산량 약 130톤). 이보다 좀 늦게 1914년 4월 서울에서도 같은 방법으로 연간 약 1,000톤을 생산하였으나 사용방법이 보급되지 않아 대부분을 일본에서 소비하였다. 그 후 산업사정이 변하고 농산물의 증산이 필요해짐에 따라 비료의 수요가 크게 증가하여 함경남도의 흥남에 화학비료 생산시설을 설립하여 1930년부터 연간 480,000톤의 유안을 생산할 수 있는 능력을 갖추고 평균 42만톤 가량을 생산하였다. 같은 해 소규모로 황해도 겸이포에 부산유안공장이 가동되는 등 여러 종류의 비료가 생산되었다. 이들 공장이 생산할 수 있는 능력은 실제 양으로 질소질 비료 542,000톤, 인산질 비료 190,000톤, 칼리질 비료 50,000톤으로 국내 수요를 완전히 충족시킬 수 있었다.

그러나, 본래 우리나라에는 3요소(질소, 인산, 칼리)의 천연자원이 없고 비료생산을 위한 에너지원도 부족하여, 국내 비료수급 사정은 해방 후부터 충주에 요소비료 공장이 건립되기까지(1945~1960) 외국의 원조 또는 도입비료에 의존함으로써 농사에 극심한 어려움을 겪기도 하였다. 이 기간에 사용된 비료는 주로 유안, 요소, 질산암모늄, 인안, 과석, 중과석, 황산칼륨, 용인, 초류안, 초석 등이었으며, 그것도 처음에는 도입비료에 대한 지식이 없어 농작물에 해를 끼치는 등 궁핍과 혼란 속에서 비료산업의 육성을 촉진하게 되었다.

1960년대 들어 요소와 인비생산 시설이 완성됨으로써 비로소 국내수요를 충족시킬 수 있게 되었으며, 나아가 1976년 이후에는 수출산업으로의 발전계획을 세워 추진되어 왔다. 현재는 과잉 공급되고 있어서, 이의 합리적인 해결방안이 여러 방면에서 추진되고 있다. 비료의 품질을 보전하고 원활한 수급과 가격안정을 기하여 농업생산력의 유지, 증진을 도모하기 위해서 비료관리법이 1976년에 제정되어 시행되고 있다.

농림수산 식품부(2021) 자료에 의하면 국내 비료 생산량은 총 2,141,820톤(유안 414,473, 용성인비 21,481, 황산칼리 4,511, 복합비료 1,701,354톤)이며 수입은 요소와 염화칼리 723,000톤이다. 실제 2020년 사용량은 1,115,110톤(유안 7,198, 용성인비 18.991, 용과린 2,817, 요소 143,205, 염화칼리 4,970, 복합비료 937,929톤)이며 나머지는 수출과 기타 산업에서 사용하였다. 요소는 수년 전까지 국내에서 생산되었으나 통계에 의하면 수입에 의존하고 있는 것으로 나타났다.

환경오염에 대비하여 관행적인 시비보다 토양분석을 통한 알맞은 양의 비료를 시비하는 것이 미래에는 매우 중요하다.

부록 4. 비료의 조제법

1. 질소질 비료의 제조법

1) 황산암모늄

제조법으로는 합성유안, 회수유안, 부생유안 등이 있으나 일반적인 반응은

$$2NH_3 + H_2SO_4 = (NH_4)_2SO_4$$

이며, 현재 회수유안이 전 유안의 50% 이상을 차지한다.

2) 염화암모늄

제조법으로는 암모늄·나트륨 병산법이 사용되고 있으며,

$$NaCl+NH_3+CO_2+H_2O \rightarrow NaHCO_3+NH_4Cl$$

의 반응에 의해 탄산수소나트륨과 염화암모늄이 생성되는데, 염석법을 이용하여 분리해내고 있다.

3) 질산암모늄

제조법은 중화조 내에서 묽은 질산과 암모니아를 반응시키는 것으로

$$NH_3(g)+HNO_3(aq) \rightarrow NH_4NO_3(aq)$$

로 된다. 이 결과, 중화액은 감압, 농축후 造粒탑 위에서 강하시켜서 입상화 하든지, 짙은 액을 회전조립기 중의 recycle fine에 살포하여 조립(造粒), 건조한다.

4) 질산칼슘

전기로 안에서 가열하면,

$$CaO + 3C = CaC_2 + CO$$

의 반응에 의해 카바이드가 생성되고, 계속하여 질화로에서 100~1,100℃로 해서 질소가스를 공급하면,

$$CaC_2 + N_2 \rightarrow CaCN_2 + C$$

의 반응에 의해 생성된다.

2. 인산질 비료의 제조법

1) 과린산 석회

인광석을 미분쇄(100mesh를 85~95% 통과)하고, 황산(Bé : 보메 54~55)과 반응시키면,

$Ca_{10}F_2(PO_4)_6 + 7\ H_2SO_4 + 3\ H_2O \rightarrow 3\ Ca(H_2PO_4)_2 \cdot H_2O + 7\ CaSO_4 + 2\ HF$

로 되는데, 3~4주 퇴적, 숙성시킨다.

2) 용성인비

인광석에 사문암 등의 고토함유물을 혼합한 것을 1,350~1,500℃에서 용융하고, 이것에 고압의 냉수를 접촉시켜서 급랭, 수쇄(水碎)한 것으로 반응은 정량적으로 진행되지 않고, 제품도 비결정질 유리모양이다.

$a\ Ca_{10}F_2(PO_4)_6 + b\ MgO \cdot \times\ SiO_2 \cdot y\ H_2O \rightarrow (CaO-MgO-P_2O_5-SiO_2-F) + H_2O + HF$

3) 인산암모늄

인산과 암모니아의 반응생성물 중 NH_3/H_3PO_4의 몰비 2 이상의 것은 암모니아의 증기압이 높고 불안정하며, 비료로는 인산1암모늄 및 2암모늄이지만, 실제 인안은 이들의 혼합물로 되어 있다. 생성반응은 조건에 따라 인산1안, 인산2안의 비율을 다르게 한다(1.5안, 1.7안 등으로 호칭한다).

3. 칼리질 비료의 제조법

주요 칼리질 비료의 제조법은 다음과 같다.

1) 염화칼륨

Carnallite, sylvinite 등의 칼륨을 함유하는 광석 및 소금물(鹽水)로부터 분리, 정제된 칼륨의 염화물이다.

2) 황산칼륨

염화칼륨을 황산마그네슘, 황산칼륨고토, 황산나트륨 또는 황산으로 처리하여 제조한다. 황산으로 염화칼륨을 처리하는 반응에서는

$KCl + H_2SO_4 \rightarrow KHSO_4 + HCl$ 에 뒤이어

$KHSO_4 + KCl \rightarrow K_2SO_4 + HCl$ 로 된다

4. 석회질 비료의 제조법

1) 생석회(CaO)

1100℃에서 Ca carbonate를 태워 제조한다. 알칼리성이 강하다

$CaCO_3 \rightarrow CaO + CO_2$

2) 소석회($Ca(OH)_2$)

CaO가 물과 쉽게 반응하는 것을 이용하여 제조한다.

$$CaO + H_2O \rightarrow Ca(OH)_2$$

3) 석회석($CaCO_3$)

공기에 노출시키면 만들어지는데, 우리나라에서 가장 많이 사용한다.

$$Ca(OH)_2 + CO_2 \rightarrow CaCO_3 + H_2O$$

$$CaCO_3 + H_2O + CO_2 \rightarrow Ca(HCO_3)_2$$

$$Ca(HCO_3)_2 + 2H^+ \rightarrow Ca^{2+} + 2H_2O + 2CO_2$$

부록 5. 비료공정규격에 따른 비료의 종류(총 110종)

비료공정규격에 따른 비료의 종류(총 110종)

(표 3) 비료공정규격에 따른 비료의 종류(총 110종)

가. 보통비료(79종)

질소질(N)	비료황산암모늄(유안), 요소, 염화암모늄, 부산염화암모늄, 질산암모늄, 석회질소, 암모니아수, 질산석회, 질황안, 질안석회, 피복요소, 씨디유(CDU), 아이비디유(IBDU), 엠유(MU), 칠레초석, 질산희토, 광물융합체질소	17종
인산질(P)	비료과린산석회(과석), 중과린산석회(중과석), 토마스인비, 용성인비, 용과린, 가공인산비료	6종
칼리질(K)	비료황산칼륨(황산가리, 입상황산가리), 염화칼륨, 황산칼륨고토	3종
복합비료	제1종복합, 제2종복합, 제3종복합, 제4종복합(엽면시비용, 양액·관주용, 화초용), 엠유(MU)복합, 피복복합, 씨디유(CDU)복합, 피복요소복합, 아이비디유(IIBDU)복합, 포름요소복합	12종
석회질비료	소석회, 석회석, 석회고토, 부산소석회, 부산석회, 패화석, 생석회, 액상석회, 수용성분상석회, 부산석고	10종
규산질비료	규산질, 규회석(규회석비료1호, 규회석비료2호), 광재규산질, 경량콘크리트규산 질, 규인, 규인칼륨, 수용성발포규산	7종
고토비료	황산고토, 가공황산고토, 고토붕소, 수산화고토, 질산고토, 부산고토	6종
미량요소 비료	붕산, 붕사, 황산아연, 미량요소복합, 황산구리, 황산망간, 몰리브덴산나트륨, 킬레이트철	8종
그 밖의 비료	제오라이트, 벤토나이트, 석회처리, 재, 아미노산발효부산액, 부산동물질액, 아미노산발효부산박, 상토1호, 상토2호, 숯	10종

나. 부산물비료(31종)

부숙유기질비료	가축분퇴비, 퇴비, 부숙겨, 분뇨잔사, 부엽토, 건조축산폐기물, 가축분뇨발효액, 부숙왕겨, 부숙톱밥	9종
유기질비료	어박, 골분, 잠용유박, 대두박, 채종유박, 면실유박, 깻묵, 낙화생유박, 아주까리유박, 기타식물성유박, 미강유박, 혼합유박, 가공계분, 혼합유기질, 증제피혁분, 맥주오니, 유기복합, 혈분	18종
미생물비료	토양미생물제제	1종
그 밖의 비료	등에건계분, 지렁이분, 동애분	3종

*출처: 법제처(비료 공정규격설정 및 지정 별표1)

용어 조견표

한-영

각섬석(hornblende)
감귤(citrus)
감람석(olivine)
강우(precipitation)
건물(dry matter)
건물중(dry weight)
결핍영역(depletion zone)
결정수(crystallized water)
결합수(bound water)
결합자리(binding sites)
고랑관수(furrow irrigation)
고령토(kaolinite)
고상(solid phase)
고장액(hypertonic solution)
골질(ossein)
과당(fructose)
과린산석회(superphosphate)
과육갈변(bitter pit)
관비농법(fertigation)
광재(slag)
괴사(necrosis)
구연산철염(ferric citrate)
근균(mycorrhizae)
근압설(root pressure theory)
기상(gaseous phase)
기후요인(climate factor)
길항작용(antagonism)
능동확산(facilitated diffusion)
능동흡수(active absorption)
능아연석(Smithsonite, $ZnCO_3$)
다당류(polysaccharide
다량원소(macronutrient)
단당류(monosaccharide
단백질분해(proteolysis)
단순단백질(simple protein)
단순지질(simple lipid)
단순확산(simple diffusion)
담배수관수법(ebb and flow)
당알콜(sugar alcohol, polyol)
당인산(sugar phosphate)
당지질(glycolipid)
대기(atmosphere)
도난설(Donnan theory)
도난평형(Donnan equilibrium)
듀나이트(dunite)
등장액(isotonic solution)
로제트(rosette, 총생)
루피너스(*Lupinus augustifolius*)
리불로오스 이인산염(ribulose bisphosphate)
망가나이트(manganite, MnO(OH))
매질(medium)
맥아당(maltose)
메티오닌(methionine)
모세관수(capillary water)
모암 (parent rock)
모재 (parent material)
무기 영양소(mineral nutrient)
무기염류(minerals)
무기영양설(mineral theory)
무기화(mineralization)
물관부액(xylem sap)
물옷(수막, hydration shell)
물의 광분해(photolysis)
물이끼(sphagnum)
미량원소(micronutrient)
미세공(micropore)
반세포(companion cell)
방해석(calcite, 方解石, $CaCO_3$)

배당체(glycoside)
배양액(nutrient solution)
배추과(*Cruciferae*)
백아병(white bud)
백운석(dolomite, $CaCO_3 \cdot MgCO_3$)
백합과(*Liliaceae*)
보결분자단(prosthetic group)
보조인자(cofactor)
복합단백질(conjugated protein)
복합지질(compound lipid)
부식물(humic substance)
부식산(humic acid)
부식설(humus theory, 유기물설)
분시(分施, split application)
불용화(precipitation)
불포화지방산(unsaturated fatty acid)
붕규산염(fluorine borosilicate)
비둘기콩(*Cajanus cajan*)
비료의 시용(fertilization)
비름나물(*Amaranthus tricolor*)
뿌리혹박테리아(leguminous bacteria, 根瘤菌)
사문암(serpentine)
사질토양(sand, sandy soils)
산화물(oxides)
산화환원효소(dehydrogenase)
살수관수(spray irrigation, sprinkler irrigation)
삼당류(trisaccharide)
삼투압 (osmotic pressure)
삼투포텐셜(osmotic potential)
상조작용(synergism)
생석회(burnt lime, CaO)
생장요인(growth factor)
석고(gypsum, $CaSO_4$)
석회석(limestone)
석회시용(liming)
석회질 토양(calcareous soils)
선택적 투과성 막(semipermeable membrane)
설탕(sucrose)
설폰산(sulfonic acid)
소석회(slaked lime, $Ca(OH)_2$)
소택지(young marsh, 沼澤地)
속썩음병(black heart)
송이(scoria)
수경재배(hydroponics)
수동흡수(passive absorption)
수막(물옷, hydration shell)
수분자유공간(water free space)
수분장력계(tensiometer)
수용성(water soluble)
숨구멍(기공, stomata)
식양토(clay loam)
식토(clay)
심플레스트 경로(symplastic pathway)
십자화과(Cruciferae)
아미노기전이효소(aminotransferase)
아질산(nitrite)
아질산환원효소(nitrite reductase)
암모늄고정(ammonium fixation)
암모늄화 작용(ammonification)
압력설(pressure flow theory)
액상(liquid phase)
양이온(cation)
양이온 치환용량(cation exchange capacity; CEC)
양토(loam, loamy soil))
여름가지 마름병(summer die-back)
역경재배(gravel culture)
연망간석(pyrolusite, MnO_2)
연무법(fog system)
염류토양(saline soil)
염생식물(natrophilic crops)
엽연(leaf margin)
엽육세포(mesophyll cell)
영구 위조점(permanent wilting point)

영양(nutrition)
영양소(nutrients)
영양원소(nutrient element)
올리고당(oligosaccharide
요소비료(urea)
용매(solvent)
용성고토인비(fused magnesium phosphate)
용탈(leaching)
용탈층 (eluvial horizon)
용토(medium)
용해속도(dissolution rate)
운반체설(carrier theory)
원형질연락사(plasmodesmata)
유관속초세포(bundle sheath cell)
유기 영양소(organic nutrient)
유기 음이온(organic anion)
유기질토양(organic soils)
유리질분상 미량요소(fritted trace elements, FTE)
유안(ammonium sulphate)
유용 영양소(useful nutrient)
유효수분함량(available water content)
음이온(anion)
음이온 치환용량(anion exchange capacity; AEC)
응집(flocculation)
응집력설(cohesion-tension theory)
이당류(disaccharide)
이온접촉치환흡수설(contact exchange theory)
이온펌프설(ion pump theory)
이집트콩(*Vigna mungo*)
이황화 결합(disulfide bond ; S-S)
인광석(apatite)
인산염(phosphates)
인지질(phospholipid)
인회석(apatite, 燐灰石)
일라이트(illite)
일메나이트(ilmenite: $FeTiO3$)
입자크기(particle size)
잎끝마름병(tip burn)
자유 공간(free space)
자유공간설(free space theory)
자유수(free water)
자주개자리(lucerne)
작물의 흡수(crop removal)
장거리 수송(long distance transport)
재이동(retranslocation, redistribution, remobilization)
저장액(hypotonic solution)
전기석(tourmaline)
전면시비(broadcast application)
전분(starch)
전자전달계(electron transport system)
점적관수(drip irrigation, trickle irrigation)
정전기력(electrostatic charge)
조효소(coenzyme)
줄시비(banded application)
중층(middle lamella)
증산류(transpiration stream)
지방산(fatty acid)
지중관수(sub-irrigation)
질산칼륨 ($KNO3$, potassium nitrate)
질산태 질소(nitrate)
질산화 작용(nitrification)
질산환원효소(nitrate reductase, NR)
질소고정(nitrogen fixation)
질소기아(nitrogen starvation)
질소순환(nitrogen cycle)
집단류(mass flow)
집단류설(mass flow theory)
집적층 (illuvial horizon)
철마그네시안 규산염(ferromagnesium silicate)

체관(사관, phloem)
체관부 이동(phloem transport)
체관요소(sieve element)
체관 유조직 세포(phloem parenchyma cell)
추비(top dressing)
치환성 영양분(exchangeable nutrient)
침식(erosion)
카스파리대(Casparian strip)
칼슘선호식물(호석회성 식물, calcicoles)
칼슘혐오식물(혐석회성 식물, calcifuge plant)
코발트꽃(*Crotolaria cobalticala*)
키위(kiwi fruit)
탄산염(carbonates)
탈질화 작용(denitrification)
토성(soil class 또는 soil texture)
토양(soils)
토양공극(soil pore)
토양구조(soil structure)
토양단면(soil profile)
토양 비옥도(soil fertility)
토양 생산력(soil productivity)
토양생성작용(pedogenic process)
토양세균(soil bacteria)
토양수분(soil water)
토양양분(soil nutrient)
토양요인(soil factor)
토양용액(soil solution)
토양입자(soil particles, soil colloids)
토양층위(horizon)
트렌치 재배(trench culture)
티올(thiol)
팽압 (turgor pressure)
팽창점토(expanded clay)
페리오디타이트(perioditite)
펙트산염(pectate)
펙틴물질(pectic substance)
편상엽증(whiptail desease)
포도당(glucose)
포장용수량(field capacity)
포화지방산(saturated fatty acid)
폴리에틸렌이민(polyethyleneimine)
풀브산(fulvic acid)
풍화, 풍화작용(weathering)
플라스토시아닌(plastocyanin)
피틴(phytin)
피틴산(phytic acid)
필수영양소(essential nutrient, essential element)
하이드로볼 (hydroball)
한계치(critical value)
해당계(glycolysis)
핵사인산에스테르(hexaphosphoric ester)
혐기조건(anaerobic condition)
혐석회성 식물(칼슘혐오식물, calcifuge plant)
홍아연광(Zincite, Zno)
화성암(igneous rock)
확산(diffusion)
확산설(diffusion theory)
황백화(chlorosis)
황산칼륨(potassium sulphate)
황산칼륨(potassium sulphate)
황산칼륨고토(sulphate of potash magnesia)
황의 순환(sulphur cycle)
회장석(anorthite, $CaAl_2Si_2O_8$)
휘산(volatilization),
휘석(augite)
흑운모(biotite)
흑운모질 운모(biotite micas)
희석효과(dilution effect)

영–한

albumin 알부민
amide 아미드
amine 아민

auxin 옥신
Azalea 아잘레아
azotobacter 아조토박터
beet 비트
bentonite 벤토나이트
biuret 뷰렛
cellulose 셀룰로오스
cysteine 시스테인
cystine 시스틴
cytokinin 사이토카이닌
ethylene 에틸렌
expanded clay 팽창점토
gibberellin 지베렐린
globulin 글로불린
glutelin 글루텔린
glycerol 글리세롤
histone 히스톤
hydroball 하이드로볼
inositol 이노시톨
methionine 메티오닌
montmorillonite 몽모릴로나이트
nitrogenase 니트로게나아제
peat moss 피트모스
pectate 펙트산염
perlite 펄라이트
phosphatide 포스포타이드
plastocyanin 플라스토시아닌
prolamine 프롤라민
protamine 프로타민
raffinose 라피노오스
ribose 리보우스
ribosome 리보좀
ribulose 리블로스
silicagel 실리카겔
sinigrin 시니그린
stroma 스트로마
thylakoid 틸라코이드
tipburn 팁번
tryptophan 트립토판
vermiculite 버미큘라이트
wax 왁스

약 어

ABA(abscisic acid)

AEC(anion exchange capacity, 음이온 치환용량)

AM (2-amino-4-chloro-6-methylpyrimidine)

ATP(adenosine triphosphate)

CAM(Crassulacean acid metabolism)

CDU(crotonylidene diurea)

CEC(cation exchange capacity, 양이온 치환 용량)

GAP(glyceraldehyde-3-phosphate)

PGA(3-phosphoglycerate)

IAA(indole acetic acid)

IBDU(isobutylidene diurea)

MBT(2-mercaptobenzothiazole)

PCP(penta-chlorophenol)

PEP(phosphoenol pyruvate)

TCA(tricarboxylic acid)

ureaform(formaldehyde urea)

참고문헌

박권우, 김영식. 2017. 수경재배의 이론과 실제. 월드사이언스

박권우, 김건희. 2012. 기능성채소와 과일. 선진문화사

박권우. 2018. 서양채소. 월드사이언스

이용범, 박권우, 박성태, 배종향, 유형주, 조영철, 최기영, 최은영. 2015. 수경재배론. 진솔

이용범, 유용만, 전하준, 최기영, 황승재. 2013. 수출딸기 생산 기술. 과채류수출연구사업단

清水武. 2007. 要素障害診斷事典. 農文協

Alcaraz, C.T., F. Martinez-Sanchez, F. Sevilla and E. Hellin. 1986. Influence of ferredoxin levels on nitrate reductase activity in iron deficient lemon leaves. J. Pl. Nutrition.9:1405-1413

Amberger, A. 1979. Pflanzenernaehrung. Verlag Eugen Ulmer

Bergmann, W. 1992. Nutritional disorders in plants. Gustav Fischer

Danott, LE & FA Rodrigues. 2005. The role of silicon suppressing rice diseases. APSnet Feature.

Finck, A.1976. Pflanzenernaehrung in Stichworten. Verlag Ferdiland Hirt

Fritz, D. and W. Stolz. 1989. Gemuesebau. Ulmer

Hafeez, B., Y.M. Khanif and M. Saleem. 2013. Role of zinc in plant nutrition-A review. Ame. J. Exper. Agri. 3:374-391

Haifa. 2014. Plant nutrients functions, optimal- and off-levels. Haifa Chemicals Ltd

Hippler, F. et al. 2017. Copper in citrus production: required but avoided. Citrus Res. & Tech. doi. org/10.4322/crt. icc06

Jansen, H., E. Bachthaler, E. Foerster, and H. Schaft. 1984. Gaertnerisher Pflanzenbau. Ulmer

Kramer, A. and B.A. Twigg. 1970. Quality control for the food industry. 3rd ed. Vol. 1 Westport. CT. AVI

Marschner, H. 1995. Mineral nutrition of higher plants. AP

Mengel, K. 1987. Principle of plant nutrition. Publ. Int. Potash Inst. Bern, Swiss

OSU. 2015. horticulture.oregonstate.edu

Osvalde, A. 2011. Optimization of plant mineral nutrition revisited: The roles of plant requirements, nutrient interactions and soil properties in fertilization management. Envir. Exper. Biology.9:1-8

www.liverpool.ac.uk